《中华茶艺史话》
编写委员会

云南昆明赵宋点茶传习馆	馆　长	赵慧成
浙江长兴大唐贡茶院文化发展股份有限公司	院　长	林瑞炀
重庆城市管理职业学院文化与旅游学院	副教授	张　瀚
重庆城市管理职业学院社会工作学院	副教授	张　夔
重庆城市管理职业学院图情信息中心	教　授	孙雪梅
重庆城市管理职业学院文化与旅游学院	讲　师	徐凤顺
重庆城市管理职业学院通识教育学院	讲　师	王　轶
重庆城市管理职业学院党委组织部	副教授	邓广山

序言

PREFACE

时至今日，如“喜茶”“tea'stone”“茶百道”“LE TEA 乐茶”“茶颜悦色”等众多年轻人喜欢的茶饮品牌雨后春笋般层出不穷，如“西湖龙井”“武夷岩茶”“正山小种”“黄山毛峰”“竹叶青”“碧螺春”“普洱茶”等茶人们追捧的一系列名茶品目风靡坊间，各类茶艺师大赛和品鉴斗茶会也举办得如火如荼……盛世饮茶，曾经短暂沉寂的中华茶文化已经开启了复兴辉煌的节奏，然而，这些都还是不够的。茶树发源于中国，在人类社会中也已经存在了一万年以上，生活在最早发现和利用茶的国家，中国人对于饮茶这件事深谙此道。

唐代的煎茶、宋代的点茶、明代的瀹茶、清代的工夫茶，乃至当今茶艺的五大主流，人们精心制作香茶，悉心选择好水，臻美的器具更是琳琅满目，人们还比拼泡茶的技术，讲究优美宜人的环境，感叹饮茶之后提神益体、舒畅快活、羽化成仙的情趣。中国人将茶玩出了科学，玩出了艺术，在喝茶中赋诗作画，把喝茶上升到修炼和信仰，乐享其中，真正到达了一种玄妙入神的境界！

“站在巨人的肩膀上”，本书阅览学习茶界大家们的作品，希望能为你展示各个历史的阶段，人们是如何饮茶、用茶养生，当时流行什么样的风俗，怎样艺术范儿地泡茶，还有那些有趣的名人轶事。茶就像燎原的星星之火一般，将中国的文化传播覆盖到了世界各国，让地球 30 亿人喝茶，让不同种族、不同民族、不同国家的饮茶生活精彩纷呈！看完这本书，如果你能学会科学地泡茶，收获健康；体验茶的艺术魅力和悠闲方式，收获快乐；博览中国传统文化，提升生活品质，那便更是善事一桩。

不过，我更想与你们分享一个特别的价值意义，借用戏剧家老舍先生和国画大师张大千的遗憾和愿景来表达。前者说：“喝茶本身是一门艺术，本来中国人是喝茶的祖先，可现在在喝茶艺术方面日本人却走到我们的前面去了。”后者说：“茶道源于中国，唐宋最盛，代表中国的文化……希望茶道从日本再带回中国去。”所以，看这本书的时候，可能需要你用心去阅读那些故事，探索那一本本记录经验的典籍，实践代代相传的技艺，感受饮茶过程中透露出来的文化风格和生活态度。“小茶大乾坤”，认真泡茶的小事，有做大事的工匠精神，用心品茶的艺术，有智慧的感恩之心，来吧，一起将我们的中华茶艺传承下去，可好?

最后，要特别鸣谢在这三年的写作过程中，大力给予指导帮助的家人、朋友和专家们，我的母亲谭祥秀老师，问山读城公众号的王建荣老师，云南大理白族三道茶非物质文化遗产传承人董郦老师，安徽黄山市茗品行茶叶有限公司黄志伟，浙江杭州狮龙源茶叶有限公司汪蔚娜，重庆彦麦影业有限公司余美，浙江长兴大唐贡茶院文化发展股份有限公司李伟强，重庆白鹭原茶文化传播公司周筱文，广东潮州启正单丛供应链曾海燕，广东潮州盛唐遗风馆林娜，制作视频、后期剪辑的重庆城市管理职业学院的同学——倪锐烁、陈秋阳、罗彩雯、胡琪、张诗棋，还有在那段疫情防控的特殊时期中，一起陪伴见证写作的“战友”们。本书涉及了泱泱中华几千年文化，天文、地理、历史、人文、艺术浩瀚如烟，其实对我们来说是很难胜任的，就当是一份习作和心愿，不妥之处还望敬请赐教。

编者

2023 年 4 月

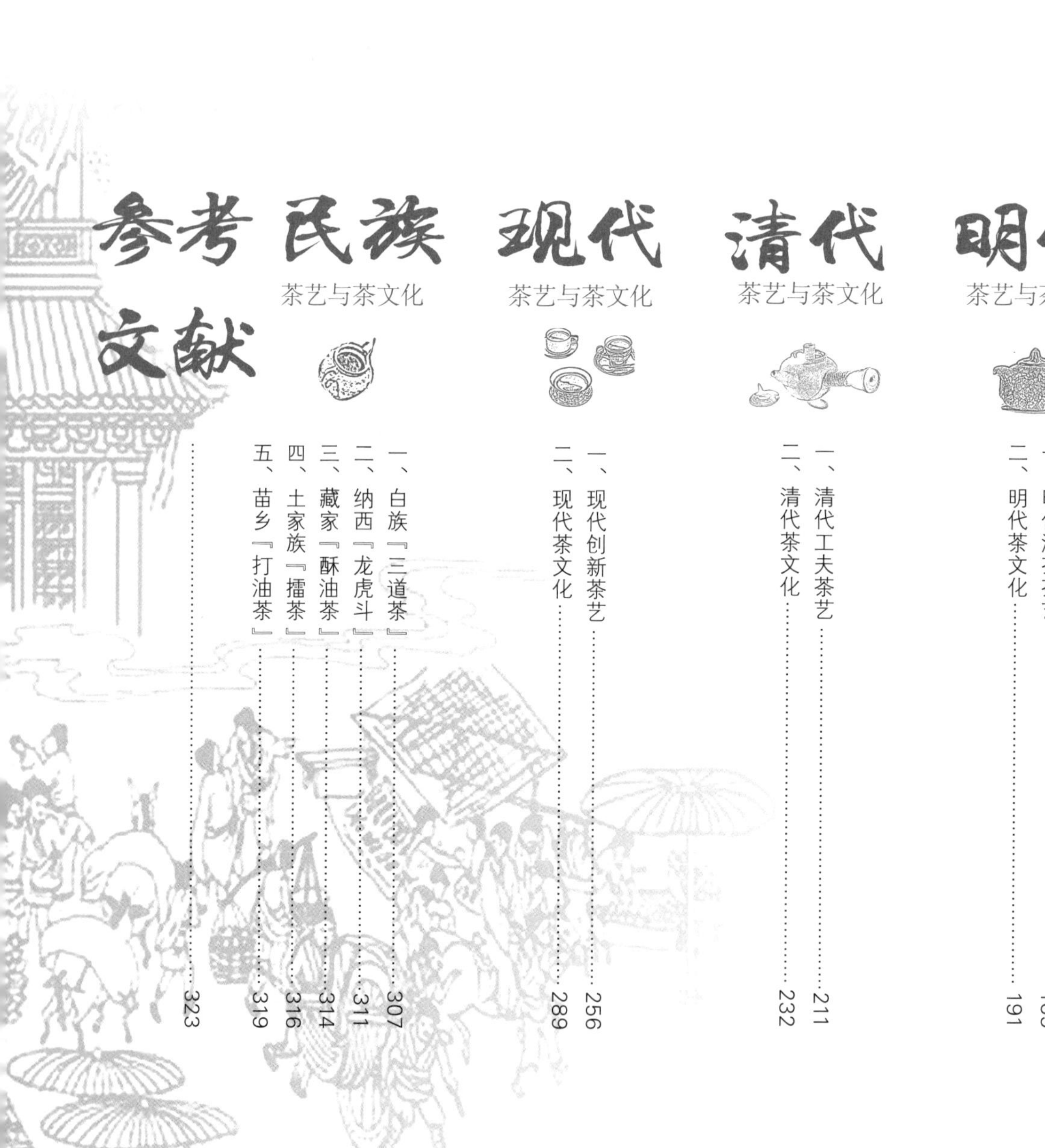

明代茶艺与茶文化

清代茶艺与茶文化

现代茶艺与茶文化

民族茶艺与茶文化

茶艺与茶文化

汉晋茶艺与茶文化

唐代茶艺与茶文化

宋代茶艺与茶文化

茶艺与茶文化

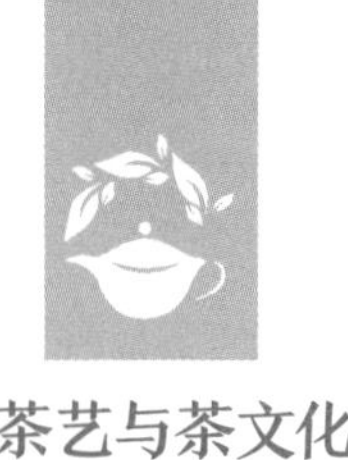

茶艺与茶文化

一、茶的起源与饮茶变迁

（一）茶的起源

茶树属于双子叶植物纲山茶目山茶科（山茶属、石笔木属等）山茶属（茶树、滇山茶、金花茶等）的茶组植物，包括野生型和栽培型茶树的所有物种。

据植物学家考证，茶树起源至今已有6000万年历史，它们的地理起源可能在中国云南东南部和南部、贵州西南部、广西西部以及毗邻的中南半岛北部，比如有集中分布的野生型茶树大理茶。栽培起源可能在云南的中南部和西南部，比如有广泛应用的栽培型茶树普洱茶。

随着地质的演变，比如第三世纪出现了喜马拉雅山的上升运动和西南台地的横断山脉的上升等，地势升高，冰川和洪积出现，形成断裂的山间谷地，本属于同一气候区的地方出现垂直气候带，包括热带、亚热带和温带，茶树被迫出现同源分居。茶树从地理起源中心向周边自然扩散迁徙，大致共分四条路线，分别是：

沿着澜沧江、怒江向横断山脉纵深扩散，也即云南中西部的普洱、临沧、保山、德宏、楚雄、大理等地，这里低纬度、高湿热的优越环境条件使得茶树得以充分生长发育，是我国野生大茶分布密度最大、树体最高大的地区，包括野生型大理茶和栽培型普洱茶。

沿着西江、红水河向东及东南方向扩展，一支沿西江扩散至广西、广东南部和越南、缅甸北部，境内多有乔木和小乔木野生型茶树，比如广西西部大厂茶、广西茶，栽培型茶树有白毛茶、普洱茶等；另一支沿红水河深至南岭山脉，包括广西、广东北部、湖南南部和江西南部，甚至蔓延至东部沿海，以栽培型小乔木大叶茶为主，间或有灌木型茶树，比如白毛茶和茶。

沿着金沙江、长江水系向云贵高原东北斜坡扩散，形成以黔北娄山山脉和川（渝）盆地南部为中心的又一个大茶树聚居区，以乔木或小乔木大叶茶为主，比如秃房茶。

由云贵高原沿着长江水系进入鄂西台地，并顺流扩散至湖北、湖南、江西、安徽、浙江、江苏等省。这一个区域处于北纬30度左右，冬寒夏热，茶树走出“巴山峡川”成为抗逆性强的灌木型中小叶茶，因此长江中下游已无野生型茶树。

在各自不同的地理环境和气候条件下经过漫长的历史过程，茶树的形态结构、生理特征、物质代谢等都逐渐改变，以适应新的地理。比如位于热带雨林中的茶树，形成了喜高温高湿、耐酸耐阴的乔木或小乔木大叶型形态；位于北亚热带气候条件下的，形成具有耐寒耐旱的灌木矮丛小叶形态；位于南、中亚热带的，则形态特征和生理特征介于两者之间。然后加上人类活动的参与包括引种、杂交、选择等等再加剧进行，最终导致千差万别的生态型，这也就是我国同时具有乔木大叶型、小乔木大叶和中叶型、灌木大中小叶型茶树的原因。

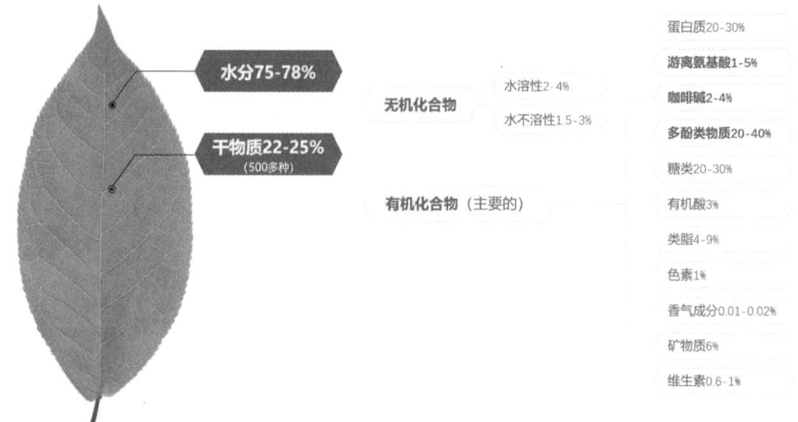

图 1　茶树三种类型

茶树原产于中国，但关于其原产地近两百多年以来在学术界产生了众多争议，有说原产于印度的，原产于东南亚的，原产于包括中国、越南、缅甸、印度、泰国整个片区的。1922 年，“当代茶圣”吴觉农在《中华农学会报》发表了“茶树原产地”一文指出：“中国有几千年的茶业历史，为全世界需茶的产地……谁也不能否认中华是茶的原产地。”该文从中国神农氏将茶作为药品用、历代茶树栽培和利用的记载，以及现代对茶树分布状况的考察，提出茶树原产于中国。

1949 年以来各种科学研究成果，更能提供最客观最充分的证明。比如 1981 年在贵州普安、晴隆两县交界处发现一颗四球体茶籽化石，地质年代为晚第三纪至第四纪某个时期；1986 年前后在浙江发现了地质年代为第三纪的山茶叶化石；2001 年，浙江杭州萧山的跨湖桥遗址发现距今 8000 年左右的茶树种籽，以及装着植物残渣（中草药）的陶缶，这颗茶树种籽是目前世界上唯一古茶树种证据；2004 年，浙江余姚田螺山遗址的一个深坑里面，又发现了有序排列的两行植物的茶树根，距今 6000 年，在人类聚居的周边呈规则排列，同时还有类似茶壶的陶器，这些对于解决世界茶树人工种植起源于何时何地提供了重要证据。

同时，茶学家们梳理出古文献中关于茶深入丰富的记载：东晋常璞写的《华阳国志・巴志》谈到：“武王既克殷，以其宗姬封于巴，爵之以子，古者远国虽大，爵不过子，故吴楚及巴皆曰子……漆、茶、蜜……皆纳贡之。……园有芳蒻香茗……”《华阳国志》成书于晋代，但所记的史实包括了战国、汉代乃至两晋的情况，周武王伐纣的牧野之战发生在公元前1046年，所以说，早在3000多年前我国巴蜀一带已用所产茶叶作为贡品，并且也有人工栽培的茶园了；《礼记·地官司徒》中记载“掌荼”“聚荼”意思是茶供丧事之用；中国最早的词典《尔雅·释木》称：“槚，苦荼。”（我国唐朝以前，荼即茶）这些资料说明，2000多年前中国已经把茶叶作为祭品；三国时期《吴普本草》记录了“南方有瓜芦木亦似茗，至苦涩，取为屑茶饮，亦可通夜不眠”；历史上最早的茶叶专著、唐代陆羽的《茶经》也指出：“茶者，南方之嘉木也，一尺、二尺乃至数十尺。”可见早在1700多年前就已发现野生大茶树了。

图2　云南镇沅县千家寨一号野生大茶树

再来看茶树资源，全世界茶科植物有23个属380多个种，其中中国就有15个属260多个种，农学家通过分析考证，中国茶树具有丰富的遗传多样性，种内和种间比日本、韩国、印度和肯尼亚都要高；云南茶树从原始形态和进化的次生形态各种类型不下近200个，这在世界上是绝无仅有的；我国古代野生大茶树遍及南方诸省，特别是云贵川地区，在云南省澜沧县黑山原始森林中发现一株高21.6米、胸围1.9米的野生大茶树。勐海县南糯山的一株大茶树，高5.5米，胸围1.4米，达800年之久，云南镇沅县千家寨发现约350公顷的野生大茶树群落，其中千家寨1号树高25.6米，树龄在千年以上。还有双江县勐库大雪山就将近有1000公顷的野生大茶树居群，这些古老的大茶树都是当今存

世的活文物。据不完全统计，现在全国已有10个省、市、自治区二百多处发现野生大茶树。

特别值得一提的是，“茶树原产说”分歧的主要原因是1824年英国人罗伯特·布鲁斯在印度阿萨姆Sadiya发现野生茶树。那么阿萨姆的野生茶树究竟何人栽种呢？1938年，罗伯特的弟弟，阿萨姆茶垦殖督导员亚历山大·布鲁斯在他的《红茶制造——由所雇华工在上阿萨姆、苏特亚的制造法及对茶在中国与阿萨姆垦殖的观察》书中提到他曾见过一株“高约43呎，胸围3呎”的茶树，那已经是报道中最高大的茶树了，但如果按照茶树半径1毫米等于1年来计算的话，差不多只有一百多年的树龄，考察报告说“土人为摘取茶叶而栽种茶树”，可见这些是阿萨姆土人的文化遗迹。恰恰，在明清时期的古籍中记载了这些阿萨姆土人是骆越人，骆越人就是中国百越人的一支。清光绪年间王锡祺编辑的《小方壶舆地丛钞·游历刍言》记录：“英人新辟一地曰亚山，一名阿赛密，长一千多里，广三百里……”“阿”开头的地名就是十分典型的越人风格，“赛密”又正是越人称茶为“茶米”或“茶茗”的记音，所以“阿赛密”就是“阿萨姆”。这些阿萨姆土人“采野生茶叶和油及大蒜食之”“将茶叶和其他食物合煮成饮料”等吃法，至今还保存在基诺族、德昂族、布朗族等民族的古老风习中，而古濮人就是这几个民族的先祖。据考，古濮人的后裔德昂族人自唐以来就由怒江一带向南迁徙，至明清时已大部分入缅甸，仅小部分留在云南。德昂族自古传承的风俗是人走到哪里就将茶树种到哪里，从阿萨姆野生茶树的树龄来看，也与德昂族人入缅甸时间吻合，所以阿萨姆的野生茶树很可能是由古濮人迁徙到当地种下繁衍而成的。

我国发现的野生大茶树，时间之早、树体之大、数量之多、分布之广、茶文物之丰富，都堪称世界之最。毋庸置疑，中国西南部是茶树的原产地，中国也是世界上最早发现和利用茶的国家。

（二）饮茶变迁

当然，茶之所以魅力无穷，还是因为人类发现和使用了它，并且对整个世界的品饮和文化产生了巨大的影响。

1. 上古时代生吃咀嚼

那么，茶到底是怎么被发现的呢？关于这一点，我们的先祖创造了很多传说，有血肉变来的，有神鸟衔来的，还有神仙授予的，而真正作为茶之源头载入史册的则是“神农尝百草发现了茶”。《史记·三皇本纪》《淮南子·修务训》等都记载了“神农尝百草发现了茶”的古老传说。神农相传为上古时代的部落首领、中华药祖、农业始祖，史书还将之列为“三皇”之一，即“炎帝”。那时人们茹毛饮血、生食果叶，对各种植物的性质，什么好吃，什么有毒，什么可以治病的知识，有了一定的积累，作为部落首领，神农尝百草就是一种经验总结的验证。东晋干宝《搜神记》中载：“神农以赭鞭鞭百草，尽知其平、毒、寒、温之性，臭味所主。以播百谷，故天下号曰神农也。”

图3　神农尝百草发现了茶

神农发现茶可以充饥果腹，还可以提神解乏，虽然味道微苦，却甘香生津，于是通过符号、物示等方式，茶的魅力被传递开来。原始的茶，除了用作充饥，

还被用作药。据说，“《神农本草》曰：神农尝百草，一日遇七十二毒，得茶而解之。”这是一段流传已久且传播较广的文句，但实际上查遍今存《神农本草》《神农本草经》《神农古本经》等各版本并未发现原句，直到清康熙陈元龙所编的《格致镜源》有文曰：“《本草》：神农尝百草，一日遇七十毒，得茶而解之。”虽然直到清代才有明确的文献将神农发现茶与药关联起来，但这并不影响神农作为药祖，在远古时期用发现的茶帮助族民防病养生。《神农本草》中虽没有“神农尝草，得茶解毒”的记述，却明明白白记有这样一条药目：“苦菜，味苦寒。主五脏邪气、厌谷胃痹。久服安心益气，聪察耐老。一名荼草，一名选，生山谷。”唐代陆羽在《茶经》中也提道：“茶之为饮，发乎神农氏。……《神农·食经》：茶茗久服，令人有力悦志。”所以，“药食同源”，无论是为“食”之茶，还是为“药”之茶，都已经追源到了“神农”头上。

神农带领着部落的子民们，是通过最原始的“生吃咀嚼”享用茶的。至今，古老的佤族、哈尼族等民族，都还保留着食生茶叶的习惯，他们往往边采茶叶边往嘴中塞茶芽，咀嚼得津津有味，这种方式简单直接，不做任何加工，几乎就是初民们吃茶的翻版。

2. 上古至周、春秋的生煮羹饮（烤茶）

茶在先民们的生活中应用得越来越广泛，但发现生嚼茶叶总有点苦涩，不够好吃，于是就尝试着把鲜茶叶加到水里煮来吃或者烧烤后再煮水吃。人类在原始社会，将狩猎到的猎物和采集到的植物块茎块根，放在火上烧烤至熟后再食用，这是发现了火以后的人类饮食进步。可以想象，那时将采集到的茶树新梢，放在火上烧烤以后再放到水里去煮，煮出的茶汤供人们解渴消暑，这种将茶叶烧烤的方式类似今天的杀青工艺，可以被视为最原始萌芽的绿茶。在原始农业诞生之后，先祖们发明了陶土作器，并进而发明了煮烧食物，杂羹汤状的食物应是那时人们的日常主食。在距今九千多年的江西万年大源仙人洞遗址和广西桂林甑皮岩遗址，均出土了大量陶片，其中罐类最多，可见当时多食水煮食物。如果加上调料或者谷物等一起煮，便被称为“茗粥”，因为具有食物的性质，因此叫吃而不叫“喝”或“饮”，我们也把这种吃法叫生煮羹饮。杂羹汤状的食物应是那时人们的日常主食，古老的人们称之为“荼”（原音 sho），同“舒”或“苏”，虽然和现在茶不大一样，但至少是茶的祖先——“原始煮茶”。

以茶做餐菜至今还留存在一些少数民族的习俗中，比如苗族、侗族的“打油茶”、土家族的“油茶汤”、纳西族的“油茶”等，用茶叶和姜、米或者用茶叶和黄豆、花生、胡椒、花椒煮在一起吃。各少数民族的食茶方式虽然有差异，但几乎都无一例外使用了烤茶这一道程序。

由于最早的“茶”是初民们赖以存活和维系生命的充饥食物，也是他们从生到死日日相伴的“亲人密友”，所以不懂生育奥秘，充满着原始思维的图腾意识和感恩之情的初民们，便产生了将“茶”视作“给予生命的母亲”的茶图腾意识，包括德昂族的“茶祖之歌”《达古达楞格莱标》（意：最早的祖先传说），土家族的《梯玛神歌》以及各类图腾女始祖。现在，纳西族还会在正堂中柱上挂上“苏都”，就是一个盛放着茶叶、米、卵石、箭以及神梯、塔、桥等的竹篓子，视其为纳西家族保护神，“苏”是纳西族人生命的神灵，也是生杀予夺的神灵（《中国纳西族的生活与文化》，洛克，1992 年），各民族对茶的这种恭敬的态度，形成崇拜茶的原始茶文化。

3. 周、春秋的制干煮饮

周、春秋时期，越来越多的人开始吃茶，却发现茶树的果实、种子、块根、块茎、新梢芽叶等都是有季节性的，春夏秋季才能采到新梢茶叶，囤久了就会腐烂。为了在冬季能喝到茶或者是把产茶地的茶带到较远的地方，需要把茶叶加工成“干茶”，这样才可以方便储藏，随时取用，因此茶叶最初的加工方式应为“晒干收藏”，即将采集来的新鲜茶枝叶，利用阳光直接晒干或经烧烤后再晒干，这种直接将茶叶晾晒干的方式类似今天萎凋干燥的工艺，可以被视为最原始萌芽的白茶。周王朝设置了专管茶叶的官吏，应该就是看管这些晒干后的茶叶，《晏子春秋》描写：“食脱粟之食，炙三弋五卵茗菜耳。”说的是春秋时，晏婴任景公时，身为国相，饮食节俭，吃糙米饭，几样荤菜以外，只有“茗菜耳”，茗菜就像今天的煮菜汤，晏子当时煮饮的应该是这样制干的茶叶。晋代郭璞对《尔雅》的注解里也有“槚，苦荼”之注：“树小如栀子，冬生叶，可煮羹饮。”《晋

书》还记述：“吴人采茶煮之，曰茗粥。”可见在周春秋时期，人们依然时兴生煮羹饮的方式，只不过使用的是制干后的茶叶。

这种“晒干收藏”的方法一直到唐代还有文字记录，唐代樊绰《蛮书》记载了当时云南西双版纳一带茶叶采制烹饮的情况：“茶生银生城界诸山，散收，无采造法，蒙舍蛮以椒、姜、桂和烹而饮之。”银生城是现在云南省景东县，“蒙舍”是唐代南诏国中的六诏之一，在今云南巍山、南涧一带，其所谓“无采造法”是相对于唐代巴蜀地区、江浙一带，当时已经出现的蒸青饼茶、散茶而言的。

图 4　晒干茶

将茶叶“晒干收藏”的方法虽然简单有效，但没有太阳怎么办呢？人们就想到利用早期出现的“甑”来蒸茶，即原始的“蒸青”。甑的出现意味着人类结束了只能火烤和水煮来加工食物的历史。春秋战国时期，甑与釜成为主要炊器，甑的附耳退化，形状与盆几乎一致。

蒸完之后如何干燥茶叶呢？然后就选择用锅炒或烘焙的方法干燥，从而产生了原始的“炒青”和“烘青”。云南哈尼族的老人至今还保留着这种“吃蒸茶”的习俗，他们常常采树鲜叶，用甑子蒸熟，晾晒干燥后贮于篾盒中，用沸水冲泡饮用。这些原始的制干茶，在秦汉以前就已经出现在巴蜀地区了，西汉王褒《僮约》文中的“武阳买茶”，就是买的这类制干茶。这种将茶叶晒干或者蒸干，到用时再加水煮羹的饮茶法，持续了很长时间，直到唐代早期。

古老的原始茶崇拜传承到周春秋时期，故宫博物院藏“战国宴乐铜壶”，用铅类金属嵌错出古代社会生活场景。与其相似的是，1965 年在成都百花潭中学战国时期墓中出土的青铜壶上，定名为“采桑、宴乐、水陆攻战”，其中，采茶的画面中有巫祝起舞的场景，这似乎是史书中多有记载的古代开采茶叶时必须举行的“祭茶神”仪式，此仪式中就是以小女孩献茶叶为祭。

这个时期吃茶虽然进步了，但煮茶和煮饭混在一起，也没有技术的讲究和艺术的审美。陆羽在《茶经・六之饮》中说：“茶之为饮，发乎神农氏，闻于鲁周公。”在他看来，茶的发现和使用源于神农，但把茶推广闻名的却是仁孝忠义、为政勤勉的鲁周公。在陆羽看来，一方面周公在《尔雅》中正式规范了茶的定义——“槚，苦荼”，另一方面周公是古代中国的道德楷模，是周礼的制定者，《茶经》中说：“茶之为饮，最宜精行俭德之人。”周公正是一个典型的“精行俭德之人”，如周公不饮茶，谁还会饮茶呢？虽然史书上并没有鲁周公本人专门饮茶的记载，但借助他的道德模范作用，让饮茶闻名于世了，所以周公被认为是开启中国茶文化历史的第一人。

4. 汉晋制饼煮饮

到了汉晋时期，把茶叶煮成茶羹或“茶粥”食用已经非常盛行，虽然也是煮茶作羹饮，但较之以前，已前进了一大步，人们将采来的茶叶先做成饼，晒干或者烘干，饮用时碾末冲泡，加佐料调和作羹饮，当时采叶做饼，老叶黏性差，加些米膏也能做成饼。这种饼茶的出现一方面可能是为了更方便储藏和运输，

另一方面可能是效仿当时流行"饼食"的习俗。至于采来茶叶经蒸青或略煮"捞青"软化后压成饼都是有可能的。三国时魏人张揖在《广雅》中记述："荆巴间采茶作饼，成以米膏出之。若饮先炙令色赤，捣末置瓷器中，以汤浇覆之，用葱、姜、橘子芼之"。这就是说，当时的饮茶法已经从直接用散茶叶煮作羹（粥）饮，开始转向先将制好的饼茶炙成"色赤"，再捣碎成茶末"置瓷器中"烧水煎煮，加上葱、姜等作佐料，调煮成"茶羹"，供人饮用。

图 5　汉晋煮饮

除了"粥茶法"，当时还并行着保健止渴的"清饮法"，就是将茶叶直接熬成汁液服用。三国时东吴的孙皓"以茶代酒"招待韦曜就应为清饮，用干茶叶熬煮汤汁没有茶渣又呈黄白色，与当时的黄酒颜色颇似。可见当时华中地区就已经出现了纯粹的茶饮，而且已是相对普遍了。更何况《桐君录》也有记载："巴东别有真香茗，煎饮令人不眠。"此处煎茶就如煎药般入水煮熬。

顾炎武的《日知录》说："自秦人取蜀后，始有茗饮之事。""茶饮"成为一件正式的专门的活动，产茶、制茶和茶文化从核心地区巴蜀传向了当时的政治、文化、经济中心陕西、河南，又扩散至湖南、广东、江西等毗邻地区，还传向了江南一带。

汉魏六朝时期的饮茶方式，多如唐代诗人皮日休所言，"浑而烹之，与夫瀹蔬而啜者，无异也”，即煮成羹汤而饮。此时，人们已不再仅仅把茶汤当成一种饮料、药物或食物，而当成艺术来欣赏，还讲究煮茶与鉴茶的技艺。西晋文学家杜育的《荈赋》应该是历史上最早描述饮茶艺术的作品，其中描绘到：“……水则岷方之注……器择陶简，出自东隅……焕如积雪，煜若春敷……调神和内，倦解慵除。”整个过程，对茶、水、器、环境、人文、艺术都十分讲究，充满着质朴的审美情趣，出现了饮茶艺术的雏形。

5. 唐代煎饮

到了唐代中期，“蒸青饼茶”的制法已逐渐完善，陆羽在《茶经·三之造》中记述到：“晴，采之，蒸之，捣之，拍之，焙之，穿之，封之，茶之干矣”，共七道工序，他把饼茶按照外形匀整度和色泽分为八等，六种肥、嫩、色润的优质茶和两种瘦而老的茶，而且这些蒸青饼茶有大有小，大的据《唐食货志》载：“贞元江淮茶为大模一斤至五十两。”小的如唐代卢仝《走笔谢孟谏议寄新茶》诗中所描写的“手阅月团三百片”，“月团”是圆月形的饼茶，卢仝收到孟谏议派人送来的新饼茶，一包竟有“三百片”，说明是很小的饼茶。唐代制茶虽以团饼茶为主，但也有其他茶，陆羽《茶经·六之饮》有：“饮有觕茶、散茶、末茶、饼茶者。”

图6　唐代煎饮

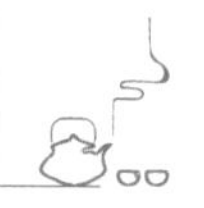

在唐代文学家和佛教文化的推动下，茶的吃法基本摒弃之前的“粥茶法”，不添加调味品，也不会久煮去沫，讲究鉴茶、备具、炙茶、碾茶、罗茶、烧水、一沸加盐、二沸舀水、环击汤心、倒入茶粉、三沸点水、分茶入碗、敬奉宾客等13个步骤。陆羽在《茶经》中列举了24种烹饮茶叶的器具和设备，对每种茶具的作用、用材、尺寸、工艺等都作了详细的说明，亲自设计“方其耳，以正令也；广其缘，以务远也；长其脐，以守中也”的煮水茶具——鍑；陆羽还在茶叶饮用方面提出了专业的“茶有九难”，指出煮好茶必须把握好采造、鉴别、备具、用火、烧水等9个要领。在这时期，以“煎茶法”为主流的饮茶方法成为人们追求的生活时尚。

唐中期太学诸生封演在《封氏闻见记》中有“古人亦饮茶耳，但不如今人溺之甚，穷日尽夜，殆成风俗，始于中地，流于塞外”之说，所以茶为国饮兴于唐。唐代诗人们的品茶，已经超越了追求解渴、提神、解乏、保健等生理上的满足，而着重从审美的角度来品尝茶汤的色、香、味、形，强调心灵感悟，追求天人合一、物我两忘的最高境界。这一风尚从皎然的茶诗“三饮”和卢仝的“七碗茶”诗中可以得到充分印证。卢仝在《走笔谢孟谏议寄新茶》中写道：“一碗喉吻润，两碗破孤闷。三碗搜枯肠，惟有文字五千卷。四碗发轻汗，平生不平事，尽向毛孔散。五碗肌骨清，六碗通仙灵。七碗吃不得也，惟觉两腋习习清风生。”唐代中后期以后，随着“煎茶法”的普及推广，人们对饮茶用水、用具、用火和煮法越趋讲究，从而使唐代早期以前流行的“吃茗粥”（粥茶法）和“瀹蔬而啜”等基本被抛弃。

唐代煎茶，内容更完整丰富，技法更严谨深刻，茶器的精美，茶咏的风雅，以及在茶宴、茶会上天地悠悠、畅快胸怀的意境，体现了中国唐文化的气度与深致，这说明饮茶体系已真正成熟，并且呈现出高韵雅致的水准。

6. 宋代点饮

团饼茶到了宋朝便是大发展和精制时代。闽国灭亡后，南唐后主李煌就派官员到建安凤山监制“建茶进贡”，即设置了“龙茶”贡焙，宋代熊蕃《宣和北苑贡茶录》记述：“采茶北苑，初造研膏，继造腊面。”起初的“研膏茶”是茶芽蒸后碾成膏状，然后压成饼，茶饼中间有孔洞，焙干后十余饼串成一串。后来的“腊面茶”是通过揉压，去掉部分茶汁，减少苦涩味，质地较细，表面光滑如蜡。“研膏茶”和“腊面茶”奠定了宋代团饼茶大发展的基础，到了太平兴国二年（977年），宋太宗派遣官员在建安北苑专门监制龙凤贡茶，“宋太平兴国初，特置龙凤模，遣使即北苑造团茶，以别庶饮，龙凤茶盖始于此”。龙凤茶都是做成团片的茶，但因为皇家御用，会特意在模具上雕龙刻凤。因为皇室嗜茶，官府民间都争奇斗艳，促进了茶产新品不断涌现，先有龙凤团，后有小龙团，再后来有御苑玉芽、万寿龙芽等几十种花色。龙凤团茶的制造工艺，据赵汝砺《北苑别录》记述，有“采茶、拣茶、蒸茶、榨茶、研茶、造茶、过黄”，即采来的茶叶先浸于水中，挑选匀整芽叶进行蒸青，蒸后冷水冲洗，然后小榨去水、大榨去茶汁，去汁后置瓦盆里兑水研细，再入龙凤模压饼、风干。宋代也有三类茶——腊面茶、散茶、片茶。片茶就是饼茶，腊面茶即龙团凤饼，散茶是蒸后不捣不拍烘干的散叶茶。

宋代不仅制茶更加精湛，吃法也完全反转。不再将茶末置于茶鍑中煎煮，而是将制备好的茶末直接放在茶盏中用煮好的开水调匀、冲点、击拂，使茶汤产生泡沫并鉴赏饮用，这种“点茶法”其实是从唐代中期以前民间已经存在的“腌茶法”中改进而来的，其特征茶具是煮水注水用的小嘴“瓶”、盛茶纳水用的“盏”和击拂生沫用的茶匙（古代称“茶筅”）。据蔡襄《茶录》记载，点茶法包括炙茶、碾茶、罗茶、候汤、熁盏、调膏、注水、击拂、奉茶等九个步骤。点茶法和煮茶法最根本的区别在于，前者不加任何芳香佐料，追求纯粹的茶味，就连陆羽主张的加盐习惯也被彻底摒弃；其次是不再使用鍑来直接煮茶，而改用铫（一种有嘴有炳的煮水器皿）或小口瓶来烧水，再将沸水注入盛有茶末的盏（碗）中调匀击拂产生馃饽而后饮之。

图 7　宋代点饮

宋代除了对茶品追求精致绝伦，对茶汤的鉴赏也比唐代有了大进步。不崇尚茶色青绿而推崇茶色白，欣赏如软玉琼冻般的融凝茶汤，也因此推崇方便观赏白沫的黑瓷茶盏，为点茶的沫饽增光添彩。除了比试茶、水、器的优异，宋人还以斗茶技艺决胜高低，范仲淹的《斗茶歌》“北苑将期献天子，林下雄豪先斗美”就是描绘当时斗茶成风的情景。文人们将“点茶”发展到了极致，在茶汤上成诗成画。宋徽宗《大观茶论》说：“品第之胜，烹点之妙，莫不盛造其极。”

宋代点茶，有“挂画插花”的幽美环境，有“注汤幻茶成物象”的“通神之艺”，有风雅闲适的心境，将一碗茶精美到不可思议的地步，使饮茶艺术达到了登峰造极的水平。

7. 明代瀹饮

到了明代，蒸青团饼茶因为过于精致烦琐，耗时费工，越来越供应不了举国饮茶的需求，加上又要浸水、榨汁，很容易损失茶香真味，人们逐渐意识到有必要改蒸青团茶为蒸青叶茶，而促进这场变革的重要人物就是明朝皇帝朱元璋，他下诏：“罢造龙团，惟采茶芽以进”，这就使已散茶化了的事实以法令的形式得到承认和巩固，废龙团、兴散茶，散茶开始真正盛行。

唐宋时代以来都以蒸青茶为主，所以明代早期的散茶都流行蒸青绿茶，制造工艺最早出现在元代王祯的《农书·卷十·百谷谱》中：“采讫，以甑微蒸，生熟得所。蒸已，用筐箔薄摊，乘湿揉之，入焙，匀布火，烘令干，勿使焦，编竹为焙，裹蒻覆之，以收火气。茶性畏湿，故宜蒻。收藏者必以蒻笼，剪蒻杂贮之，则久而不浥。宜置顿高处，令常近火为佳。”除了蒸青绿茶，唐代还萌发了最早的炒青茶技术，刘禹锡的《西山兰若试茶歌》有记述：“斯须炒成满室香，便酌沏下金沙水。”经过唐、宋、元代的进一步发展，炒青茶逐渐增多，人们发现炒制的茶叶更加馥郁美味，所以普遍改蒸青为炒青，制法日趋完善，包括杀青、摊凉、揉捻、复炒、烘干等主要工序，明代许次纾著的《茶疏》记载：“生茶初摘，香气未透，必借火力以发其香。然性不耐劳，炒不宜久，多取入铛，则手力不匀，久于铛中，过熟则香散，甚且枯焦，不堪烹点。……”明代炒茶的工艺不仅被沿用至今，还推动了当时黄茶、黑茶、白茶、红茶、窨制花茶等各大类的出现和发展。

图 8　明代瀹饮

散茶的广泛应用，对饮茶方式起了决定性的作用。唐代“煎饮”和宋代“点饮”使用的都是饼茶或团茶，而明代是直接烘焙或炒制的条形散茶。因此，饮茶时候不再需要将茶叶碾成细末，只需要放入茶盏或茶壶中直接用沸水冲泡即可饮用，史称“瀹饮法”。明人朱舜水解释“瀹”字的含义：“瀹者，泡也。入半汤入茶，又加汤注满为瀹。”“瀹饮法”的主要步骤有择茶、洗茶、候汤、砆盏（壶）、投茶、注汤、饮茶等，所以这种“瀹饮法”也称泡茶法，明代泡茶法分为“上投法”“中投法”“下投法”三种。这种泡茶法又分为直接投茶品饮的撮泡法和过滤茶汤的壶泡法，“撮泡法”主要用茶盏、茶碗或茶杯，演变到今天发展为盖碗泡法和玻璃杯泡法；壶泡法则是现代工夫茶的源起。明代茶叶饮用方法的最大特点是“汤渣分离”，即将茶汤从茶瓯中过滤出来，只饮茶汤而不吃茶渣，而且以“磁壶注茶，砂铫煮水为上”；其次是不再强调茶汤的泡沫，而改为追求茶叶的形美和茶汤的味真、色绿，而且对茶叶色、香、味、形的鉴赏更为讲究。

明代的瀹茶，虽然没有唐代的雍容，宋代的精雅，却展现出淳朴自然的清逸之风。人们追求茶叶的形美和茶汤的本味真香，注水即饮，汤渣分离，看似简单，实则微妙。而且，他们还特别讲究一起喝茶的人和环境的优美雅致，择“清癯韵士”

为茶侣，“会泉石之间，或处于松竹之下”，把品茶生活艺术化的追求提升到了一个前代所没有达到的高度。

8. 清代工夫

因同样是散茶，所以清代的极品名茶及其制法，大都承袭明代，散茶制法蓬勃发展，六大茶类实现了传统意义上的定型。在明代“壶泡法”的基础上，清代演变出了“工夫法”，许多文人品茶追求艺术情趣，喜欢使用小壶小杯来品啜，加上“真功细斟”才能泡出真味的乌龙茶的诞生，是催生清代用小壶小杯冲泡品饮“工夫茶”的主要原因。

图 9　清代工夫

清代诗坛盟主袁枚，善于品茶，更精于烹茶，在《随园食单》里集中记录了对各种名茶的感受：“武夷茶……，杯小如胡桃，壶小如香橼，每斟无一两，上口不忍遽咽。先嗅其香，再试其味。徐徐咀嚼而体贴之，果然清芬扑鼻，舌有余甘。一杯之后，再试一二杯。令人释躁平矜持，怡情悦性。”这是目前掌握史料中最早描述品饮工夫茶的记载，而冲泡工夫茶的史料在张心泰的《粤游小识》里有记述：“以鼎臣制宜兴壶，大若胡桃，满贮茶叶。用坚炭煎汤，乍沸泡如蟹眼时，瀹于壶内。乃取若琛所制茶杯，高寸余，约三四器，匀斟之。再瀹再斟数杯，茶满而香味出矣。”可以说是今天潮州工夫茶、闽南工夫茶和台湾工夫茶茶艺的原型。根据寄泉《蝶阶外史·工夫茶》中的描述，“工夫茶”品饮程式基本可概括为备具、煮水、温壶、置茶、冲泡、淋壶、分茶、奉茶八个步骤，客人在品尝茶汤时，要“合起涓滴而咀嚼之”（徐珂《清稗类钞》）。另外，“撮泡法”在明代使用无盖的盏、瓯来泡茶，而在清代被四川民众发展创制成“盖碗”，有盖有托，喝茶时左手捧茶托不会烫手；后手拿茶盖，可以用茶盖边缘拨去浮在碗面上的茶叶和泡沫，加盖时可以保持茶的真香，去盖时又可察“颜”观色，集中了中国古代茶具的各种优点。

清代“工夫法”是明代“瀹饮法”的升级版，用小壶小杯细细品啜，最开始专对乌龙茶，后来因为“工夫法”最能泡出茶叶的色、香、味，泡茶的器具和动作也最能与美学艺术融合一体，因此逐渐被其他五大类名优茶广泛应用，成为现代饮茶最重要的方式。

9. 现代创新

现代茶类千姿百态，多彩缤纷，除了六大茶类绿、红、白、黄、青、黑等传统散茶，还有再加工茶类新产品层出不穷，比如花茶里的桂花茶、玫瑰茶；香料茶里的香兰茶；紧压茶里的黑砖、茯砖、青砖、七子饼茶；萃取茶里的速溶茶、浓缩茶；果味茶里的荔枝红茶、猕猴桃茶，还有药用保健茶和含茶饮料，等等。

不发酵的绿茶是我国主要茶类，产区广、产品多、质量好，比如西湖龙井、洞庭碧螺春、黄山毛峰、庐山云雾、阳羡毛尖等，不仅产地有得天独厚的自然环境，而且都用精湛的炒制技术，精心加工制造，形质兼优，风格独特，色、香、味三者俱臻完美。绿茶特点是香高味醇，清汤绿叶。全发酵的红茶是全世界受欢迎程度最高的茶类，在色、香、味、形方面显示的是干茶的黑色和茶汤的红艳明亮，最著名的要数红茶鼻祖正山小种，以及由此工艺演变而来的各类工夫红茶，比如世界三大高香茶之一的祁门红茶，另两个是印度红茶和斯里兰卡红茶。半发酵的乌龙茶是我国独特的茶类，滋味甘浓、香气馥郁，没有绿茶之苦，也没有红茶之涩，性和不寒，久藏不坏，香久益清，味久益醇，加上乌龙茶还具有“三红七绿”的色泽和“韵味”，这类茶叶特别引人注目，奇妙无比。后发酵的黑茶因为有独特的“渥堆”工艺，干茶色泽黄褐或黑润，汤色黄褐或红褐，代表性的黑茶有湖南黑毛茶、云南普洱、广西六堡茶等。微发酵的黄茶因为“闷黄”工艺以“三黄”（色黄、

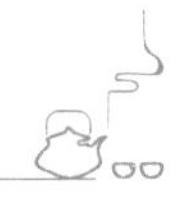

汤黄、叶底黄）为品质特点，比如黄芽采制的君山银针，黄叶制作的广东大叶青。轻发酵的白茶由于“萎凋”不揉不炒，茶芽完整、形态自然、白毫不脱，香气清鲜，白毫银针、白牡丹、贡眉、寿眉都是品种不多的佳品。

	绿茶	白茶	黄茶	青茶（乌龙茶）	红茶	黑茶
发酵度	0%	5%-10%	10%-20%	30%-60%	80%-90%	60%-80%后发酵
外形						
汤色						
香气	花香型、清香型 嫩香型	花香型、清香型 甜香型	嫩香型、花香型 焦香型	清香型、浓香型	火香型、焦香型 甜香型	木香型、陈香型
滋味	清淡香扬	清甜爽口	甜爽	香浓微苦	香浓甜润	醇厚甜润
茶性	凉性	凉性	凉性	中性	温性	温性

图 10　现代六大茶类

20 世纪 80 年代，中华茶文化开始复兴。当代茶人们在明清时期的“壶泡法”“撮泡法”以及“工夫法”等基础之上，创新发展出五彩缤纷的现代茶饮世界，主要包括“盖碗撮泡法”“玻璃杯撮泡法”“盖碗工夫法”“茶壶工夫法”“台湾工夫法”以及“少数民族饮茶”六大类。现代创新茶艺除了选水更加科学化，茶具的种类也是名目繁多，百花齐放，茶壶造型别致，瓷器品质卓越，主泡和辅泡近四十种。技法更是千变万化，根据不同的茶类、加工方法、茶的特性来掌握不同的茶不同的用量、开水的温度和冲泡的时间。比如绿茶和红茶的茶水比是 1 ∶ 50 左右，而乌龙茶的茶水比是 1 ∶ 20 左右；绿茶的冲泡水温最好是 85 ~ 90 度，而乌龙茶和熟普的水温却要 100 度沸水，等等。但无论泡茶技艺如何变化，基本都会共同遵守以下的泡茶程序：温具、赏干茶、置茶、浸润泡、冲泡、奉茶、赏茶汤、续水。

为了享受饮茶的美和韵，我们不仅设置不拘泥于中国古典式的各种意境，让茶具、茶席和图文声乐相映生辉，还会配置衣着端庄、气质优雅的茶艺师，在饮茶中用礼仪礼节展现艺术，传递美德。

茶被人类发现距今已有上万年，从上古时期神农带领部落的子民们生吃咀嚼，到周春秋时期的生煮羹饮，再到汉唐宋明清的煮茶、煎茶、点茶和瀹茶，直至现代六大主流的饮茶方式。这其中，既有传承也有创新，既有严谨也有随性，最为明显的是，人们对饮茶的艺术化更加追崇，不仅对物和境有全方位的艺术要求，还期许了人的艺术形象和审美素养，这其实是我们这个时代富裕、文明、先进的折射。

如果说，以前的饮茶艺术还更多地停留在文人墨客的诗词歌赋里，那当今的饮茶艺术已成为人人熟知的大众文化，欢迎大家成为下一个“与茶者”，在饮茶和赏茶过程中不断领略茶的魅力，传播茶的美德，弘扬饮茶的技艺！

二、认识“茶艺与茶文化”

（一）茶艺概论

前面我们了解了“茶的起源与饮茶变迁”，知道了茶树发源于中国，在人类社会中也已经存在了一万年以上。生活在最早发现和利用茶的国家，中国人深谙饮茶之道，从最早原始粗犷的生吃咀嚼，生煮羹饮，到精致考究的“煎”“点”和“冲泡”，人们学会了如何“玩茶”，如何快乐地喝茶，这就是我们要学习的“茶艺”！

不过，“茶艺”这个专业术语是个现代的新名词，在古籍文献里并没有这种正式的说法，那它的出现到底有什么样的缘起呢？

我们都知道，19世纪中期开始近一百多年，中国在战乱中遭受了沉重的创伤，政治、经济、文化和民生都千疮百孔，曾经辉煌极致的茶业与茶文化，也一度江河日下。直到20世纪70年代中期，动荡不安的世界局势逐渐缓和，中国的经济才开始复苏，此时的中国人民坚信并期望弘扬我们民族的传统文化，包括剪纸艺术、打陀螺、放风筝、布袋戏、国乐、国画、国剧、中国功夫等，从童玩到高层次的艺术都纷纷热门起来，茶文化也是其中重要的部分。

茶艺，由宝岛台湾的茶爱好者率先发起，1977年，以台湾中国民俗学会理事长娄子匡教授为主的一批茶爱好者，倡议弘扬茶文化。那用什么样的方式来复兴和弘扬呢？有人就建议用“茶道”，有人却觉得不妥，一方面“茶道”已

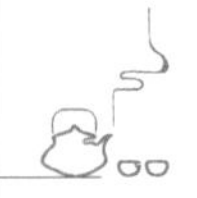

经被日本先用了，虽然日本茶道源自中国，但毕竟做出了名气，如果现在再援用“茶道”恐怕会引起误会，以为是把日本茶道搬到台湾来；另一方面“道”这个名词过于严肃，中国人对“道”这个字是特别敬重的，是高高在上的，让民众快速普遍地接受可能不太容易。于是就有人提出了“茶艺”，经过一番讨论，大家同意才定案。所以，“茶艺”的出现是为了复兴我们中国品饮茗茶的风俗，弘扬我们中华民族的茶文化，同时净化人心，美化社会。

那么新的问题来了，茶艺是作为茶道的同义词、代名词出现，是新概念，在辞书上找不到解释。而我们要学习茶艺，就得弄清楚它具体包含哪些内容，到底该如何界定呢？我们还得从祖国源远流长的饮茶故事中去寻找答案。

明末清初著名学者、大思想家顾炎武的《日知录》是一部经年累月、积金琢玉撰成的大型学术札记，是“稽古有得，随时札记，久而类次成书”的著作。我们往往都能在《日知录》中找寻到历史社会的第一手资料，所以从著作中“自秦人取蜀后，始有茗饮之事”这句记述了解到，茶作为正式的茗饮，是从秦始皇拿下巴蜀，统一天下开始的。意思是秦朝以前的人们用茶要么生吃，要么混煮，没有什么技术的讲究，更不用说“玩茶”“赏茶”之类的，只有在秦朝以后，“茶饮”才成为一件正式的专门的活动，并且充满着无限的精彩和妙趣！

1. 西晋杜育《荈赋》

西晋时期，文武双全、风姿俊美，年纪轻轻就拜为左将军的杜育，一边要“枕戈待旦”，随时准备投入战斗；一边要保境安民，发展生产。他在主业上的成就不算惊人，恰巧为信阳灵山贡茶撰写的《荈赋》却成为最早描绘茶艺的诗赋，夺得了世界多项第一，包括植茶规模、秋茶采掇、陶瓷宜茶、茶汤特点，“茶圣”陆羽在其《茶经》一书中三次提到杜育的作品，实为罕见，可见《荈赋》在我国茶叶史上的地位有多高。

《荈赋》“灵山唯岳，奇产所钟，厥生荈草，弥谷披岗”的描述，一开头就展现了一派山岳灵秀，嘉茶遍绿山坡的清丽景象。在这样令人情感奔放的优美环境中，嘉茶“承丰壤之滋润，受甘霖之霄降”，品质之佳，已毋庸赘言。于是作者“月惟初秋，农功少休，结偶同旅，是采是求”，在初秋的一天，趁着农闲之日，邀了几个好友到灵山旅游，目的是亲自采茶、煮茶饮。“水则岷方之注，挹彼清流，器泽陶拣，出自东瓯”，选取从岷山上流下的清泉，洗干净煮茶用的陶罐，要选用出自浙江越窑所生产的精美陶器。“惟兹初成，沫沉华浮，焕如积雪，烨若春敷”，鲜茶叶在陶罐中烤香煮沸后，泡沫沉浮翻动，紧接着白色泡沫又随着茶的煮沸不断涌起，喷涌而溢，靓丽得犹如积雪，灿烂得好似春花。“若乃淳染真辰，色责青霜。白黄若虚。调神和内，倦解慵除”，煮好的茶味道甘醇，汤色白黄虚泛，饮后令人神清气爽，困倦顿消，慵懒尽除。

杜育完整地呈现了茶的产地、生长、采摘、择水、择器、煎煮等场景，以及作者在品饮时的审美感悟，真正意义上实现了茶由物质到精神，由药物、饮品到文化的升华。第一次赋予了饮茶活动以审美的视角与风雅的韵味，开创了茶文化清和、淡雅、秀美的一脉文风。

2. 唐代刘禹锡《西山兰若试茶歌》

唐代诗豪刘禹锡，信奉佛教，与白居易并称“刘白”，他的《西山兰若试茶歌》说的是他在苏州做刺史的时候到西山兰若寺拜访的情形：

> 山僧后檐茶数丛，春来映竹抽新茸。宛然为客振衣起，自傍芳丛摘鹰觜。斯须炒成满室香，便酌砌下金沙水。骤雨松声入鼎来，白云满碗花徘徊。悠扬喷鼻宿醒散，清峭彻骨烦襟开。阳崖阴岭各殊气，未若竹下莓苔地。炎帝虽尝未解煎，桐君有箓那知味。新芽连拳半未舒，自摘至煎俄顷馀。木兰沾露香微似，瑶草临波色不如。僧言灵味宜幽寂，采采翘英为嘉客。不辞缄封寄郡斋，砖井铜炉损标格。何况蒙山顾渚春，白泥赤印走风尘。欲知花乳清泠味，须是眠云跂石人。

诗人到寺庙去拜访僧人，僧人为了招待客人，立即到寺庙后檐的茶园采摘刚刚冒出新芽的“鹰嘴”，并且立即炒、煮，鼎中茶水的沸腾声，如同松涛乍起；冲到碗里，茶的雾气就像白云一样缭绕，泡沫宛如花一样在碗中浮动。诗句通过比喻，生动形象地描写了炒青烹煮以后的美妙效果。诗人刚一闻见那扑鼻而来的香味，隔宿犹存的酒意就顿然消散了，胸中的烦恼也一扫而空了。“新芽连拳半未舒，自摘至煎俄顷馀”句是在赞叹这种新方法的佳妙，既快又好。通过这种方

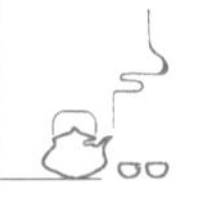

法制成的炒青，它的香味连木兰沾露也赶不上，它的颜色比那临波瑶草还要碧绿，真是美不可言。刘禹锡最后通过僧人的口吻，介绍了炒青的特点，进一步赞美了炒青的佳美。僧人说，它的最大特点就是要在我们寺庙这样幽寂的地方，用刚刚采来的新芽招待嘉宾，才能吃出它的美味。如果寄到您的郡斋，时间久了，又是用普通的井水和铜炉来烹煮，那就鲜味大减了。何况像四川那么远的蒙顶茶，还有浙江湖州顾渚山的紫笋茶，做好了远远地送来，经过长途风尘运输，茶叶也要受损，也没有新鲜味了。所以："欲知花乳清泠味，须是眠云跂石人。"想要真正领略到这炒青的清醇味道，还得像我这样眠于云间、坐在石上的山区种茶人啊！诗歌到这里戛然而止，诗人不仅借寺僧之口，赞美这山中幽寂之地的茶叶如何美好，还对幽栖隐居于山野的人，寄予了深深的理解和向往。

刘禹锡这首诗宕开一笔，从茶树生长的地方写起，着重赞美炒青方法的创造，炒青绿茶煮饮之后的美妙效果，对寺僧的制茶技艺给予了高度评价，更重要的是诗人对饮茶还可以修身养性、涤祛烦闷的喜爱洋溢在字里行间。

3. 唐代皎然《饮茶歌诮崔石使君》

唐代诗僧皎然在文学、佛学、茶学等方面颇有造诣，所到之处，都极受尊崇，其与"茶圣"陆羽是至交好友，在茶文化、茶道的研究方面可以说与陆羽是不相伯仲。《饮茶歌诮崔石使君》是皎然同友人崔刺史（初任湖州刺史）共品越州茶时即兴之作，名义上调侃崔石使君饮酒不胜，实际是在倡导以茶代酒，探讨茗饮的艺术境界。

> 越人遗我剡溪茗，采得金牙爨金鼎。素瓷雪色缥沫香，何似诸仙琼蕊浆。一饮涤昏寐，情思爽朗满天地。再饮清我神，忽如飞雨洒轻尘。三饮便得道，何须苦心破烦恼。此物清高世莫知，世人饮酒多自欺。愁看毕卓瓮间夜，笑向陶潜篱下时。崔侯啜之意不已，狂歌一曲惊人耳。孰知茶道全尔真，唯有丹丘得如此。

诗歌大意为越人（古代绍兴）送给我剡溪名茶，采摘下茶叶鹅黄色的嫩芽，放在风炉里烹煮。白瓷碗里漂着青色饽沫的茶汤，如长生不老的琼树之蕊的浆液从天而降。一饮后洗涤去昏寐，神清气爽情思满天地，再饮清醒我的神思，如忽然降下的飞雨落洒于轻尘中，三饮便得道全真，何须苦心费力地去破烦恼。这茶的清高世人都不知道，世人都靠喝酒来自欺欺人，愁看毕卓（晋朝酒徒）贪图饮酒夜宿在酒瓮边，笑看陶渊明在东篱下所做的饮酒诗。崔使君饮酒过多之时，还会发出惊人的狂歌，谁能知饮茶可得道，得到道的全而真？估计只有传说中的仙人丹丘子了。

图 11　唐代诗僧皎然与“茶圣”陆羽

皎然这首诗从友人赠送剡溪名茶开始，讲到茶的珍贵，赞誉剡溪茶（产于今浙江嵊州市）清郁隽永的香气，甘露琼浆般的滋味，在细腻地描绘茶的色、香、味形后，再生动描绘了一饮、再饮、三饮的感受，然后急转到“三饮”之功能，在中国文化史上首次提出“茶道”二字。“三饮”神韵相连，层层深入扣紧，把饮茶的精神享受做了最完美、最动人的歌颂。

4. 宋代陶谷《荈茗录》

陶谷是五代至北宋人，晚年出任礼部尚书、刑部尚书等，虽然在历史上

名声不太好，但不可否认其文才非凡，而且是地道的美食家，走一处吃一处。他撰写的《清异录》。随笔记录了隋唐至五代时期的典故，书中包括天文、地理、草木等 37 个门类，共有 648 条相关内容和注解，而美食就占了全书的 1/3。陶谷对茶也颇有研究，《荈茗录》就是《清异录》的一部分，约近一千字，分为十八条，即：龙坡山子茶、圣阳花、汤社、缕金耐重儿、乳妖、清人树、玉蝉膏、森伯、水豹囊、不夜侯、鸡苏佛、冷面草、晚甘侯、生成盏、茶百戏、漏影春、甘草癖、苦口师，内容均为关于茶的故事。其中《荈茗录·乳妖》颇有特点：

> 吴僧文了善烹茶。游荆南，高保勉白于季兴，延置紫云庵，日试其艺。保勉父子呼为汤神，奏授华定水大师上人，目曰“乳妖”。

《荈茗录·乳妖》记述的是五代十国时期，苏州一带有个擅长注汤煮茶的和尚文了，游历到荆南（古十国之一，今湖北一带），正好碰上荆南王高季兴和儿子高保勉，延住在紫云庵，保勉父子便得空专门来试试文了的烹茶技艺，结果文了果然名不虚传，荆南王大加欣赏，呼为“汤神”，下奏授华亭水大师，形象地比喻为“乳妖”。

另一则《荈茗录·生成盏》又记：

> 馔茶而幻出物象于汤面者，茶匠通神之艺也。沙门福全生于金乡，长于茶海，能注汤幻茶，成一诗句。共点四瓯，并一绝句，泛乎汤表。小小物类，唾手办耳。檀越日造门求观汤戏，全自咏曰：“生成盏里水丹青，巧画工夫学不成。欲笑当时陆鸿渐，煎茶赢得好名声。”

宋代的分茶，基本上可以视作是在点茶的基础上更进一步的技艺。一般的点茶活动，只需在注汤过程中击拂，使激发起的茶沫“溢盏而起，周回凝而不动”，紧贴着茶碗壁就可以算是点茶点得极为成功了。而分茶，则是要在注汤过程中，用茶匙（徽宗后以用茶筅为主）击拂拨弄，使激发在茶汤表面的茶沫幻化成各种文字的形状，以及山水、草木、花鸟、虫鱼等各种图案。福全和尚分茶技能高超，能够在茶面作字成诗，还能快速连作四句而沫饽融凝稳固。当时人也甚感神奇与不易，因而纷纷到庙里观看福全表演“汤戏”，福全为此甚感得意，作诗自咏。

陶谷不仅赞赏高超的技术能成就美妙的茶汤享受，并且表达对“分茶”这一项极难掌握的神奇技艺的景仰和惊叹！分茶茶艺得到了宋代文人士大夫们的推崇，并且也成为他们雅致闲适的生活方式中的一项闲情活动。

5. 明代张源《茶录》

关于张源的身世，资料甚少，明隆庆进士吴江人顾大典为其《茶录》作“引”说张源字伯渊，号樵海山人，是包山人（今洞庭西山人），为人耿直，不适合混迹官场，早早退隐。所以，他被称为“隐君子”，退隐之后饱览群书，汲泉煮茗，三十年如一日。他的《茶录》堪称太湖洞庭山碧螺春茶研究的第一部也是唯一的专著，也详尽地描述了当时茶叶壶泡法的程序和诀窍。太湖洞庭山在秦汉时期就已产茶，唐代产的茶叶就已稍有名气，且为茶圣陆羽所关注，至宋代饮茶之风日盛，洞庭山茶名声大噪。《茶录》共约 1700 字，分 23 则，包括：采茶、造茶、辨茶、藏茶、火候、汤辨、汤用老嫩、泡法、投茶、饮茶、香、色、味、点染失真、茶变不可用、品泉、井水不宜茶、贮水、茶具、茶盏、拭盏布、分茶盒、茶道。内容全面丰富，语言精辟，多成名言，譬如：“烹茶旨要，火候为先。”“独啜曰神，二客曰胜，三四曰趣，五六曰泛，七八曰施。”“茶自有真香，有真色，有真味。”“茶者水之神，水者茶之体。”

张源描写了太湖洞庭东西两山所产碧螺春茶的一系列茶事的综合体，讲究茶叶、茶水、火候、茶具和品饮的方法诀窍，他心中的茶道是“造时精，藏时燥，泡时洁。精、燥、洁，茶道尽矣”，意思是制造时精良，收藏时干燥，冲泡时洁净，主张茶文化从玄奥的精神回归朴实的技法。

6. 明代许次纾《茶疏》

明代的许次纾因为《茶疏》专著享名于世，他不仅仅是茶艺专家，更是一位具有浓郁艺术气质的文人，许次纾因为身有残疾没有走上仕途，布衣一生。他的诗文创作甚富，可惜失传大半，只有《茶疏》传世，但就被后人评为“深得茗柯之理，真知灼见，妙论百出，与陆羽《茶经》相表里”，这是很高的赞誉。许次纾是浙江杭州人，嗜茶、懂茶，用约 6000 字详尽而务实地论及茶事的

各个方面，其中包括了茶的品第、茶的产地、茶的炒制收藏方法，以及烹茶器具、烹茶用水、用火以及饮茶的禁忌等三十六条。许次纾著《茶疏》的最大贡献，不单纯在于茶事经验的总结，还在于给我们展示出一幅以茶为载体的文人审美化生活的生动画卷，比如赏茶："一壶之茶，只堪再巡。初巡鲜美，再则甘醇，三则意欲尽矣。余尝与冯开之戏论茶侯，以初巡为婷婷袅袅十三余，再巡为碧玉破瓜年，三巡以来，绿叶成荫矣。开之大以为然。"许次纾独具匠心地以对女性形象的类比来比喻饮茶时的感受，将味觉的感受与人物品评相比拟，这体现出明代文人特有的趣味与诙谐。比如会友："宾朋杂沓，止堪交错觥筹；乍会泛交，仅须常品酬酢；唯素心同调，彼此畅适，轻言雄辩，脱略形骸，始可呼童篝火，酌水点汤。"他其实描绘了作为主人，与三种不同类型的朋友采用了不同的招待方式：酒肉朋友适合把酒言欢，泛泛之交只需家常便饭，只有本心相同、彼此舒适自在，既可以高雅言论，又可以互相辩论的知心朋友才值得让童子生火，煮水沏茶，尽享惬意。对许次纾而言，茶饮不仅仅作为一种自我味觉的满足，同时亦将其作为一个重要的精神修养及与他人情意互动的过程。再比如意境："心手闲适，披咏疲倦，意绪纷乱，听歌拍曲，歌罢曲终，杜门避事，鼓琴看画，夜深共语，明窗净几，洞房阿阁，宾主款狎，佳客小姬，访友初归，风日晴和，轻阴微雨，小桥画舫，茂林修竹，课花责鸟，荷亭避暑，小院焚香，酒阑人散，儿辈斋馆，清幽寺观，名泉怪石。"以茶会友是历代文人的雅好，注重环境、氛围和人品也是文人所强调，而在明代，许次纾展现了这种无以复加的水准。

在以许次纾为代表的明代文人的观念中，茶为清净自然之物，品茗鉴赏成为明代文人生活中的一项重要内容。文士阶层对茶之品饮境界的追求与创新，正是明代审美精神在茶事中的自然延伸与深层创造，他们往往借茶遣兴，品味生活；又往往以茶抒怀，通过饮茶来体味清静高远的生活情调。

7. 现代陈香白《"茶艺"论释》

陈香白，1938年10月出生于广东潮州，是潮州工夫茶唯一的国家级非遗传人，研究中国茶文化和潮州工夫茶艺近20年，精通潮州工夫茶的冲泡技艺，首创潮州工夫茶道太极图。现为世界文化艺术研究中心研究员，中国国际交流出版社特约顾问编委，中华微型文学学会作家，东方名人研究院院士，中国茶道专业委员会常务理事。他在《“茶艺”论释》中谈到自己的观点：“茶艺，就是人类种茶、制茶、用茶的方法与程式。”“随着时代之迁移，茶艺‘济用’宗旨不断强化，其内涵也以‘茶’为中心，向外延展而成‘茶艺文化’系列：茶诗、茶词、茶曲、茶赋、茶铭、茶联；茶小说、茶散文、茶随笔；茶书画、茶道具、茶雕塑、茶包装、茶广告；茶乐、茶歌、茶舞；茶音像、茶文化网络；茶戏剧、茶影视；茶食、茶座；茶馆、茶馆学；茶艺演示：种茶演示、制茶演示、品饮演示三大门类。”陈香白将茶艺扩大到茶叶科技领域，他的茶艺文化几乎等同于茶文化。

8. 现代蔡荣章《现代茶艺》

蔡荣章，1948 年 2 月生于台湾，1980—2008 任台湾陆羽茶艺中心总经理、陆羽茶学研究所所长、《茶艺》月刊社长兼社论主笔。1983 年创设泡茶师检定制度、1990 创办无我茶会曾经风靡一时。现在担任台湾天仁茶艺文化基金会执行长。他早在 1984 年就著作《现代茶艺》研究茶艺的内涵与定义，他认为“‘茶艺’是指饮茶的艺术而言……讲究茶叶的品质、冲泡的技艺，茶具的玩赏、品茗的环境以及人际间的关系，那就广泛地深入到’茶艺’的境界了”，蔡荣章认为茶艺只与泡茶和饮茶相关。

纵观历史直到今天，“茶艺”的描述丰富美妙，但是，这些说法却不尽相同，陶谷的通神之艺、皎然的饮茶得道、许次纾的品茶意境与蔡荣章的茶艺之说相似，都主要围绕泡茶与饮茶；杜育、刘禹锡、张源的描述更接近陈香白的茶艺定义，除了泡茶和饮茶，还包括种茶工艺、制茶工艺、贮茶之艺，茶艺显然被分成了广义和狭义的两种界定，如何取舍为好呢?

最终，茶学家们给出了取狭义界定的理由：一方面，中国的茶学教育和学科建设已经处于世界领先地位，全国有十多所高等院校设有茶学本科专业，在茶学方面能授予学士、硕士和博士学位，形成了茶树栽培学、茶树育种学、茶树生态学、制茶学、茶叶生化学、茶叶商品学、茶叶贸易学、茶叶市场学、茶叶经营与管理、茶叶审评与检验、茶药学、茶史学等等成熟完善的茶学分支学科，如果再研究广义的茶艺就会显得重复、交叉；另一方面，中国茶文

化和民族茶俗的复兴，需要民众共同普及弘扬，研究狭义的茶艺，只需懂得泡好一壶茶，品好一杯茶，享受饮茶生活的艺术和美妙，可能这才是我们的初衷和出路。

所以，综合众大家的经验和研究，基本倾向于“茶艺就是泡茶的技术和品茶的艺术”。当饮茶不仅是为了解决生理的需求，更是为了追求精神的表现与情感的表达，以一种艺术的审美方式来进行时，这样的饮茶就可以称为茶艺了，它追求茶的纯真、香馥、味醇，水的清冽、甘美，器的精美优雅或古朴凝重，使之相得益彰，再融以环境、气氛的清新宁静或温文雅致等，比如那些最能体现民族精神气质的清泉绿竹、雅室净几、丝竹玄乐，人在这样一种充盈着东方情调与中国文化气息的氛围中品饮芳馨美茶，再与性情相投之人心灵相通，那必定会感到一股吐放着馥郁芬芳的气韵犹如飘漫的春风那般环绕轻抚，使一切都达臻和谐与美妙的极致、豁达空灵与超然自然的境界。

（二）茶艺七雄

茶艺就是艺术性的饮茶，是饮茶生活的艺术化，根据古今茶人的共同心得，可以把它概括为“茶艺七雄”，即茶、水、器、技、境、礼、韵。

1. 茶

茶是天地间的灵性植物，生于明山秀水之间，与青山为伴，以明月、清风、云雾为侣，得天地之精华而造福于人类。茶艺的第一关键是要用“真茶”：色泽要鲜亮油润，香气要清新纯正，滋味要浓醇甘鲜。一杯好茶，才能漫溢出生命的气息，让周围的空气都荡漾着令人愉悦的芬芳。

比如宋代的“斗茶”要把茶叶质量的评比当作一场战斗来对待。起初的原因是权贵们为了博得帝王的欢心，千方百计献上优质贡茶，后来普及到民间，形成了以斗茶为乐、斗茶为荣的民间习气，范仲淹在《和章岷从事斗茶歌》中“北苑将期献天子，林下雄豪先斗美”句折射的就是这种现象。当时斗茶包括斗香和斗味，以新为贵，还要斗茶盏上不黏附茶水痕迹者为上品。

再比如明代著名文学家兼佛教居士冯梦祯，有一次同嗜茶好友徐茂吴一起到杭州老龙井买茶，十几家茶农都拿出自家的茶叶来出售。徐茂吴便一一点试，说都是赝品，他说：“真者甘香而不冽，稍冽便为诸山赝品。”认为不是真龙井茶。当地寺僧和茶农认为他讲得没道理，冯梦祯也只有说：“吾亦不能置辩，伪物乱真如此。”这说明要能鉴别真茶，才能尝到真茶的珍味。真龙井泡在杯中，翠芽碧水，相映生辉，一叶一芽，簇立争阳，闻下一嫩香，甘香如兰，幽而不冽，品一下滋味，清香、甘甜、鲜爽，让人清心舒神。

所以，现代有了茶叶品质的审评和鉴别。

茶叶审评是专业领域，不仅依赖评茶师的经验和感受，审评条件和程序、审评术语和评分方法都很严格，称为五因子法，包括干茶外形（条索、整碎、净度、色泽）、汤色、香气、滋味、叶底。不同季节茶的品质特点、不同茶类的品质化学特征在色香味形上都有很大的区别，包括形成茶叶色泽的叶绿素、类胡萝卜素、黄酮、甙类物质、花青素以及多酚类氧化后的茶黄素、茶红素和茶褐素等；形成茶叶香气的醇类、酮类、醛类、酯类及酚类、烯类；形成茶叶滋味的多酚类、氨基酸、咖啡碱、还原糖、有机酸以及多酚类氧化之后的茶黄素、茶红素等，由此评茶人员才能判定各类茶叶的特征特质、品质优劣、等级划分、价值高低，以及符合消费者的需要和国家进出口的规定。

茶叶鉴别是普通老百姓关心茶叶品质的差别和是否是真茶的重要途径，包括对茶质量的评价和真假的识别，判定该茶是新茶还是陈茶，是春茶、夏茶还是秋茶，是高山茶还是平地茶，是窨制茶还是拌和茶，是真茶还是假茶。通常情况下用“看、听、闻、喝、摸”的方法。“看”是看干茶的外形，形状虽然可以各异，但好茶是比较匀整的，芽的比例较高嫩度好，光泽度好，然后看茶汤，如果亮度和透明度高就是好茶，茶汤如果浑浊（除了红茶冷后浑）就不会是好茶，最后叶底也要看，它是能反映茶叶最原本的样子，如果大小色泽均匀，弹性好，有光泽，就是好茶；“听”是聆听关于茶的介绍，然后放在干燥的盖碗里摇动，如果声音清脆不沉闷，那便说明茶叶身骨重实紧致；“闻”是茶叶冲泡沥汤之后，热闻香气是否纯正，有没有焦、霉等异味，甚至是高扬还是低沉，温闻香气很重要，可判别香型和浓度，比如豆花香、兰花香、水果香，冷闻就是看香气持久度好不好；“喝”是茶汤50度多左右较好，吸气在舌头周围感受茶汤的浓度、厚度、醇度以及类型；“摸”是把干茶放在手里掂掂分量是否重实，搓茶易成

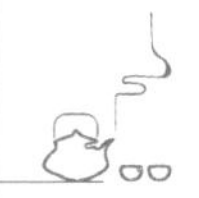

粉末是较好的。如果不能喝茶只看干茶外形，简而言之，同类型来讲，好茶越重越好，干茶大小色泽是均匀的，而且是油润的，香气无论是何种花果类型都是令人愉悦的。一般情况下，新茶香气清鲜馥郁，汤色清澈明亮，滋味清鲜爽口，而陈茶无论是色泽还是滋味，总有“香沉味晦”之感，值得一提的是并不一定陈茶就比新茶差，特别是现在很多人喜欢喝熟普、老白茶或者隔年的乌龙，都别有一番风味。“春茶苦，夏茶涩，要好喝，秋白露”是老百姓的经验总结，一般 5 月底之前采摘的春茶色泽油润、身骨重，冲泡后下沉快、香气高持久，滋味鲜醇爽口；6 ~ 7 月采摘的夏茶色泽干枯，叶质脆硬，身骨较轻，冲泡后下沉较慢，鲜爽不够，香气不持久；7 月中旬以后采摘的秋茶叶张单薄，滋味和香气都较平和。而真假茶的鉴别从颜色上看，假茶杂乱不协调；从香气上来看真茶清香，假茶有青腥气、药腥气或其他异味；开汤之后看最明显，真茶是叶片边缘锯齿上部密而深，下部稀而疏，近叶柄处平滑无锯齿，其他植物则是叶缘四周要么布满锯齿，要么无锯齿。窨花茶和拌花茶的鉴别比较简单，开汤一试便知，窨花茶冲泡二三次仍能闻到不同程度的花香，拌花茶最多头次有低沉的花香，再冲泡便没有了。最后是高山茶和云雾茶的鉴别，高山茶芽叶肥壮，节间长，颜色深绿，叶质柔软，加工后外形肥壮，茸毛多，条索紧结肥硕，香气浓郁持久，滋味浓厚甘爽，耐冲泡。相反，平地茶芽叶相对较小，叶张较瘦薄开展，叶色较浅，欠光润，加工后的干茶条索细瘦，身骨较轻，香气稍低，滋味和淡，不耐泡。

图 12　秋茶与春茶的干茶与叶底（寿眉）

2. 水

水质对泡茶太重要了，因为茶的色香味形和保健营养成分都要通过水的冲泡和溶解，以眼观、鼻闻、口尝的方式提供给人们享受。人们通过长期观察、品饮和总结，认识到欲使茶的饮用价值得到最大的发挥，要有好茶，还要有好水。因此，自有文字记载以来，凡提到饮茶，总是把茶和水联在一起，“龙井茶，虎跑水”“扬子江心水，蒙顶山上茶”，中国古代的茶艺，就是茶与水的艺术配对和组合，佳茗配佳泉常常被称为“双绝”。“茶圣”陆羽有一首《六羡歌》：“不羡黄金罍，不羡白玉杯，不羡朝入省，不羡慕入台，千羡万羡西江水，曾向竟陵城下来。”说明了对煮茶选水的重视。王安石和苏东坡还有一个关于水的故事，说的是王安石晚年患痰火之症，要用长江三峡瞿塘中峡水烹阳羡茶才有疗效。王安石便请正好经过的苏轼帮忙，不料苏轼忘记了，只好在下峡取水一瓮，给王安石送去。王安石煮茶品味后却发现了实情，说“瞿塘上峡水太急，下峡水又太缓，唯中峡水流适中。上峡水烹阳羡茶，味浓，下峡味淡，中峡水处浓淡之间，最宜”，苏轼听后惊佩不已。

明代许次纾在《茶疏》中也说：“精茗蕴香，借水而发，无水不可以论茶也。”古人讲究泡茶用水，并不能用科学数据去分析，比如水中所含的矿物质、软硬度等，他们凭借直观经验，知道雨水、雪水、泉水、溪水、江水、湖水、井水在泡茶时有所区别，比如泉水多源于山岩壑谷，经过沙土岩石过滤，洁净甘美，

并因不同地域的岩层而含有不同的矿物质，泡茶最好。古人还注重用雨水和雪水烹茶泡茶，主要原因是它们没有污染。

现代关于水质对茶汤品质、风格影响的研究，也与历来的传统经验相吻合，曾有茶叶专家，以杭州的虎跑水、雨水、西湖水、自来水、井水烧开，分别冲泡龙井茶、工夫红茶、炒菁绿茶，审品各种水质对茶叶香气、滋味、汤色的影响，结果以虎跑泉水最好，雨水次之，西湖水第三，井水最差。当时用的自来水因漂白粉的气味使茶叶味改，损害茶汤鲜爽度，泡出来的茶不堪饮用。

除了茶好、水好，还必须“火候”到家，没有这几个因素和谐有机地结合，就谈不上泡好一壶（杯）好茶。清末小说家刘鹗在《老残游记》中描写了申子平桃花山品茗的故事：

> 申子平端起茶碗，呷了一口，觉得清爽异常，一直清到胃脘里，那舌根左右，津液汩汩价翻上来，又香又甜，便问：“这是什么茶叶，为何这么好吃？”仲玙姑娘告诉他：“茶叶也无甚出奇，不过本山上的野茶，所以味是厚的。却亏了这水，是汲的东山顶上的泉，泉水的味愈高愈美。又是松花作柴，沙瓶煎的。三合其美，所以好了。尊处吃的都是外间卖的茶叶，无非种茶，其味必薄；又加以水火均不得法，味道自然差的。

这说明，水怎么烧，茶怎么烹，无论是煮茶还是泡茶，都离不开烧水，烧水这件事情看起来简单，也有讲究，它关系到茶水的质量。

3. 器

有了好茶好水，还要有好的茶具。一方面是为了充分发挥各类茶的特性，另一方面选用雅观优质的茶具，衬托茶汤的液色，保持浓郁的茶香，也是领略品茗情趣不可缺少的条件。广义的茶具，应指与烹、泡茶叶有关的专门器具，不仅仅是茶碗、茶壶、茶杯之类，还应该包括茶碟、托盘等饮茶用具和配合饮茶、烹茶使用的器具。

陶瓷器的发展过程，是陶器在前，瓷器在后，古代早期的茶具，以陶器为主，自从瓷器发明之后，因其比陶器更为纤细润泽，洁白纯净，瓷质茶具自唐宋时开始逐渐代替了陶质茶具。

唐代瓷器生产呈现出“南青北白”的局面，也就是浙江余姚的越窑以烧制青瓷茶碗著称，河北内邱的邢窑以烧制白瓷茶碗著名，然而我们可以看到唐代茶器为了与茶相映生辉，在不遗余力地精美卓绝。陆羽《茶经》对此有详尽的论述：

> 若邢瓷类银，越瓷类玉，邢不如越一也；若邢瓷类雪，则越瓷类冰，邢不如越二也；邢瓷白而茶色丹，越瓷青而茶色绿，邢不如越三也……

这段论述解释了类冰似玉的越州青瓷可以借色，令茶汤色泽翠青，分外赏心悦目，比邢瓷茶具要优越，这也强调了茶器的色泽、质地和茶汤颜色的匹配，突出器具在茶艺中的地位。同样，宋代茶具为了更好发挥茶性、观赏茶汤，推崇建窑生产的黑瓷茶盏。它上大足小，胎体厚重，便于“点茶”操作，宜于保温，而且釉里布满兔毛状的褐色花纹，朴素雅观，加上黑釉茶盏最能反映“点茶”茶汤“白”的色泽，备受人们喜爱，宋徽宗在他的《大观茶论》就曾赞叹道：“盏茶贵青黑，玉毫条达者为上，取其焕发茶采色也。”

图 13　越窑青瓷与邢窑白瓷

宜兴紫砂陶茶具早在北宋初期就已异军突起，成为在各种名瓷之外别树一帜的茶具。到了明代因为流行散茶冲泡，人们又追慕古朴清雅的自然风格，紫砂茶具盛行一时。它具有肉眼看不见的气孔，泡茶不走味，贮茶不变色，能吸附茶汁，蕴蓄茶味，具有良好的保味功能，传热慢，不烫手，盛夏茶还不馊，加上它造型简洁大方，色调淳朴古雅，年代越久色泽越光润，茶汤更加醇郁芳馨，

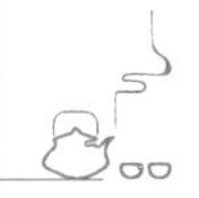

因此寸柄之壶，盈握之杯，往往被嗜茶者视若珍宝，贵如金玉。明代冯可宾的《岕茶笺》不仅阐述了制茶、冲泡、品茶等十一则研究，还对茶具有独特的见解，他认为“茶壶以小为贵。每一客壶一把，任其自斟自饮，方为得趣。何也？壶小则香不涣散，味不耽搁”，由此可见，茶具不仅是选材，就连形状大小也会影响品茶的真香本味。

图 14 紫砂壶

到了现代，茶具千姿百态、各有千秋，需要根据饮茶习惯，因茶制宜，灵活选用。人们发现各类茶具中以瓷器、陶器最好，玻璃茶杯次之，搪瓷茶具较差。瓷器茶具，传热不快，保温适中，不会发生任何化学反应，沏茶能获得较好的色香味，而且一般造型美观，装饰精巧，具有艺术欣赏价值，适合冲泡各类茶叶；陶器茶具，造型雅致，色泽古朴，特别是宜兴紫砂是陶中珍品，用来沏茶，香味特别醇郁，色泽格外澄洁，适用乌龙茶、黑茶或者花茶；玻璃杯冲泡名优绿茶、黄茶或者花茶，如龙井、碧螺春或君山银针等，杯中轻雾缥渺，澄清透亮，芽叶朵朵，亭亭玉立，观之赏心悦目，别有风趣；而搪瓷茶具泡茶就要差一些，欣赏价值也比不上前述几类，但它经久耐用，方便携带，也被人们饮用普通茶的时候乐用。所以，对品饮者来说，重于嗅香品味者，可选用陶瓷茶具，保温性能好，还适合老年人；重于欣赏名茶汤色芽叶者，宜用玻璃茶具；而在办公室等工作场所者，又以选用搪瓷茶具为好。

4. 技

获得一壶（杯）好茶除了讲究茶具、水质、火候，对冲泡（烹煮）的技术也有严格要求。古代就提出了所谓“煎茶四要”，即茶具、火候、水质和冲泡技术，也有“试茶三要”，即火候、水质和冲泡技术。

陆羽在《茶经·五之煮》中指出：“其沸如鱼目，微有声，为一沸；缘边如涌泉连珠，为二沸；腾波鼓浪，为三沸。已上水老，不可食也。……第一煮，水沸而弃其沫，上有水膜如黑云母，饮之则其味不正。”说明煮茶要讲究水的温度，不能过度煎煮，否则水老即不可食，煮后还要及时去除浮在水面的泡沫，才能香味隽永。

北宋《嘉祐杂志》记当时苏舜云与名臣、文学家兼茶学家蔡襄斗茶。蔡的茶叶好，且用的是惠泉水，苏的茶叶稍差，后改用竹沥水获胜。据说，这是蔡襄一生唯一一次输了斗茶。在斗茶中夺魁者，首先是有赖于茶叶的优异，其次是水的清甘优质和茶具精美优良，然后就是冲泡茶技艺的精妙了。蔡襄的《茶录》记载：“凡欲点茶，先须熁盏令热，冷则茶不复浮……先注汤少许，调令极匀，又添注（汤），入（匙）环迴击拂，汤上盏可分四分则止。”茶器温度的把控，注汤的秩序轻重都会影响茶汤的颜色和状态。宋朝斗茶成风，推崇茶色白，茶汤融凝如琼冻，点茶的高超技艺便是宋人争相追崇的境界。

图 15　宋代点茶

自明代开始采用散茶冲泡以来，技术的专业探究无以复加。明代张源在《茶录》中记述："投茶有序、毋失其宜。先茶后汤，曰下投，汤半下茶，复以汤满，曰中投。先汤后茶，曰上投。春秋中投，夏上投，冬下投……探汤纯熟，便取起。先注少许壶中，祛荡冷气倾出，然后投茶。茶多寡宜酌，不可过失中正，茶重则味苦香沉，水胜则色清气寡。"一方面，张源根据季节，来调整投茶注水的顺序；另一方面，为了提高茶香在泡茶前温壶，为了发挥茶味恰当投茶量，都是传承至今的泡茶秘籍。

同样，现代研究也证明，不同种类不同等级的茶叶，因冲泡水量不同、水的温度和冲泡时间不同，浸出的化学成分不同，茶的风味有很大差异。比如用水量过多，不仅茶味单薄，而且水多热量大，极易烫熟茶叶，破坏有效成分，特别是维生素 C；过少，茶汤中儿茶素与氨基酸比例失调，茶味苦涩不爽，甚至对口腔黏膜会发生不利作用。一般情况下红绿茶与水的比例在 1 ∶ 50 ~ 60，细嫩茶叶用水量宜略少，较粗的茶叶用水量可稍多一些。再比如水温，以刚刚沸滚的水为好，沸滚过久，即古人称为"水老"，水中所溶解的少量空气逸出，并损失了水中含有的一些有利物质，用来泡茶，则鲜味减弱；反之，如果水温低于 100 摄氏度，则往往由于水分渗透性减弱，既造成茶浮水面，饮用不便，又由于茶中有效成分浸出不快、不完全，造成茶味单薄。后一种情况在高原地区是很普遍的，因那里气压低，水温不到 100 摄氏度即沸腾，用来泡茶很难得到好茶汤，所以在高原地区以用较老的开水为宜。绿茶中的高级茶和名优茶，由于茶叶特别细嫩，冲泡用水不可太烫，当然也不可太凉。烫则芽叶泡熟，部分维生素 C 等有效成分被破坏，凉则香低味淡，所以可以将烧开的沸水稍微放置降温到 80 度左右来泡茶。又比如浸泡时间，一般来说，细嫩的茶叶比粗老的茶叶容易浸出茶汁，所以浸泡时间要短些，反之则长；松散型的茶叶比紧压型的茶叶，也容易浸出茶汁，浸泡时间要短些，反之则长；对于注重香气的茶叶诸如乌龙茶、花茶，冲泡时间不宜长，而对于只求滋味，不重香气的茶叶比如各类砖茶，可以采用长时间烹炖的方式，等等。总的来说，讲究方法才能得到味浓甘鲜、色泽清明的茶汤。

5. 境

幽雅的品茗环境一直是茶人们的不懈追求。试想一下，在青山翠竹、小桥流水、琴棋书画烘托的幽居雅室环境中的品茶，同仅仅为了解渴而饮茶在情趣上是完全不同的；山堂夜坐，汲泉煮茗、清芬满怀，这种品茶的幽趣雅致，同大热天回家抱壶牛饮，也是不可同日而语的。

亲合大自然和谐、清幽、静穆、深邃的环境，体会高洁、优雅、睿智、安宁的品茶境界，在唐代女诗人鲍君徽的《东亭茶宴》诗中可见一斑：“闲朝向晓出帘栊，茗宴东亭四望通。远眺城池山色里，俯聆弦管水声中。幽篁引沼新抽翠，芳槿低檐欲吐红。坐久此中无限兴，更怜团扇起清风。”女诗人在初夏的清晨步出闺房，去赴郊外山上的“东亭茶宴”，故不仅四面景色能皆收眼底，还可于烟黛青秀的山色中远眺城池。近旁，有新竹抽翠，芳花吐红，更兼丝弦管乐与潺潺水声相和相谐。在这样一派自然闲适的情境中品茶会友，身心全然放松，愉快清爽，恰似独对大自然一般心醉神迷，又怎么会不久坐而更觉得兴味无限呢?

关于品茶场所，明代徐渭在《徐文长秘集》中有一段妙言：“茶宜精舍，云林，竹灶，幽人雅士，寒宵兀坐，松月下，花鸟间，清泉白石，绿鲜苍苔，素手汲泉，红妆扫雪，船头吹火，竹里飘烟。”许次纾也在《茶疏》中专门研究了饮茶的境，他认为应是“……明窗净几、洞房阿阁、风日晴和，轻阴微雨、小桥画舫、茂林修竹、荷亭避暑、儿辈斋馆、清幽寺观、名泉怪石……”出游必须携带茶具在野外畅饮，居家则精心设置专门的煮茶之屋。

图 16　文徵明《惠山茶会图》

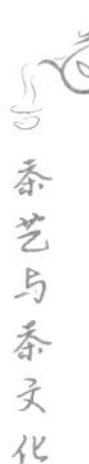

冯可宾在湖州任官，且岕茶又产于湖州，因此编撰了《岕茶笺》，全书共1000字，分为序岕名、论采茶、论蒸茶、论焙茶、论藏茶，辨真赝、论烹茶、品泉水、论茶具、茶宜、茶忌等十一则。冯可宾嗜茶，懂茶，他认为品茶的优美环境应该是“无事、佳客、幽坐、吟咏、挥翰、徜徉、睡起、宿醒、清供、精舍、会心、赏鉴、文僮”，其中所说的“清供”“精舍”，就是指茶席的摆置。他还指出品茶的禁忌是“不如法，恶具，主客不韵，冠裳苛礼，荤肴杂陈，忙冗，壁间案头多恶趣”等等，这些又对品茶的情趣、环境和友人提出了要求，丰富了品茶意境的内容。

明代茶人对环境的精深讲究升华了茶艺的意趣，也促进了后人对茶文化内涵的理解，直到现在，茶艺场所的环境安排都还多多少少照着明人们描述的境界安排茗事，这说明他们定义的中国式茶境，有很强的生命力。总结古今茶事，品茶环境多追求一个“幽”字，清幽雅致的环境，是品茶的最佳配置，而杂乱、喧闹、不洁的环境，是领略不到饮茶真趣的。

6. 礼

“礼”最初起源于原始社会的敬神仪式：人们击鼓奏乐，奉献美玉美酒，敬拜祖先神灵，所以礼仪的本质是“治人之道”，到后来才慢慢演变为社会的道德规范，引申到今天成为“表示敬意”的通称。礼的核心是“诚”，相互尊重、谦让，用“仪式”来表达。社会之礼，可以维护社会秩序；茶事之礼，则可以维护情谊规则。

行茶会饮的茶宴在唐代吴兴一带较为普遍，所以陆羽在《茶经·六之饮》中还特别记述：“其珍鲜馥烈者，其碗三；次之者，碗数五。若坐客数至五，行三碗；至七，行五碗；若六人已下，不约碗数，但阙（缺）一人而已。”也就是说，茶越好，就是碗数越少，也越显珍贵。和陆羽同时代的奚陟，在京都任吏部侍郎时，曾备置一整套精美豪华的茶器，并邀请二十多位同僚来家里会茶。当时奚陟坐东侧首位，而传茶是从西侧首位客人开始，共两个茶碗，嬉笑逗乐中茶碗传得很慢，而那天刚好天又很热，奚陟正口渴，望着迟迟不过来的茶碗渐生烦躁，恰在这时，他的下属抱了一大堆账本和笔砚进来，要他签押。这人长得又胖又黑，还满脸油汗，又不合时宜地出现，一下触怒了正烦躁郁积的奚陟，奚陟猛地将下属一把推开，喝道："拿那边去！"这人一个冷不防，连人带东西倒翻在地，墨汁四溅，脸上、账本一片乌黑，在哄堂大笑中，奚陟精心求雅的茶会气氛完全被破坏了。

这就牵涉茶会中人与人之间的关系和氛围了，人数和人品都会产生影响，明代陈继儒曾曰："品茶，一人得神，二人得趣，三人得味，七八人是施茶。"茶会以四五人为宜，六七人为限，二十多人仅两碗茶的奚陟茶会是完全不可能享受到雅趣的。正如前面学习的，许次纾在《茶疏》谈道："宾朋杂沓，止堪交错觥筹；乍会泛交，仅须常品酬酢；唯素心同调，彼此畅适，轻言雄辩，脱

图 17　文徵明《品茶图》局部

略形骸，始可呼童篝火，酌水点汤。"奚陟茶会正是"宾朋杂沓"，止堪交错觥筹饮酒，如何能慢条斯理品茶呢？更何况本该清之又清，雅之又雅，忘却尘寰的茶会上，突然冒出个满身油汗的忙碌公人，岂不是大煞风景？对茶

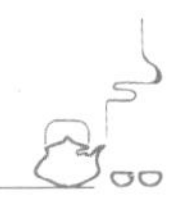

艺来说，触而所闻，凭心有感，皆属“品”之范畴，或谓之“审美对象”。就一起同饮的人而言，有雅士俗人之分，有情趣相投或话不投机之别，所以“唯素心同调，彼此畅适”者最为美妙。毕竟艺术是感觉艺术，须有心灵来感悟，精神的交流尤为重要。可以这么说，茶艺之美，就是人、茶、天地万物间的大和谐诉诸心灵的升华，通过交流而感悟。因而有文才、善言辩，能见微知著、赤诚坦露，无拘无束的人是第一重要的，与这样的人会茶，才能成就性灵相感之大美！

礼是“茶艺七雄”之一，茶礼不仅可以成就茶艺之美，还能规范与茶者的行为，使人们之间更加亲切相待，营造和谐、文雅、高尚的氛围。

7. 韵

“韵”原本指好听的声音，比如“音韵”“韵律”，后来泛指一种意味和情趣，比如“气韵”“韵味”，似乎是一种只可意会，不可言传的抽象感觉。说到“茶艺之韵”，就像在说一个看不见、摸不着的虚幻之物，太玄了！其实，从西晋的茶艺萌芽开始，“韵”也就开始了，它不仅包括艺术的欣赏，还有情感的表达，与人们精神层次的追求息息相关。

如果一定要给每个时代的“茶艺之韵”做一个概括，那么：汉晋茶艺的“韵”是清新自然，刚刚开始讲究煮茶和鉴茶的“技艺”，把饮茶活动当成艺术来欣赏，更多的是自然山林的纯净，茶最直白原始的生命气息；唐代茶艺的“韵”是雍容大雅，讲究茶与器的色调选配，比如“南青北白”“类冰似玉”，讲究“活火煎茶香似兰”的技艺，还融合了豁达开放的唐代文化，开创了“云舒云卷、放情纵笔”的茶宴境界；宋代茶艺的“韵”是精致绝伦，讲究龙团凤饼的斗精争艳，讲究幻化成诗的高超技艺，将文人治国的精美绮丽发挥到了极致；明代茶艺的“韵”是超然静幽，讲究古朴的紫砂壶，清丽的盖碗，讲究茶的真香本味，彰显了回归自然，追寻心灵复苏的精神向往；清代茶艺的“韵”是粗犷俗趣，少了磅礴，少了精致，也少了清雅，茶馆形形色色，遍地开花，凸显了老百姓与茶的融合，比以往任何时代都要自然、都要紧密；现代茶艺之韵，在传统茶艺的基础之上进行了传承和创新。既保留了“典雅、宁静”这样中国式古典美学的风格，传承了“平和、谦逊”的中国美德，又赋予了轻快、豁达、包容的中国现代理念，特别贴切地展现出了新时代，人们在用“更鲜活、更开放、更智慧”的心境和状态努力生活。

茶艺之所以为“艺”，不仅因为茶好、景美，更重要的是人们在饮茶中有很多语言都不能传达的美好情感的体会。

鲁迅先生的二弟周作人也是中国现代著名散文家、文学理论家、评论家和诗人，而周作人先生的品茶也一直被茶人称道，他的散文《喝茶》中有一段名言：“我的所谓喝茶……在赏鉴其色与香与味，意未必在止渴，自然更不在果腹了。喝茶当于瓦屋纸窗下，清泉新茶，用素雅的陶瓷茶具，同二三人共饮，得半日之闲，可抵十年的尘梦……”周作人用淡泊的言语，勾勒出一种喝茶的境界，他把品茶比作了生活的艺术，心灵的栖息。

所以，茶艺是中国的一门独特艺术，从茶形之美、茶香之馥、茶味之醇到茶具之雅、水质之甘甜、技艺之精湛、环境之优美怡神，到气氛之平和清悠，心情之轻松愉悦，将茶、水、器、技、境、礼、韵配合得浑然天成，绝妙和谐，将普通的喝茶艺化得如诗如画！这可能就是茶艺经久不衰，让万千人痴迷的真正原因。

（三）茶文化

“茶文化”几乎是每个中国人都耳熟能详的名词，那它到底是指什么呢？与“茶艺”又有什么关系呢？目前对茶文化的定义和内涵大体有三种观点：

一是以陈文华为代表持广义茶文化论的。陈文华 1935 年出生于福建省厦门市，是我国农业考古学科创办人、茶文化研究著名专家，曾担任江西省中国茶文化研究中心主任、中国国际茶文化研究会高级顾问，中华茶人联谊会高级顾问、中国茶叶流通协会高级顾问、华侨茶叶发展基金会高级顾问等，他在他的著作《长江流域茶文化》中认为：“文化的内部结构包括下列几个层次：物态文化、制度文化、行为文化、心态文化，因此茶文化的内部结构同样有四个层次。”

二是以刘勤晋为代表持狭义茶文化论的。刘勤晋 1939 年出生，西南大学茶叶研究所所长，重庆市首届茶学学科带头人，安徽农业大学中华茶文化研究所

客座研究员，他在他编著的普通高等教育“十一五”国家级规划教材《茶文化学》中认为：“茶文化的发展告诉我们：茶文化总是在满足社会物质生活的基础上，发展而成为精神生活的需要。在这一过程中，一些与社会不相适应的东西被淘汰，但有更多的内容产生和发展。它不但使茶文化的内容得到不断充实和丰富，而且由低级走向高级，得到提高，进而形成自己的个性。茶文化的个性，亦可谓茶文化的精神内涵，主要表现以下“四个结合”方面。这“四个结合”是：物质与精神的结合，高雅与通俗的结合，功能与审美的结合，实用与娱乐的结合。

三是以王玲和丁以寿为代表的中间派茶文化论，他们主张中国茶文化的首要内容是中国茶艺。王玲1937年出生于河北曲阳，1960年毕业于中国人民大学，主要从事北京史和中国传统文化的研究，北京市社会科学院研究员、中国国际茶文化研究会理事，她在著作《中国茶文化》中谈道：“所谓茶艺，不仅只是点茶技法，而且包括整个饮茶过程的美学意境……茶艺与饮茶的精神内容、礼仪形式交融结合，使茶人得其道，悟其理，求得主观与客观，精神与物质，个人与群体，人类与自然、宇宙和谐统一的大道，这便是中国人所说的‘茶道’了……茶道既行，便又深入到各阶层人民的生活之中。于是产生宫廷茶文化、文人士大夫茶文化、道家茶文化、佛家茶文化、市民茶文化、民间各种茶的礼俗、习惯……茶又与其他文化相结合，派生出许多与茶相关的文化……综合以上各种内容，这才是中国茶文化。它包括茶艺、茶道、茶的礼仪、精神以及在各阶层人民中的表现和与茶相关的众多文化的现象。”丁以寿1963年出生于安徽无为，安徽农业大学中华茶文化研究所常务副所长，中国国际茶文化研究会副秘书长，中华茶人联谊会常务理事，他长期从事茶文化研究与教学工作，在主编的《中华茶道》中说：“茶文化的基础是茶俗、茶艺，核心是茶道，主体是茶文学和艺术，载体是茶文献。”

“文化”一词出于易经贲卦彖辞：“刚柔交错，天文也；文明以止，人文也。观乎天文，以察时变，观乎人文，以化成天下。”意思是通过观察天象，来了解时序的变化；通过观察人类社会的各种现象，用教育感化的手段来治理天下。这段话里的“文”，即从纹理之义演化而来。日月往来交错文饰于天，即“天文”，亦即天道自然规律。同样，“人文”，指人伦社会规律，即社会生活中人与人之间纵横交织的关系，如君臣、父子、夫妇、兄弟、朋友，构成复杂网络，具有纹理表象。这段话表明文化是智慧群族的一切群族社会现象与群族内在精神的既有、传承、创造、发展的总和。它涵盖智慧群族从过去到未来的历史，是群族基于自然的基础上所有活动内容，是群族所有物质表象与精神内在的整体。具体的内容可以指群族的历史、风土人情、传统习俗、生活方式、宗教信仰、艺术、伦理道德，法律制度、价值观念、审美情趣、精神图腾，等等。

关于茶文化，目前大多数人所认同的一种观点是："茶文化是中华民族在茶的品饮中所凝聚的文化个性和创造精神，是一条表达民俗风情、审美情趣、道德精神和价值观念的历史文化长链。"比如苗族所崇敬的古神中有一位"茶神"，他们认为自己是古老的茶民之后，畲族认为茶叶就是本族人的血、津气乃至肉体变出来的，古濮人因为对茶叶与茶树至为崇拜，将茶叶当作"图腾祖先"，"走到哪里就种茶到哪里，努力保护茶树"的族规和信仰世世代代内化在古濮人血液里；比如中国历代文人艺术家都对茶叶喜爱备至、赞誉有加，从公元 3 世纪的文学家张载在《登成都白菟楼》诗中赞叹"芳茶冠六清，溢味播九区"，唐代李白在茶诗中写道："银柯洒芳津，采服润肌骨"，到宋徽宗赵佶不仅称赞"茶有真香，非龙麝可拟"，自己还成为品茶专家和茶艺高手；再比如古老的食茶遗俗至今留存在很多民族中，与他日常生活唇齿相依，包括土家族的油茶汤、桃花源的擂茶、侗族的打油茶等；还有民间生活中的各式茶礼仪，茶在生、冠（成年礼）、婚、丧几大事上担当重任，浙江一带的孩子满月"抹茶剃胎发"，湖南一带"吃茶"表示求婚，贵州苗民祭祖活动以"茶"为最高祭品等；更不用说古今多少圣贤名家"以茶修心养性"，创立丰富各异的"茶道"精神，有诗僧皎然的"三饮得道"，有卢仝的"七碗茶歌"羽化成仙，以及赵州从谂禅师的"吃茶去"，等等。

正如丁以寿在《中华茶道》中说："茶文化在本质上是饮茶文化，是茶作为饮料在被使用过程中形成的各种文化现象的集合体……具体来说，茶文化主要包括饮茶的历史、发展和传播，茶俗、茶艺和茶道，茶文学和艺术，茶与宗教、哲学、美学、社会学等，茶文献、茶史、茶学教育，茶具、茶馆、名茶等。"显而易见，茶艺作为泡茶的技术和品茶的艺术，不仅是茶文化的一部分，更是

基础和核心，而在饮茶过程中凝聚和创造的茶俗、茶道、茶疗和茶传播便和茶艺一起共同构成茶文化，他们既有物质层面又有精神层面，相互关联相互渗透不可分割。

1. 茶俗

茶陪伴中国人历经了几千年的沧桑岁月，是中国人喜怒哀乐与共的亲密伙伴。中国有句古老的俗语："开门七件事，柴米油盐酱醋茶。"说的是这七样东西是人们每天起身后就要用到的必需品。可知自古以来，茶就在中国老百姓的日常生活中，占据着非常重要的地位。"粗茶淡饭"意为最简单的饮食，通常比喻过朴素的生活。"以茶会友"是我们民族的优良传统，从晋代的"坐席竟，下饮"到唐代茶宴、互赠茶礼，宋代的茶会和斗

茶，再到当今三二知己，名壶沏名茶，说南谈北，论古话今，茶一直在有助伦理建设，敦睦人际关系。茶叶或茶叶文化还被应用在婚礼中作为礼仪的一部分，也被用诸或吸收到我国的丧礼礼制中，更重要的是，泡茶馆成为中国人的一种生活方式，人们在茶馆里相聚休闲，享受生活，品味人生，洋溢着祥和与温馨。我国以茶待客，以茶入婚俗，以茶为祭，以茶度人生。茶俗，就是以茶事活动为中心贯穿于人们的生活中，并在传统的基础上不断演变形成的人们的茶文化生活。

2. 茶道

茶作为一种饮品，儒、释、道三家都将其融入日常生活之中，是佛家把茶广泛推向社会，是道家最早以茶自娱，是儒家把茶演变成为文化，三家又各自从茶的品饮中求道悟理，获得精神寄托。儒家从茶道中发现伦常、道德、礼仪、思想、文化，提出以茶励志，以茶助修齐治平，比如西晋时期桓温、陆纳的"以茶养廉"，唐代陆羽的"精行俭德"；佛家从茶中体味苦寂，明心见性，以助茶禅，比如唐代高僧从谂的"吃茶去"，宋代圆悟克勤的"茶禅一味"；道家从饮茶中找到一种空灵虚无、避世超尘的境界，比如南朝陶弘景的"羽化成仙"，唐代皎然的"三饮得道"，等等。从表面看，三家追寻的境界和价值取向各不相同，儒家的入世境界，佛家的禅悟境界，道家的自然境界，但其实，各家在讲求饮

茶之趣，悟茶之道上是相通的，对茶道精神三家也是一种集体认同，即和、静、清三则。

3. 茶疗

茶既是食物也可以当药物，所以《神农本草经》首次记载茶能“主五脏邪气、厌谷胃痹。久服安心益气，聪察耐老”之后，人们在长期饮茶的生活中越来越发现和证明，饮茶不仅能增进营养，而且还能预防疾病，茶作为保健饮料被人们喜爱进而逐渐在生活中不可或缺。茶疗是饮茶文化中独特的一部分，是用茶或茶叶为主、辅品而配伍适当的中药制成药茶（包括以药代茶）饮服或外用，以此来养生保健、防病治病的治疗方法。茶疗的特点，它既有茶的特色和茶叶的功效，又具有茶叶本身所没有的效用，而且茶与其他药物的溶解，还能增加香气，调和药味。其组方精练、灵活，制作简单，饮服方便，适应面广，既可用于养生保健，又可以防病治病。它是我们的祖先与大自然、与疾病长期斗争的经验积累，是祖国医学中行之有效的养生保健和防病治病的治疗方法。所以它一出现，就引起了历代医药学家、养生学家的重视和习用。

4. 茶传播

茶文化不仅是中国的，也是世界的。中国是茶的祖国，因此茶文化理所当然呈现出多彩多姿的风貌，但中国以外的国家，懂得享受喝茶情趣并且发展成饶有兴味的饮茶文化的也很多。早在西汉时期，我国曾与南洋诸国通商，汉武帝派出使者，携带黄金、缯帛（红色的帛）和土特产，包括茶叶，由广东出海至印度支拿半岛和印度南部等地，从此茶叶在这一带首先传播开来，造就了现在的印度全民喝茶，用红茶和羊奶 1 比 1 调味，印度也成为世界红茶的主要产地。南北朝齐武帝永明年间，我国与土耳其商人贸易时，茶叶也随着丝织物和瓷器成为输出商品之一，他们用大小两只壶来煮，以煮茶煮得好为荣耀。唐宋时期日韩禅师都来中国学法，也将中国的茶籽、饮茶方法和茶道精神带回本国，造就了现在的日本茶道和韩国茶礼。明代政府积极对外，其次派郑和下西洋，遍历东南亚、阿拉伯半岛，直达非洲东岸，加强和这些地区的经济联系，茶叶输出也更为增加，西欧各国商人也纷至沓来，这个时期是中国茶叶和茶文化遍及

全球最鼎盛的时代，摩洛哥等喝加薄荷的绿茶，大部分的国家都爱喝加了牛奶、糖、柠檬料的红茶，到了清代，茶叶外贸盛极一时，瑞典、荷兰、丹麦、法国、西班牙、德国、匈牙利慕名而至贩运茶叶，同时饮茶之风还普及到了美国、俄国、突尼斯、阿尔及利亚等阿拉伯国家，英国喝热红茶，美国喝加柠檬的冰红茶等等。诗人内厄姆·塔特称茶是“健康之饮，灵魂之饮”，诗人卡洛斯·丘吉尔写道：“生命在哪里？它在茶中。”东方到西方，从北半球到南半球，到处都可以看到热衷于茶的人，小小的叶子同样赢得外国人的钟爱和赞美，成为他们别样的茶文化生活。

汉晋

茶艺与茶文化

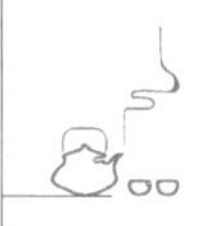

汉晋茶艺与茶文化

导入：汉晋茶事背景

战国后至南北朝，是中国茶叶经济和饮茶文化兴盛繁荣的酝酿时期，主要表现为茶叶生产初步发展、茶叶消费日益增多、茶叶市场初步形成和茶叶文献记载开启。

前面已说明，茶叶生产和饮茶文化主要源于巴蜀一带，晋代史学家常璩的《华阳国志》是中国现存最早、最完整的一部地方志，是研究中国西南地区山川、历史、人物、民俗的重要史料，其中就记载了巴蜀地区在周王朝时期进贡的物品里有茶，蜀王封地的“葭萌”是根据产茶盛地而命名，等等。顾炎武在《日知录》卷七“茶”中说“自秦人取蜀后，始有茗饮之事”，从秦对巴蜀的统一之后，随着各地交流的频繁，四川、云南一带的茶树栽培、茶叶加工及饮用方法，开始在更大的范围内传播开来。先是逐渐东移传到了湘、粤、赣等毗邻地区，比如《路史》引《衡州图经》“茶陵者，所谓山谷生茶茗也”说的就是湖南茶陵县因为盛产茶叶而命名，由此就说明茶业开始东移了。然后是江南和浙江沿海等我国东部地区，茶叶生产也逐渐传播开来，比如浙江临海盖竹山有仙翁茶园，汉朝名士葛玄曾植茗于此。同时期人们开始招收学童，传授生产茶叶的技艺，汉王刘秀曾在江苏宜兴茗岭“课童艺茶”。如果没有过去长期积累下来的茶树栽培和制茶经验，如果没有当时民众对茶叶的消费需求，哪里能够“课童艺茶”呢？三国两晋时期，茶叶生产继续向东推移，东南地区成为中国茶业传播和发展的主要区域。陈寿《三国志》的《韦曜传》记载了孙皓偏爱不善饮酒的韦曜，每次宴飨群臣都悄悄让他以茶代酒，可见吴国宫廷已经备有茶叶；陆羽《茶经·七之事》的《神异记》戏说浙江余姚人虞洪受道士指引，在山中获取大茗，说明这片区域已经产茶；晋代杜育的《荈赋》里“灵山惟岳，奇产所钟。厥生荈草，弥谷被岗”也证明了晋代茶业发展的兴盛。

先秦时期，茶叶消费仅限于以巴蜀为中心的西南一隅，消费量很有限，此时巴蜀饮茶仅是一种区域文化，并未超越西南一隅之地。四川三大文人司马相如、扬雄、王褒却已经分别以《凡将篇》《方言》《僮约》描绘了当时以四川为中心的湘鄂西、黔西北、滇北部分地区和汉中上层贵族中也开始流行饮茶习俗的情形。到了三国两晋时期，长江下游及东南沿海地区饮茶风俗逐渐传播开来，除了陈寿《三国志·吴书·韦曜传》记述的孙皓密赐韦曜茶水以代酒的故事，说明吴国宫廷及上层统治阶级中已流行饮茶，孙吴时秦菁所撰《秦子》也写道：“顾彦先（即顾荣，吴郡吴县人）曰：有味如臛，饮而不醉；无味如茶，饮而醒焉，醉人何用也？”由此可见，三国时吴地已普遍饮茶。两晋时期，南方饮茶更为普遍，而且已经形成了一种社会风尚，从东晋元帝（317—323 年）时宣城地方官温峤贡茶 1000 斤，贡茗 300 斤来看，东晋皇室的茶叶消费量已很大。后来，晋室南渡（建都南京），经济南移，长江下游和东南沿海的茶业因为上层社会的崇尚更加快速地发展起来，比如倡导以简朴为荣的“扬州牧恒温，每宴惟下七奠，柈茶果而已”，陆纳招待将军谢安“唯茶果而已”，齐武帝临终诏称：“我灵上慎勿以牲为祭，唯设饼、茶饮、干饭、酒脯而已……”与此同时，北方也悄然兴起饮茶之风，北方饮茶人主要分为四类：一是土生土长的北方人，二是受到客居北方的南方饮茶人影响的土生土长的北方人，三是客居北方的南方饮茶人，四是宫廷皇帝、寺庙和尚等。在这四种人的传播推动下，北方茶叶消费区域在扩大，人员在增加。南北朝时期饮茶风习日益盛行，南朝社会上至皇帝、封建士大夫，下至和尚道士都饮茶，茶不但成了款待宾客的重要物品，进入了人们的寻常饮食行列，而且被当作供品摆上了灵台、庙堂，茶叶消费方式日趋多样化。

茶叶生产的初步发展、茶叶消费的日益增多为茶叶市场的正式形成奠定了物质基础。从两汉时期开始，茶叶生产走出四川逐渐向全国其他地区推进，形成四大茶叶区域市场，包括以长沙、江陵为中心的荆楚茶叶区域市场，以建业、吴郡为中心的吴越茶叶区域市场，以广州（治番禺）为中心的南方茶叶区域市场，

以长安、洛阳为中心的北方茶叶销地市场。

汉晋时期茶史资料虽少，但所存的文献都记录的是当代的事迹，可信度极高，关于茶叶的记载也比较清晰。比如《尔雅》和《说文解字》等重要字书的出现。《尔雅·释木第十四》讲到“槚，苦荼”就是茶名；《说文解字》载：“荼，苦荼也。从草余声”，“茗，荼芽也。从草名声。”这两部权威字书的出现，足以证明西汉茶叶发展对社会生活造成的影响。再比如介绍和记录茶的医药著作和文学作品的出现，《神农食经》谈到“荼茗久服，令人有力，悦志”，这深化了对饮茶功效的认识；司马相如在《凡将篇》中将茶称作荈诧，是售卖的20种药材之一；扬雄在《方言》中说，蜀西南人称茶为蔎。王褒所作《僮约》是一篇重要的茶文献，其中涉及茶的内容有“烹荼尽具”“武阳买荼”两句。西汉辞赋家扬雄在《蜀都赋》中有描绘茶园的美景：“百华投春，隆隐芬芳，蔓茗荧郁，翠紫青黄。”这里的“茗”即是茶，冬去春来、万物复苏，茶芽滋长蔓延，最是茂盛高远、散播芬芳。西晋诗人张载《登成都白菟楼》中的诗句“芳荼冠六清，溢味播九区”赞叹茶饮名冠天下。西晋文学家杜育的《荈赋》是世界上第一部正式描述茶艺萌芽的作品，它以诗体赋的形式，寥寥数句就完整展现了从种植地点、产茶条件、采摘时节、煮茶之水、品茶器具、饮茶方式、茶汤样貌、饮茶功效八个方面有关品茶的全过程：“灵山惟岳，奇产所钟。瞻彼卷阿，实曰夕阳。厥生荈草，弥谷被岗。承丰壤之滋润，受甘露之霄降。月惟初秋，农功少休；结偶同旅，是采是求。水则岷方之注，挹彼清流；器择陶简，出自东瓯；酌之以匏，取式公刘。惟兹初成，沫沈华浮。焕如积雪，晔若春敷。若乃淳染真辰，色绩青霜；氤氲馨香，白黄若虚。调神和内，倦解慵除。”这些权威字书和医学著作、文学作品的出现，使茶叶进入了真正有文字可据或信史的时代。

一、汉晋煮茶茶艺

“芳荼冠六清，溢味播九区，人生苟安乐，兹土聊可娱”，西晋文学家张载去成都探望担任蜀郡太守的父亲张牧，参加了一次白菟楼上举行的茶宴。宴会后，他写下《登成都白菟楼》，这是以茶入诗的最早篇章之一。这里的“荼”

意为茶，“六清”即“六饮”，是《周礼》中供天子享用的六种饮料，即水、浆、醴、凉、医、酏，“芳茶冠六清”意为茶的甘美胜过一切饮料，“溢味播九区”意为茶的醇香传遍全国九州，芳香、滋味突出了茶饮的审美情趣，赋予饮茶浓厚的文化色彩。

汉晋时期是中华茶艺正式开启的时代，茶进入了士大夫生活及宗教领域，人们开始讲究煮茶与鉴茶的“技艺”，把饮茶活动当作艺术来欣赏。

（一）茶

秦汉以前的巴蜀地区可能已经出现了原始的“蒸青”散茶，人们利用早期出现的“甑”来蒸茶，然后用锅炒和烘焙干燥，或者在有太阳的日子里用太阳晒干，这些就是原始的“炒青”“烘青”和“晒青”茶。接下来，技术发生了进步，三国魏时《广雅》中记述的“荆巴间采茶做饼……成以米膏出之”，很可能在三国前后就又出现了饼茶，又叫团茶或片茶，据说是为了效仿当时流行“饼食”的习俗，而且又便于运输和保存。四川民间将采来的鲜茶，蒸后做成饼，老叶黏性差，加些米膏也能做成饼，然后晒干或烘干。

当时采茶叶做饼，已是制茶工艺的萌芽，至于采来茶叶是经蒸青或略煮“捞青”软化后压成饼都是有可能的。

1. 余姚仙茗

汉晋时期的名茶，主要记载于常璞的《华阳国志》，既记载了西周时巴国已贡茶，也记载了那时期四川等地的产茶情况，比如什邡“山出好茶”，稍早一些的《荆州土地记》也有“武陵七县通出茶，最好”的记载，这样大面积的好茶产地是需要很长一段发展时期的。不过，最早明确详细记载名茶和产地的，还是要首推浙江的“余姚瀑布山仙茗”，就是《神异记》里虞洪入山采茶，仙祖丹丘子赠送的‘仙茗’。虽然这是个神异的传说，但至少传达了“汉时余姚已有大茶叶闻世”这样一条信息，所以《茶经 · 八之出》中也有记载：“浙东以越州上。余姚县生瀑布岭曰‘仙茗’，大者殊异，小者同襄州同。”这就是说陆羽曾听说过，甚至亲眼见到过浙江余姚深山里有很大叶子的茶树，因而才

会有“大者殊异”之语。陆羽曾写过一首《会稽东小山》诗，诗中有“月色寒潮入剡溪，青猿叫断绿林西”句，据此可见陆羽对会稽（今浙江绍兴）一带茶区是做过深入考察的。东汉神医华佗曾久居会稽，他的《食论》说“苦茶久食益意思”，很难说他不曾尝过“余姚仙茗”，或许正是对此茶的感慨呢！

确实，濒临东海，属亚热带季风区的余姚道士山（即瀑布岭），环抱于山峦起伏的会稽、四明两山脉深处，气候温暖，雨量充沛，至今，瀑布岭上依然是野茶丛生大石之隙，其旁清涧交错，四周树竹茂盛，常年云蒸雾缭，形成茶的天然特异品质。如瀑布岭“白水潺湲”瀑布处的石溪旁竹林中，有丛生石际的灌木型野茶，其叶幅较大，叶形修长优美，叶面“腊质层”较厚，显得肥润饱满而格外青绿光亮，当为古代“大茗”之遗种，摘下这种茶的茶叶，即有清芳鲜香，若插入瓶中水养，不但美比花卉，且月余后依然青绿如初，优姿盎然，不愧它“仙茗”之称。

2. 蒙顶茶

论及名茶，史书往往以巴蜀和吴越为最，所以除了余姚“仙茗”，四川蒙顶茶也是名声在外，“扬子江心水，蒙顶山上茶”，这是历代名茶爱好者在赞美蒙顶茶的名句。蒙顶山属邛崃山脉，在名山、雅安之间，山有五峰，最高峰称上清峰，又称中顶。山上瑞云环绕，多虎豹野兽，人迹罕至，据记载，蒙顶茶产于蒙山中顶之巅顶，因受阳气之全，所以非常芬香。还有传说中顶产最好蒙顶茶的大石头有几间屋子大小，生来有茶树七株，是汉代甘露大师吴理真从岭表带来的灵茗手植而成，当时种茶树八株，清代“尚存其七”。由于数量极少，每年茶叶生时，都要由当地寺僧报官府派人检视，记下有多少叶片，采制后只有几钱的分量，上贡京城的，只有一钱多一点。这七株茶树旁，另有几十株陪茶，也叫蒙顶茶，那是供当地官府要人享用的。清王士祯《陇蜀余闻》谈蒙顶茶“厚而圆，色紫赤，味略苦”，当开春第一声春雷响时，蒙顶茶才发芽，“故又名雷鸣茶”，由于蒙顶茶“酌杯中，香云蒙覆其上，凝结不散。以其异，谓曰仙茶”。

3. 庐山云雾

庐山云雾茶是江西的历史名茶，也可上溯到汉代。东汉时代，佛教传入我国，庐山成佛教中心之一，当时有佛寺300余所，僧侣上万。僧众坐禅必须饮茶，以保持头脑清醒。庐山僧人先是攀危崖，涉飞泉，采集野茶，以供饮用；后来，他们利用庐山多云雾，气候湿润，日晒不烈的优越自然条件，劈崖填谷，在白云深处栽种茶树，采制茶叶。到了东晋时代，名僧慧远就在山上居住30多年，聚僧徒讲学之余，也发展种茶。庐山云雾茶也由于生在云雾弥漫的山坡上，茶树朝夕受雾气浸润，因此芽叶柔嫩。现在制成散茶叶后，形状挺秀如针，银毫显露，色泽青翠，泡茶后汤色碧绿清澈，芽叶嫩绿明亮，香气清而幽远，滋味鲜洁甘甜。

（二）器

人类最初煮饮茶叶，都用当时的饮食器具，没有专用茶具，饮茶盛行后，才出现茶壶、茶碗、茶杯、茶盘，等等。古代以食具兼用的茶具，最早使用的就是陶土制成的缶，这是一种肚大口小的容器，韩非在《韩非子》的《十过》和《五蠹》篇中，说到尧时的饮食器具是土缶，如果当时人们饮茶，也只能用土缶作为饮茶器具。陶器的生产在我国至少有7000年的历史，浙江余姚河姆渡出土的黑陶器就是新石器时代的代表作之一，也是当时的食具兼饮具。人类最早是采集鲜叶煮成羹汤而食，春秋时又把茶叶作为菜蔬煮食，不需要特别的专用器皿，自然也无所谓茶具，只有当饮茶成为人们专门嗜好时，人们才会考虑设计和制造与饮茶有关的贮茶、煮茶和饮茶的专用器皿，形成茶具。

茶具和茶器是在不同时期对饮茶器具的称呼，从文献上看，饮茶器具最早被称为“具”，是在西汉王褒的《僮约》有记载：“烹茶尽具。”《僮约》只告诉人们西汉时已有茶“具”，烹茶之前要把所有茶具洗净备用，但未明确具体是什么茶具，何种形状和质地，是否专用。20世纪七八十年代浙江上虞出土东汉的碗、壶、盏以及江西的陶炉，尤其是1990年浙江湖州出土的东

图18　西汉黑陶彩绘四环耳带盖陶缶

（重庆中国三峡博物馆藏）

汉内外施釉、肩部刻有“荼”字的青瓷贮茶瓮，被专家证实是茶具时，人们才第一次知悉古代茶具的模样。陶瓷的发展经历了土陶、硬陶和釉陶，再发展到瓷，瓷是由陶发展而来的，三千多年前的商代早期，原始青瓷器就在中原及长江中下游出现，所以这次的出土证实了东汉时期，浙江越窑已形成成熟的烧瓷技艺，青釉盏和盏托有了大量生产。青瓷釉中主要的呈色物质是氧化铁，因含量不同、釉层薄厚和氧化铁还原程度的高低不同，釉会呈现出深浅不一、色调不同的颜色。东汉时代的茶具证明我国已经开始生产色泽纯正、透明发光的青瓷，也可以为西汉王褒所说的“烹荼尽具”提供约略同时代的实物证据，因此，我们的祖先很早就为饮茶的需要设计和制造茶具，中国不仅是茶的故乡，也是茶具的故乡。

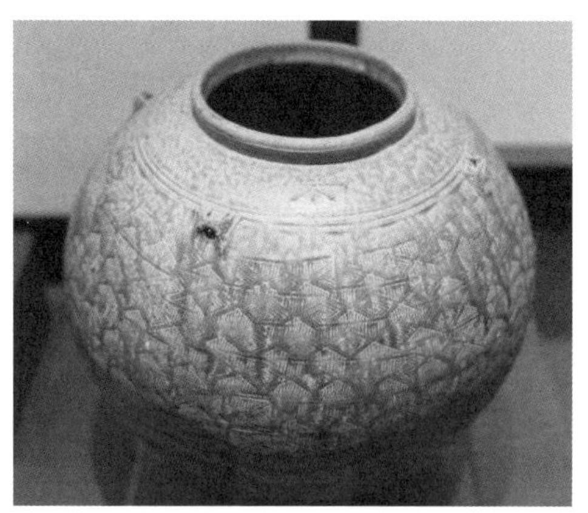

图 19　东汉青瓷四系罐（国家博物馆藏）

三国时魏人张揖在《广雅》里也介绍了茶具：“先炙令色赤，捣末置瓷器中，以汤浇覆之，用葱、姜、橘子、芼之。”不过这里的瓷器是否专用比较难确认。关于茶具在西晋傅咸的《司隶教》里也有描述：“闻南方有蜀妪，作茶粥卖之，廉事毁其器具。”说的是四川籍的卖茶老妪在京城街头摆摊售卖茶粥，被当时的市场管理人员打破了茶具。

写《三都赋》被广为传抄，一度引起“洛阳纸贵”。他撰写的另一篇《娇女诗》写道：“止为茶荈据，吹嘘对鼎鬲。”这里提到的鼎鬲指的就是茶铛，是一种加热容器，即风炉和茶鍑的结合体。茶铛器底通常带三足，并且有一横柄，造型来源于汉晋时期的铜鐎斗，与酒铛类似，只不过茶铛的腹部比酒铛腹部略深一些，可以有相对多的容量来煮茶或煎茶，制作茶铛的材质多种多样，有铜质、铁质、陶瓷、石质，当然也有奢华的金银材质。浙江的义乌博物馆就收藏了一件晋代铜铛，系 1977 年义乌县义亭公社西山农场出土。

图 20　晋代铜茶铛（浙江义乌博物馆藏）

我们都知道，西晋文学家杜育的《荈赋》是史上最早描述茶艺的作品，他对茶具也有材质和使用方法的描述："器择陶简，出之东隅（瓯）；酌之以匏，取式公刘。"要更好地发挥茶汤的滋味，茶具最好是产于东隅，也就是现在浙江绍兴、上虞一带的釉陶器；如果酌取水，则要用匏瓜（葫芦瓢）做成的盛器，取法于周朝之贤王"公刘"飨宴群臣，酌酒用匏的饮用方式。匏，瓢也，口阔、颈薄、柄短，瓢的加工异常简单，只要把葫芦一剖为二即可，因此在社会经济、技术并不发达的时代就被广泛使用。舀茶的杓子并不局限于瓢，但是仍然称之为瓢，也就是说瓢已经成为茶杓的代用语，反映了茶勺的初始形态。不过，"匏"是古代酒器，拿来饮茶用，说明当时饮茶用具和酒食具的区分并不严格。可见，茶具虽自汉就有，但在唐以前的很长时期内，仍有混用现象，用鼎、釜煮茶，用食器、酒器吃茶的现象，还比较普遍。

图 21　西晋匏形匜（故宫博物院藏）

（三）水

我国古人非常讲究泡茶用水，在中华茶艺正式开启的汉晋时期，虽然没有太多文献专门论述茶与水的关系，杜育也依然会在《荈赋》中强调“水则岷方之注，挹彼清流”，认为煮茶用水要汲取岷江上游所流下的清水。对水的选择既是要诀，也是一种情趣。岷江是流经川西的主要河流，由此可见杜育《荈赋》中提到的“煮茶法”与巴蜀有关，而且宋代苏辙的《和子瞻煎茶》也提到“煎茶旧法出西蜀，水声火候犹能谙”，这里的煎茶法就是陆羽在《茶经》里引用了多处，推崇备至的唐代煎茶法，比如“器择陶简，出自东隅”“酌之以匏，取式公刘”“沫沉华浮，焕如积雪，晔若春敷”等，由此可见，唐时的陆羽式煎茶始于西晋，而且肇始于巴蜀。

（四）技

汉晋时期至初唐的饮茶方式以“羹饮”或“粥饮”为主。起初是用鲜叶或者制干的散茶，加上调味品煮成羹食，或者加谷物一起煮成粥食。比如郭璞在《尔雅》里注解“槚，苦荼”时，说其“树小如栀子，冬生，叶可煮羹饮”。《膳夫经手录》也记述道：“茶，古不闻食之，近晋、宋以降，吴人采茶煮之，曰茗粥。”三国前后，老百姓发明了饼茶，就仿照古法，将饼茶也煮成“羹饮”或者“粥饮”。

对于煮茶细节，《广雅》已有描述：“荆巴间采叶作饼。叶老者饼成，以米膏出之。欲煮茗饮，先炙会色赤，捣末置瓷器中，以汤浇覆之，用葱、姜、橘子芼之。其饮醒酒，令人不眠。”意思是在荆地和巴地一带，采茶叶做成茶饼，叶子老的，要加米糊才能成形。饮用茶饼时，先炙烤成“色赤”，再捣碎碾成末，放置瓷器中，烧水煎煮，加上葱、姜作佐料，再调（煮）成“茶羹”饮用。喝了它可以醒酒，还能提神，使人睡不着觉。这应该是现存可考文献里最早刻画煮茶工序的句段了。同时，人们不仅仅是简单地饮茶，也开始讲究煮茶的技艺，认为这是一件非常有技术含量的事情。晋代王浮的神话志怪小说《神异记》记载：“永嘉中，余姚人虞洪入山采茗，遇一道士，牵三青牛，引洪至瀑布山曰：‘予丹丘子也，闻子善具饮，常思见惠。山中有大茗可以相给，祈子他日有瓯牺之余，乞相遗也。’因立奠祀。后常令家人入山，获大茗焉。”说的是浙江余姚人虞洪“善具饮”，上山采茶时遇见了一位道士，牵着三头青牛，道士把虞洪引到瀑布山，对他说：“我是丹丘子，听说你善于煮茶，经常想着能否喝上你煮的茶。这山里有大茶树，可以任你采摘。希望你日后有多余的茶，请给我一些。”由此可见，煮茶技艺好的人，在当时颇受欢迎。除了“羹饮”和“粥饮”，当时还并行一种作为治病保健“药汤”用的“清饮法”，《桐君录》记载：“巴东别有真香茗，煎饮令人不眠”，用鲜叶或者制干叶，直接熬成汁液，或者加上姜、桂、椒、桔皮、薄荷等熬煮成汤汁再饮。

不过，无论是“羹饮”“粥饮”还是“清饮”，都被不少唐人所嫌弃，包括诗人、文学家皮日休，“茶圣”陆羽等，他们认为这些饮茶方式“浑以烹之，与夫瀹蔬而啜者无异也”，“或用葱、姜、枣、桔皮、茱萸、薄荷之等，煮之百沸，或扬令滑，或煮去沫，斯沟渠间弃水耳，而习俗不已”，要么如同喝菜汤，要么因为加很多佐料反复沸煮，追求汤滑沫去的茶汤如同倒在沟渠里的废水一样。

（五）境

汉晋时期人们开始将饮茶作为正式的、专门的待客之道，但毕竟是茶艺活动的萌发时期，还没能够细致深入地关注到饮茶活动的环境享受。杜育的《荈赋》倒是有一些赞叹植茶环境的意蕴，一方面是对种茶的地点提出了高要求，另一方面也已赋予了茶艺术的灵魂。此赋一开始就展现了一派山岳灵秀，嘉茶遍绿山坡的清丽景象。“灵山惟岳，其产所钟，厥生荈草，弥谷被岗”，这里灵秀的崇山峻岭，奇珍异草钟爱汇集的山脉，结合前面谈及的煮茶之水，大致就是岷江中域的山脉。繁密的茶树从山谷一直蔓延到山冈，土壤丰腴滋润，满山满谷都是荈草（茶树），在这样令人情感奔放的优美环境中，嘉茶“承丰壤之滋润，受甘霖之霄降”，优质的茶叶承载着丰沃土壤和阳光雨露的滋养，能在大自然去粗取精的过程中脱颖而出，变成值得品饮的佳品。

（六）礼

茶在周代被奉为珍贵的贡品、礼品和祭品，在西汉成为贵族士大夫阶层高雅的消遣，而到两晋南北朝，尚茶品茶逐渐普及，以茶待客，以茶会友，变成

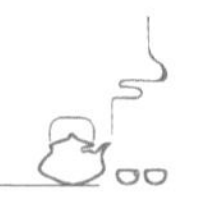

社交上的待客礼仪。饮茶的礼节在南朝小说集《世说新语》里有“坐席竟，下饮”的记载，说的就是晋武帝时“少时有令名”的官吏任瞻，在武帝死后南渡到石头城（今南京清凉山），宰相王导率领先度时贤迎接他，在接风的宴会上，客人入座完毕，首先要正式上茶。同书还记了：“晋司徒长史王濛好饮茶，人至辄命饮之，士大夫皆患之。每欲往候，必云今日有水厄。”王濛是晋代人，官至司徒长史，他特别喜欢茶，不仅自己一日数次地喝茶，一遇到士大夫来访，便一定煮茶相待。当时，士大夫中不少是从北方南迁而来，不懂茶中滋味，只觉苦涩难咽，因此去王濛家时，大家总有些害怕，每次临行前，就戏称“今日有水厄”。这些都说明在当时“茶饮”已经成为一件正式的专门的活动，是一件讲究的事情。其实，前面谈到的东晋大臣桓温和陆纳都生性简朴，每次宴请宾客从不大鱼大肉，而是以茶待客，也可见茶在人们心目中的地位以及茶作为社交方式的普及。

这些“饭后饮茶”“客来敬茶”的仪式，与吃饭已经完全无关，是茶艺礼仪最原始古朴的开端。

（七）韵

中华茶艺在汉晋时期正式开启，它的气韵被众多的文人名士们作赋赞颂。西晋左思《娇女诗》那一句“止为荼荈剧，吹嘘对鼎铄”就生动刻画了深受茶香熏染的小娇女，急于品茶的迫切；西晋文学家张载的《登成都白菟楼》用“芳茶冠六清，溢味播九区”，豪情勃发的吟诵茶这个饮品独冠群芳，崇拜之情溢于言表。还有南朝宋的新安王刘子鸾、豫章王刘子尚上八公山的时候，昙济道人设茶茗款待，子尚品完后竟然说：“此甘露也！何言茶茗。”称赞茶是天降甘露，喜爱至极，赞叹至极。

如果要说对茶的审美情趣最完整、最深刻的作品，那肯定非杜育的《荈赋》莫属：“惟兹初成，沫沉华浮。焕如积雪，煜若春敷。若乃淳染真辰，色绩青霜，白黄若虚。调神和内，倦解慵除。”大意为：茶刚煮好的时候，便有泡沫沉浮翻动，紧接着细轻的汤花则浮涌上来，光亮鲜明好像耀眼的积雪，华丽灿烂又如欣欣向荣的春花一样。茶汤的味道浓厚仿佛沾染了时光本来的样子，茶汤颜色在越窑青瓷茶碗中成了犹如秋霜一般的青白之色，茶汤烟云弥漫而芳香缭绕不绝，饮后神清气爽，困倦顿消，慵懒尽除。

汉晋时期的煮茶方式原始简朴，但茶、水、器、技、境、礼、韵都十分讲究且配合得浑然天成，是茶饮与艺术结合的绝妙典范，同样充满着精雅和古朴的气韵，使得文人们追慕赞美。也由此可见，唐代皮日休所谓“陆羽以前的茶都是将许多杂料混煮在一起，与煮烧菜汤没什么两样”的结论是不够公正和确切的。

二、汉晋茶文化

（一）茶俗

1.“以茶为饮”

秦汉以后，茶作为进贡之物，传输到中原的数量增多，社会的上层、名流接触到了茶叶，《赵飞燕别传》有一段关于汉代饮茶的记载：“后（帝后）寝惊啼甚久，侍者呼问，方觉，乃言曰：适吾梦中见帝，帝自云中赐吾坐，帝命进茶，左右奏帝，后向日侍帝不谨，不合啜此茶。”据说，赵飞燕从小就是喜欢饮茶的女子，赵飞燕梦见汉成帝“赐吾座，命进茶”，由此可以推断当时宫廷饮茶已成礼制。

除了皇室，茶在贵族士大夫阶层也非常流行。

《僮约》是我国现存最早和最珍贵的茶叶文献之一，记述了汉代著名辞赋家王褒在四川经历的一件非常有趣的事情。王褒字子渊，蜀资中人（今四川资阳），宣帝时为谏议大夫，他精通六艺，擅长辞赋，公元前 59 年作《僮约》时正值壮年，这篇代表作写的是对家奴便了的各种劳役制约，从文辞的语气看来，此文不过是作者的消遣之作，文中不乏幽默之句，本来是教训一个调皮捣蛋的家奴，不承想为后人透露了西汉时期不仅流行饮茶并且有商品茶应市的重要信息，成为“茶史之最”。故事说的是一次王褒外出，途经亡友遗孀杨惠家。在做客期间，王褒让杨家奴仆便了去买酒，便了却在杨惠丈夫的坟头高喊：“大夫买我时契约上只写明看家，没说要替别人家的男子买酒！”王褒听后大怒，想要买下便了进行管束，便了顶撞王褒说：“要使唤我的事项都要写在契约上，

没写的，我就不做！”于是王褒就写下了这篇《僮约》，文中洋洋洒洒，事无巨细，不缺不漏，约定了便了必须听从各种安排，还罗列了具体工作内容。此券文让家奴便了，理屈词穷无可狡辩。他一个劲儿叩头，双手交互着自抽耳光。泪如雨下：“如果真像王大夫所说的这样，那我还不如早点进黄土，任凭蚯蚓钻进脑袋里！早知这样，真该替王大夫打酒去，实在不敢胡说八道恶作剧了。”这篇幽默的文章中就包括“武阳买荼”和“烹荼尽具”（荼即茶），“武阳买荼”意为：去今天的四川彭山地区买茶。“烹荼尽具”是指：烹煮茶并将用过的茶具清洗干净。这充分说明汉代时茶叶已经成为商品，在市集上可以自由买卖，而且像王褒这样的文人士大夫家庭中已置备了饮茶专用的器具，烹茶是同饮食烹饪一样重要的日常生活，饮茶之风在当时的中产阶层盛行。

2.“茶宴萌发”

“茶宴”应该最早出现于三国时期。茶宴，顾名思义，是以茶代酒设宴款待宾客。东吴末代皇帝孙皓每次设宴宴请文武百官，规定无论会不会喝，能不能喝，七升的酒要全部见底，所以每次都把他们灌得酩酊大醉。唯有大臣韦曜，因他是孙皓父亲的老师，孙皓对他格外照顾，韦曜平时“饮酒不过二升”，孙皓便暗中赐给他茶来代替酒。当时人们饮茶，是将采摘的茶鲜叶晒干制成茶饼，茶饼炙烤碾碎后加上姜、葱、橘熬煮，取汤汁饮用，色泽可与黄酒混淆。这种以茶代酒的方式虽然不是严格意义上的茶宴，但可以说是茶宴的渊源了。倒是东晋时期，大将军桓温每举宴，“唯下七奠茶果而已”（《晋书・桓温传》）。桓温不饮酒，就以茶代酒，辅以果品，这应该是茶宴的原型了。而正式出现“茶宴”一词的，是南北朝时，山谦之在《吴兴记》里第一次提道：“每岁吴兴、毗陵二郡太守采茶宴于此。”

3. 客来敬茶

“客来敬茶”是我国人民的传统礼节，这一风俗也是在茶文化萌芽发展的汉晋时期拉开序幕的。东晋哀帝司马丕的岳父、司马长史王濛，不仅官运亨通，而且嗜茶成癖，他不仅自己一日数次地喝茶，而且有客人来，还以茶敬客同饮痛快，即“人至辄命饮之”。东晋大臣中有不少是从北方南迁的士族，根本喝不惯茶，只觉得茶苦涩得难以下咽，但碍于情面又不得不喝，所以一到王濛家喝茶一时便成了“痛苦”的代名词，于是，人们每次去王濛家，临出行，就戏称“今日有水厄”，“水厄”一词由此而生，从字面上理解是因水而生的厄运，后来，“水厄”便成了茶的一个别称，并一直流传下来。从这些史实可见，不论饮茶的方法如何简陋，调制的茶汤如何苦涩，茶从汉晋开始已逐渐地成为日常款待宾客的必备饮料。

随着北方士族的南迁，特别是江东各地，礼制比以往有所加强，作为日常生活中愈来愈时尚的饮茶，这时也自然愈来愈多地被吸收进礼俗之中了。《世说新语》里记载“坐席竟，下饮”即为饭后饮茶，就是说东晋时，建康一带，也已经普遍出现了以茶待客的礼仪。

4.“茶馆雏形”

汉时期，饮茶主要集中在宫廷贵族阶层，到了两晋时期，饮茶由上层社会逐渐向中下层传播。南北朝时饮茶风气日趋转盛。宫廷宴会用茶，一般请客也用茶；社会上层喝茶，民间下层也饮茶；待客用茶，社交活动也用茶；家中可饮茶，市中可买茶。《广陵耆老传》记载：“晋元帝时有老姥，每旦独提一器茗，往市鬻之，市人竞买。”谈及老人每天早晨到街市卖茶，市民争相购买的景象，这反映了当时平民的饮茶风尚。同时，在南北朝时期因为品茗清谈的风气渐盛，当时还出现一种供人们喝茶的处所，被称为“茶寮”，这种茶寮既可喝茶，又可供应来往旅客宿夜，应该算是我国茶馆和旅馆的雏形了。

5. 以茶祭祀

茶用于祭祀，可以追溯到周朝，《周礼·地官》说：“掌荼，掌以时聚荼以供丧事。”当时，茶在丧礼上是必不可少的祭品。春秋战国时期的礼制汇编《仪礼》记载了周代的冠、婚、丧、祭、乡、射、朝、聘等各种礼仪，以记载士大夫的礼仪为主，其中《仪礼·既夕》有载：“茵著，用荼（即茶）实泽焉。”茶就是被当作祭物用的。秦汉之后，茶饮越来越普及，茶文化越来越发展，茶被当作祭物也更多了。齐武帝萧颐在永明十一年七月下诏说：“我灵上慎勿以牲为祭，唯设饼、茶饮、干饭、酒腊而已。天下贵贱，咸同此制。”（《南齐书·武

帝本纪》）把以茶为祭的礼俗推广了。同时，两晋时期还有很多神话传说也和茶与祭祀有关系，一个是《神异记》关于余姚虞洪进山采茶，遇到仙人丹丘子后，回家用茶来祭他的故事；另一个是南朝宋刘敬叔著的《异花》记载陈务妻寡居好茶，每次饮茶后在坟头浇茶汤祭奠，得到魂灵保佑的故事。虽然是神话故事，但两则传说也说明，两晋南北朝时，以茶参祭，已成当时习俗。“无茶不成祭”这一礼仪观念，现已深深融化在中华民族的祭祀习俗中，绝大部分地方都保留着沿袭千年的用茶祭扫祖宗、祭祀神灵或用茶陪葬的风俗。这可以从长沙马王堆出土的西汉墓的随葬清册记载物品得到印证，公元前 160 年的一号墓和公元前 165 年的三号墓随葬物中，都有“槚笥”的竹简文和木牌文，“槚笥”就是装茶的箱子，可见以茶随葬的习俗由来已久。

我们从仅存的文献记载和出土考证不难发现，以煮茶法为饮茶主流，中华茶艺开端的时代，汉晋时期的人们为了保证茶的药用和食用价值，促使茶的存储、运输和烹饪的技术都得到了发展，饮茶的普及程度也超出了我们的想象。更重要的是，这个时代茶文化的丰富和深刻也浮现出来，以茶待客、以茶为宴、以茶祭祀开始在人们的生活中如影相伴，这片“东方神叶”更是在人类历史的长河中越飘越远，它荡起的涟漪更是波及全人类。

（二）茶道

1.“以茶养廉”

历史上有溺酒而亡国、败家、丧生的先例，但从未出现过因品茗而国破家亡的怪事。在很长一段时间，上下级之间、友朋之间寄赠几斤茶叶，被认为是正当的馈赠。茶性俭，是指茶的品质，俭则纯，纯则洁。茶道大行有利于净化社会风气。纯洁的茶可涤人肺腑、荡人灵魂。因清茶代表干净、节俭，在古代就被列为祭祖必备首选。

3000 多年前，周武王打败荒淫无耻、暴虐无道的纣王，建立了周王朝，提倡祭祖大礼要简朴，可以用茶祭祖。这种用茶代表清廉淳朴的原始意义，从帝王祭祀又慢慢演化到王公贵族的生活习俗中来，最早出现在《晏子春秋》中：“婴相齐景公时，食脱粟之饭，炙三弋、五卵、茗菜耳已。”说的是春秋时期，晏婴在景公时，身为国相，饮食节俭，吃糙米饭，几样荤菜以外，只有“茗菜而已”，类似今人所谓“粗茶淡饭”。

两晋南北朝时尚大变。此时门阀制度业已形成，贵族们奢靡成风，浪费严重，有的甚至每天的花销抵得上一个普通家庭两三年的费用。晋初三公世胄之家，有所谓石、何、裴、卫、荀、王诸族，都是以奢侈闻名。何曾是晋国丞相、当时世族的代表人物，生活奢侈。《晋书》卷三十三载，何曾“帷帐车服，穷极绮丽，厨膳滋味，过于王者”，每天的饮费可达一万钱。何曾之子何邵更胜乃父，一天的膳费达两万。石崇为巨富，庖膳必穷水陆之珍，把蜡当作木柴来用，做用以遮蔽风尘和视线的锦步幛五十里，以显示奢华。

南朝梁武帝号称“节俭”，其弟萧弘却奢侈无度。有人告发萧弘私藏武器，梁武帝去核查时，却看到库内皆珍宝绮罗，还有三十间屋子专门用来储存钱币，共有钱三亿以上。

为了改变这一现状，当时的有识之士提出了“以茶代酒、以茶养廉”，期望以此来改变官僚的风气，推行廉洁之风。汉晋时期，饮茶的风气慢慢进入了上流社会，士人也越来越多用饮茶标榜节俭。

东晋时的太守陆纳便是一位廉洁奉公的践行者。在他的家规中，无论来的人身份如何，都用“清茶一杯”相待。据南朝宋《晋中兴书》记载，东晋名士陆纳以俭德著称，在他任吴兴太守时，卫将军谢安有一次要来拜访，陆纳的侄子陆俶觉得自家长辈会怠慢客人，于是偷偷准备了丰富的筵席。谢安来了之后，陆纳果然只用茶果招待，陆俶很骄傲地摆上了丰盛的筵席，感觉替叔叔补足了面子。没想到谢安走后，陆纳便责打训斥陆俶，认为他有失颜面，玷污了陆纳的清名。此后，陆纳的清正品德得到了许多人的赞颂。

与陆纳同时代的桓温也是主张以茶代酒。桓温既有政治、军事才干，又有野心。他曾率兵伐蜀，灭成汉，因而威名大振，欲窥视朝廷。他常以简朴示人，“每宴，惟下七奠柈茶果而已”。意思是他每顿饭只吃七枚干茶果而已。他问陆纳能饮多少酒，陆纳说只可饮二升。桓温说：我也不过三升酒，十来块肉罢了。虽说用七枚茶果饱腹是夸张说法，但是，桓温的饮茶，是用来表达自己尚节俭的态度。

南北朝时，也有皇帝用茶来表示俭朴。南齐世祖武皇帝是个比较开明的帝王，他在位十年，朝廷无大的战事，使百姓得以休养生息。齐武帝不喜游宴，死前下遗诏，说他死后丧礼要尽量节俭，灵位上千万不要以三牲为祭品，只放些干饭、果饼和茶饮便可以。并要“天下贵贱，咸同此制”，想带头提倡俭朴的好风气。这在帝王中颇为难得。

2.“饮茶修禅”

同时期，佛教从西域传入并已在我国盛行，佛教提倡坐禅，饮茶可以提神醒脑，驱除睡意，有利于清心修行。《晋书·艺术传》记载，西晋末僧人、敦煌人单道开每日“饮茶苏一二升”。东晋名僧怀信说他能长寿，一是佛的庇佑，二是饮茶。他在《释门自镜录》序文中说：“跣足清淡，袒胸谐谑，居不愁寒暑，食可择甘旨，使唤童仆，要水要茶。”因此，一些名山大川的寺院所在地都开始种植茶树，讲究饮茶，在我国许多品质优胜的名茶中，有相当多的一部分最初是由寺院种植和采制的，比如四川蒙顶、天台华顶、庐山云雾等，佛教同茶有着不解之缘，对茶的饮用及传播都起了一定的积极作用。

古人之所以把茶提到如此高度，完全在于茶的天赐品性：茶树生于高山云雾之中，取天地之灵气；“嫩芽清风骨，玉液净心身”，泡茶的泉水也需要清净无污；采茶、制茶、鉴茶，到茶具的选择、煎煮的火候、品饮的技艺，都要求精益求精，无不体现“认真”二字；品茶的时候，平心静气、淡定从容，静中才可品出真味；最后，叶苦味甘、啜苦咽甘、苦尽甘来，这些既是茶的滋味，更寓意人生滋味：俭、洁、雅、醒、静、和。所以，一日三餐、粗茶淡饭，待客以礼，清茶一杯，俭而不奢，这都让茶事被赋予高尚洁净的精神内涵。

汉晋时期，饮茶之风已经从自然使用价值，进入了精神领域，这是茶的“文化功能”开始萌发，甚至可以说是中国最初始的“茶道精神”。“一杯春露暂留客，两腋清风几欲仙”，此后，“以茶代酒”成为我国待客的优良传统，“以茶养廉”一直是君子的廉洁传统。所谓，闹者饮酒，静中品茶，茶为国饮，廉为人本。随着茶文化的不断发展，以茶养廉的社会和文化功能在晋代以后被不断发扬光大，对中华民族后世的影响，乃至亚洲国家茶道的影响都是不可估量的。

（三）茶疗："亦药亦食话功效"

东汉医学大师张仲景用茶治疗脓血；被誉为神医的华佗也用茶消除疲劳、提神醒脑；华佗的高徒吴普，用茶治疗厌食、胃痛等症；梁代名医陶弘景用茶来减肥养生等。茶的应用范围不断扩大，开启了我国茶疗的初期阶段。

茶疗得从中医药学来解释。性味，是中药的中药理论，一般称之为"四气五味"，四气，即寒、凉、温、热，表明药物的寒热特性。五味，即辛、甘、酸、苦、咸，表明药物的味道，这两点就和功效主治密切相关，比如甘者补而苦者泻。茶的性味，公认为"味苦、甘，微寒，无毒"，由此可知，茶叶是兼具补、泻的良药。微寒，即凉也，具寒凉之性的药物可以清热、解毒，也就和茶的实际功效相符合。

张仲景是东汉末年著名医学家，被后人尊称为"医圣"，撰写了传世巨著《伤寒杂病论》。张仲景出生在没落的官僚家庭，从小有机会接触到许多典籍。他也笃实好学，博览群书，并且酷爱医学。他从史书上看到扁鹊望诊齐桓侯的故事，对扁鹊高超的医术非常钦佩，萌发了学医救民的愿望。东汉末年，频繁的战乱导致瘟疫流行，无数百姓丧生，一些市镇变成了空城，其中尤以死于伤寒病的人最多。面对瘟疫的肆虐，张仲景内心十分悲愤，他决心要控制瘟疫的流行，根治伤寒病，从此他"勤求古训，博采众方"，将自己多年的研究付诸，花了五年时间写成《伤寒杂病论》。他提出"茶治便脓血甚效"，认为茶是一味具有清热解毒、凉血止血的药物，对下痢脓血，有良好的治疗效果。

这是因为茶中含有茶多酚。茶多酚作为一种广谱、强效、低毒的抗菌药已被世界上许多国家的学者所公认，它能与单细胞的细菌结合，凝固蛋白质将细菌杀死，比如对霍乱菌、伤寒杆菌、大肠杆菌等都有不同程度的抑制和杀伤作用。

华佗与董奉、张仲景并称为"建安三神医"。华佗医术全面，精通内、妇、儿各科与针灸，他还发明让人全身麻醉的"麻沸散"，精于手术，被后人称为"外科圣手"。对于茶疗的养生之法，华佗也有研究，他在《食论》中说："苦茶久食，益意思。"意思是苦茶益神思，有助头脑清醒，这是因为茶含有一种叫咖啡碱的物质。茶叶中的咖啡碱含量很高，约占茶干物质总重量的百分之四，咖啡碱是一种白色丝光针状结晶体，被人体吸收后，既能刺激中枢神经系统，清醒头脑，帮助思维，又能加快血液循环，活跃筋肉，促进新陈代谢，使人解

除疲劳。茶叶里的咖啡碱还不同于普通纯咖啡碱，对胃有刺激性。茶叶中的咖啡碱被茶汤里的其他物质中和，形成一种络合物，在胃内酸性条件下，失去了咖啡原有的活性，但当络合物进入小肠的非酸性环境时，咖啡碱又能还原释放出来被血液吸收，从而发挥它的功能，起克服疲劳的刺激作用，所以饮茶既能提神，又能“和胃”。

华佗不求名利，不慕富贵，使他得以集中精力于医药的研究上，虽然他的医学著作未能流传下来，但他有许多有作为的学生，如以针灸出名的樊阿，著有《本草经》的李当之，著有《吴普本草》的吴普，把他的经验部分地继承了下来。吴普对茶的研究更深入，更丰富，他在《吴普本草》中就用茶治疗厌食、胃痛等症，他还把茶作为“安心益气、轻身耐老”的养生保健品来饮用。

南朝医药学家、道教领袖陶弘景，10 岁读《神仙传》，15 岁作《寻山志》，20 岁时齐高帝引为诸王侍读，后拜左卫殿中将军，但陶弘景有养生之志，倾慕隐逸生活。所以即使梁武帝即位后，多次派使者礼聘，他坚不出山。所以朝廷每有大事，常往咨询，他就以书信往来，被当时人称为“山中宰相”。在他生活的年代，本草著作有 10 余家之多，但无统一标准，特别古本草书由于失效年代久远，内容散乱，草石不分，虫兽无辨，临床运用颇为不便。陶弘景担负起“苞综诸经，研括烦省”的重任，将当时所有的本草著作整理加上个人心得体会，著成《本草经集注》，成为我国本草学发展史上的一块里程碑。他在《杂录》中载：“苦茶轻身换骨，昔丹丘子、黄山君服之。”是说汉代道人丹丘子、黄山君服茶的功效。这说明，作为道教领袖的陶弘景非常看重茶的保健功效，认为“服食”可以养气。除了茶叶中的咖啡碱可以兴奋中枢神经系统，促进胃液分泌和食物消化，茶汤中的肌醇、叶酸、泛酸等维生素物质都有调节脂肪代谢等功能，另外茶叶中的芳香物质也有溶解脂肪、帮助消化和消除口中腥膻的作用，给人兴奋和愉快的感觉。

擅用茶的健康功效的可不止这些医药学家们，汉代名臣张良好茶，辞官后，先云游天下，后带领众徒弟在湖南安化渠江隐居修道，因留恋这里的奇山异水，便定居于神仙屋场，并兴建庙宇、道家学堂各一座。张良看到山下瘟疫肆虐，生灵涂炭，十室九空，便用渠江神吉山的茶叶提炼成多种形状的茶片救治乡民，后来称为薄片。渠江茶由此名声大振，更因薄片方便携带和长时间收藏，百姓皆做此茶。

汉晋时期应该是茶疗正式的初起阶段，这个时期，茶不再只是被人们用来生煮羹饮，而是根据中医药学的原理，被张仲景、华佗、吴普以及陶弘景等众多名医大家所应用，通过“吃茶、饮茶、用茶”来防病治疾、养生保健，不仅可以解毒，还可以清热凉血杀菌、安心益气、轻身耐老。从此，“茶亦药亦食”，在中国长达千年的民间和中医里流传至今，与我们人类的命运紧密相连。

（四）茶传播：“茶文化摇篮在巴蜀”

3000 多年前，巴蜀已把茶作为贡品敬献给周武王了。所以可见，早在秦汉以前，四川一带已经盛行饮茶。西汉时期，茶更是四川的特产，通过进贡传到京城长安。西汉末年王褒的《僮约》已经对饮茶、买茶有所记载。西晋孙楚《出歌》关于“薑、桂、荼荈出巴蜀……”的描述说明了茶的产地。而张载《登成都白菟楼》“芳茶冠六清，溢味播九区”说明成都茶叶闻名遐迩。由此可见，秦汉至西晋，巴蜀已经成为我国茶叶生产和制作技术的中心，古代巴蜀还包括了今天的湘鄂西部、黔西北、滇北的一部分和汉中等地，是茶与茶文化的孕育、发展之地。

茶在先秦时期的传播局限于巴蜀地区，还是一种地域文化，辐射面和影响都很小。秦统一中国以后，茶作为进贡之物，传输到中原的数量增多。据顾炎武的《日知录》记载：“自秦取巴蜀，始有茗饮之事。”这段史料的意思是说四川是最早把茶单独当作饮料来品的，而且因为秦统一中国，各地交流频繁把茶当饮料喝的方式也已经开始向全国传播了。

赵飞燕梦见汉成帝“赐吾座，命进茶”的小说可以推断当时宫廷饮茶已成礼制。四川、云南一带的茶树栽培、茶叶加工及饮用方法，开始向当时的经济、政治、文化中心陕西、河南等地传播，这也是陕西、河南成为我国北方古老茶区的原因。同时，饮茶也沿长江逐渐向中、下游推进，传播到东南各省。

两汉时期，四川对茶的消费不断增加，出现了茶叶专门市场，饮茶的人不断增加，文人雅士饮茶更是成为习惯。作为典型代表人物的三大文学家，司马

相如把茶当药物看待；扬雄熟悉茶的知识，他在《方言》中记载了蜀西南人对茶的称谓；而王褒更是准确无误地记载了买茶饮用的情况。晋代嗜茶人张载用“借问杨子舍，想见长卿庐”句，表达了他对上述饮茶代表人物的怀念。

三国两晋时期，江南及江淮一带饮茶风气正式形成，南北朝时饮茶风气日趋转盛。从《桐君录》《尔雅注》《括地图》关于“冬生时，可煮羹饮”“早取为茶，晚取为茗”等记载来看，整个南方地区在汉晋时期都产茶。华佗在《食论》中写道：“苦茶久食，益意思。”华佗行医的地方都在长江以北，可见江北的某些地区在东汉末年已有饮茶习俗。陈寿所著《三国志》中孙皓“密赐”韦曜茶水代酒的故事说明吴地宫廷及上层统治阶级中已经流行饮茶。

西晋时期，南方饮茶更为普遍，并且形成了一种社会风尚。东晋裴渊的《广州记》有：“西平县出皋芦，茗之别名，叶大而涩，南人以为饮。”两广人饮的皋芦是茶。可见两晋时植茶、饮茶已扩展到整个南方。

茶文化远播得益于“丝绸之路”。2012 年，考古工作者在阿里噶尔县一座古墓出土的青铜器中，发现了大量疑似茶叶的残缺。经检测确定这些遗存是茶叶，其年代距今 1800 年左右。也就是说，至少在 1800 年前（秦汉至魏晋时期），茶叶已经通过古丝绸之路的一个分支，被输送到海拔 4500 米的西藏阿里地区。阿里地区茶叶运输的路线，不是茶马古道，而是汉晋时期通西域的“丝绸之路”，取道南疆穿越昆仑山南下阿里高原，行销到西藏西部地区。可见，茶饮作为一种生活方式，人们对它的喜爱和需求不断增长，因而成为一种大宗商品。白居易的《琵琶行》写道：“门前冷落鞍马稀，老大嫁做商人妇。商人重利轻别离，前月浮梁买茶去。”也折射出当时茶叶贸易的兴盛。

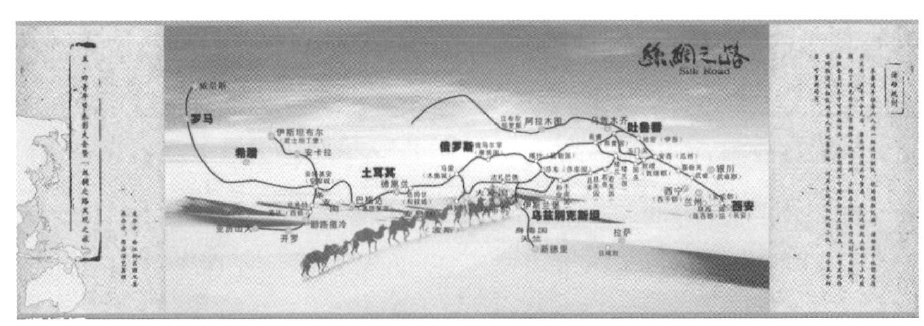

图 22　丝绸之路

说到“丝绸之路”，就必须说一说张骞出使西域了。公元前 138 年，汉武帝招募使者出使大月氏，欲联合大月氏共击匈奴，张骞应募任使者，历时 12 年，在经历被匈奴俘虏等千难万险，于公元前 126 年返回长安。张骞向汉武帝报告，在大夏，即今天的阿富汗北部，看到了蜀国的布匹和邛竹杖，当地人告诉他是从身毒（今天的印度）买来的，张骞推测在大汉的西南方有一条道路由蜀地通往身毒国再转至大夏。于是张骞向汉武帝建议，遣使南下，从蜀往西南行，另辟一条直通身毒和中亚诸国的路线，以避开通过羌人和匈奴地区的危险，这就是蜀身毒道。但是，汉武帝多次尝试均以失败告终。公元前 109 年，汉武帝派出大将郭昌，发巴蜀兵强行开道，打通了通往缅甸、印度的通道，就此拉开了丝绸之路的文明进程，茶以及茶文化也随着“丝绸之路”向西及西南远播。印度应该是世界上第一个被中国茶叶影响的国家，饮茶的历史沉淀格外厚重，再加上后来的诸多原因，在当今 50 多个种茶国家中，印度茶叶的生产、出口和自销都居世界之冠，印度人均茶叶消费量比我国高出 1.8 倍左右。印度天气炎热，饮料需求大，茶叶又已经是本国特产，经济实惠，政府对茶叶的宣传和推销工作也很充分，同时印度糖产丰富，“茶无糖不甜，糖无茶不美”，茶糖相得益彰，这一切都造就了印度成为世界红茶的主要产地，成为世界人均茶叶消费水平名列前茅的状况。印度人喝茶用大壶泡茶，而且爱喝红茶，印度生产的红茶多采自阿萨姆品种茶树上的芽叶，由于芽叶中的内含物质特别丰富，尤其是茶多酚含量比一般中、小叶种茶树高一倍左右，加之印度用揉切机加工红茶，芽叶细胞破碎程度大，加工而成的红茶汤色红艳、香气高醇，滋味浓鲜，即使加上重糖，仍能显出茶叶的香气和滋味。如果是富裕的家庭，还喜欢在糖茶中加上牛奶、奶酪调制成奶茶；或加入薄荷汁调制成薄荷茶；也有加入姜片和小豆蔻调制成“马萨拉茶”。不管如何调制，糖都是少不了的佐料，所以，糖茶是印度人民的饮茶习俗，至于饮

图 23　印度喝大壶奶茶

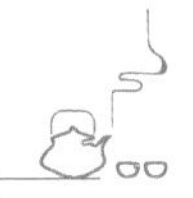

茶方式，他们一般喝大碗，成年人每天至少喝 3 ~ 5 大碗，多的一天要喝 10 碗，即使上茶室饮茶，也很少用小杯细酌缓品的。还有在广大乡村，人们喜欢把泡好的茶汤倒在盘子里，吃茶时用右手抓米饭或麦饼，然后端起盘子，伸出舌头舔食糖茶，这就是大家所说的“印度舔茶”，别具一格。

到了南北朝时期，茶叶与饮茶文化也通过“丝绸之路”到达了横跨亚欧大陆两洲的国家土耳其，土耳其饮茶历史久远，在当今人均茶叶消费水平上名列世界第一，据不完全统计，土耳其人年平均喝茶高达 1000 多杯，土耳其的黑海沿岸地带，气候温和，雨量平均，茶叶、烟草取代小麦成为主要的农作物，产量丰富。土耳其人爱喝红茶，煮茶方式也别有一番情趣。他们煮茶使用一大一小两个壶，大壶盛满水放在炉子上烧，小壶中装上茶叶放在大壶上面，等水煮开后，把大壶中的水冲入小壶的茶叶中，再煮片刻，最后把小壶里的茶根据每人所需的浓淡程度，倒入小玻璃杯中，再把大壶里的开水冲到小杯里，加上一些白糖搅拌数下便再喝下。土耳其人买茶大多不问茶叶品种，请客人喝茶重心也多在夸奖自己的煮茶技艺。他们煮茶确实有学问，色泽透明，香味扑鼻，饮来可口。土耳其人生活中不可一日无茶，境内到处都可以看见茶馆，每天都以一壶茶揭开一天生活的序幕。

图 24　土耳其煮红茶

除了丝绸之路，张骞出使西域还开创了中国西北边疆地区最早的“马市”，促进了汉朝和西北民族的茶叶贸易往来。西北民族用良马与汉朝的绸缎、茶叶和盐等进行商贸交易，促成了早期的融合与交流。

楚汉之地的茶叶向北传播也离不开王昭君和蔡文姬。公元前 33 年，北方匈奴首领呼韩邪单于主动对汉称臣，并请求和亲，以结永久之好。汉元帝不忍用自己女儿去和亲，王昭君被选中并携带着汉元帝的赏赐跨越千山万水，历时一年多到达了漠北。王昭君和家乡的茶叶一起，与胡地匈奴的生活水乳交融，成就了塞外草原上的奶茶。蔡文姬是东汉著名的才女，妙解音律，嫁给河东卫仲道，可怜亡夫无子，汉献帝兴平建安年间，天下大乱，文姬被胡人掳去，十二年后，曹操屯兵许都，才知道蔡文姬尚在人间，可怜她父亲蔡邕没有后代，于是派遣使者到胡地，用重金和茶叶、丝绸等物品，换得文姬重回汉地。由此可见，汉时期茶文化的影响已经远播匈奴，为人们熟知。

启发:

汉晋时期开启了中华茶艺之路，也丰富和发展了中国茶文化，它融合了健康、风俗、艺术、精神等各方面内容。为了更好地复兴茶文化，普及饮茶健康，我们常常结合中国的传统节日、节气、地方风俗和审美特性设计很多茶会来分享特定的意义，你有什么样的灵感呢?

汉晋煮茶茶艺

唐代

茶艺与茶文化

唐代茶艺与茶文化

导入：唐代茶事背景

茶艺在汉晋时期开始萌芽，但真正意义上的茶艺是在大唐盛世，所以我们说茶艺兴于唐。茶艺之所以在唐代正式兴起，就像一株花的生长，需要种子的孕育和积累，还需要好的土壤和充足的阳光、雨露，而唐代的政治、经济、文化正好满足了这株花成长所需要的所有条件。

从商周时期，茶叶在巴蜀之地种植以来，经过历朝历代的发展，茶叶的种植、饮用以及茶产业已经具备相当规模。常言道："乱世饮酒，盛世饮茶"，到了唐朝开元、天宝时期，农业生产技术迅速提高、手工业快速发展、商业日渐繁荣，茶叶种植焙制、贮藏和饮用的专业化程度加深，这才大大地促进了茶产业和茶文化的发展与繁荣。从生产上来看，唐朝农耕技术发展，农具改进较大，推动了茶叶的广泛种植；手工业的发展，茶叶的采制更为精细发达。销售上，因为种茶制茶会带来不可小觑的经济收入，茶商也随即大量出现。例如，白居易在《琵琶行》中写到那个琵琶女的丈夫就是从事茶业生意的。

同时，唐代的茶贸易打开了广阔的海外市场。敦煌文献《茶酒论》中用"万国来求"生动地描绘了当时对外茶贸易的繁荣景象。唐王朝源源不断地将茶输送到朝鲜、日本、天竺等国，这说明唐朝已经形成了相对繁荣的茶产业经济。首先，从太宗开始，国家大政方针就是促进农业发展，出台了"均田""减负"等有利政策，且这样的政策持续时间较长，这为茶业的发展提供了良好条件。其次，因王宫贵族多染饮茶之风尚，政府也通过一系列政治举措来满足自身对优质茶的需求，特派茶史太监赴唐贡山及顾渚茶山设"茶舍"和"贡茶院"，专管贡茶的采制、品鉴和进献，开启了历代王朝特供茶叶的传统。这种国家层面的贡

茶之举，不仅在茶叶消费习俗的文化提升方面占有重要地位，起到上行下效的影响，而且在很大程度上提高了茶叶的品质，对茶叶生产的精品化有极大的促进作用。除了对饮茶习俗的偏爱，唐代皇室还把茶叶作为祭祀、礼佛、赏赐之物，足以反映唐代皇室对茶的重视和推崇，这些举动已不属于物质消费的层面，更多赋予了茶的文化消费内涵，从而也促进了社会其他阶层对茶的双重消费。最后，唐代颁布的禁酒令也从侧面推动茶文化的发展。大历六年，政府开始实行禁酒令，其规定未经特许的人无权经营酒业。这样一来，酒的价格上涨，从而使其替代品茶受到了民间的广泛欢迎，所以茶文化的发展离不开昌明的政治和发达的经济。

茶产业的发展为茶文化的繁荣提供了基础，从而促进了茶艺的兴盛。这主要表现在社会风尚、文艺作品、专业著作以及宗教文化四个方面。

唐中期封演在《封氏闻见记》中说："古人亦饮茶耳，但不如今人溺之甚，穷日尽夜，殆成风俗，始于中地，流于塞外。"陆羽《茶经》中记载，唐代产茶区已达"八道四十三州"，广及江苏、浙江、安徽、江西、湖南、湖北、四川、云南、广西、贵州、广东、福建、陕西、河南等地，和现今的茶区基本相同。茶业的重心继续东移到了经济发达、交通便利和气温适宜的长江中下游，核心的赣东北、皖南、浙西及闽北一带，"山多而水少，水清而地沃，山且植茗，高下无遗土，千里之内，业于茶者七八矣"（张途《祁门县新修温门溪记》）。白居易的《琵琶行》"前月浮梁买茶去，去来江口守空船"，就展现了"浮梁""江口"（现今江西景德镇和九江等地）这样茶叶贸易的集散地区。杨华的《膳夫经手录》所载："今关西、山东、闾阎村落皆吃之，累日不食犹得，不得一日无茶。"中晚唐后，社会上享用茶叶的人越来越多，上至帝王将相，下至乡间庶民，茶叶成为比屋之饮，茶宴、茶集和茶会从一般的待客礼仪，演化为以茶会集同人朋友、迎来送往、商讨议事等有目的、有主题的联谊活动。随着茶叶贸易和消费的风行，江河要道上茶樯泊集，茶商摩肩，沿途的经济和生活都跟着繁荣起来，茶饮从地方遍及全国。

唐代官僚文人不但爱茶，而且以参加茶宴、品评香茗为风雅之事，把茶看作是发文思，清肌骨的人间妙药，写下大量的有关茶的各种作品，正因如此，茶诗也在这一时期流行起来。诗与茶结缘，茶添诗兴，诗添茶趣。《全唐诗》中，涉茶之诗共有五百五十余首，创作茶诗的文人达到了一百三十余人。诗人们在茶诗中或描述生活日常，或抒情达意，或感悟境界。茶诗丰富了茶文化的内涵，使其逐渐走向艺术化道路。这对茶文化和诗本身的发展，都起到了很大的推动作用。

同时，大量茶学经典著作也应时应运而生。茶圣陆羽的奠基之作《茶经》便是在这一时期诞生的。《茶经》不仅详细收集论述了茶叶历史、产地，茶的功效、栽培、采制，而且规范了二十四茶器、煎茶茶艺以及饮茶技艺、茶道原理，将普通茶事升格为一种美妙的文化艺术，推动了中国茶文化的发展。

另外，唐代佛教、道教的进一步兴盛，僧道生活和茶为教事也推动了唐朝茶业和茶艺的发展。茶叶具有宁静清雅、散睡清欲的特殊功效而深得他们的钟爱，寺院、道观不但以茶供奉、以茶酬客，还与世俗士大夫共同品茗，作诗相和，唐代诗人大都喜欢漫游、寓居佛寺，这也助推了茶文化的传播。佛、道中人不仅是茶的主要消费者，也是茶道、茶艺的重要倡导者，无论是寺院还是道观都是种茶较多、制茶较精的制茶技术中心。总之，社会上的达官名士，高僧仙道对茶大力赞颂、倡导，“风俗贵茶”由僧、道及俗，由知识阶层向普通大众普及，引发物质与精神互动、上层与民众互动，茶不仅被宣传成无人不知、无人不好的日常生活用品，也极大开拓了茶文化的精神意义，而且和礼仪结合形成世界茶道的雏形。

一、唐代煎茶茶艺

“其性精清，其味浩洁，其用涤烦，其功致和，参百品而不混，越众饮而独高”，唐人裴汶在《茶述》中对茶性的认识到了精深的程度；“茗爱传花饮，诗看卷素裁”，在茶宴和茶会上，一方面欣赏茶的色香味形，一方面相互赋诗言志，作画抒情。因此，较之唐朝以前的“吃茗粥”或“瀹蔬而啜”的方式，这时的饮茶已经成为讲究茶具、讲究烹饮艺术、讲究饮茶境界的高级茶艺了。

（一）茶

唐代以蒸青团饼茶为主，但也有其他茶。陆羽在《茶经·六之饮》记载：“饮

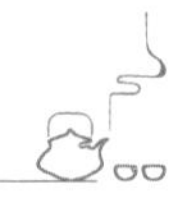

有锦茶、散茶、末茶、饼茶者”，锦茶就是粗茶，即粗老鲜叶加工的散叶茶或饼茶；散茶是鲜叶经蒸后不捣碎直接烘干的散叶茶；末茶是经蒸茶、捣碎后未拍成饼就烘干的碎末茶。

唐代贡茶绝大部分都是蒸青团饼茶，有方有圆、有大有小。其采制方法根据陆羽《茶经·三之造》记载：“凡采茶，在二月、三月、四月之间。……晴，采之，蒸之，捣之，拍之，焙之，穿之，封之，茶之干矣……自采至于封，七经目。”意思是：用一种叫籯的竹篮子去采茶，采来的叶子先洗净后放在箅子里，把箅子放在甑中，再把甑置于锅上，锅里面烧水用来蒸叶。蒸后的茶叶摊凉，再放在杵臼中捣碎，捣碎后的茶叶倒入铁制的规中，也就是方形、圆形、花形等的模具中。在茶模下置襜布，襜下放石承，承一半埋入土中，使模固定而不滑动。碎茶叶经拍压成一定形状的饼茶后，就取出先置芘莉上透干。定型后用棨（锥刀）穿孔，用朴（竹鞭）穿茶，一串串的饼茶用贯（削竹制成）挂起，放在焙中下层棚上，基本干后再移到上层棚上，全干后几饼一穿即成。如果遇到阴雨天，为防止吸湿劣变，将饼茶放在有小火盆的木框箱里，在微温条件下，就可以保持茶叶干燥。

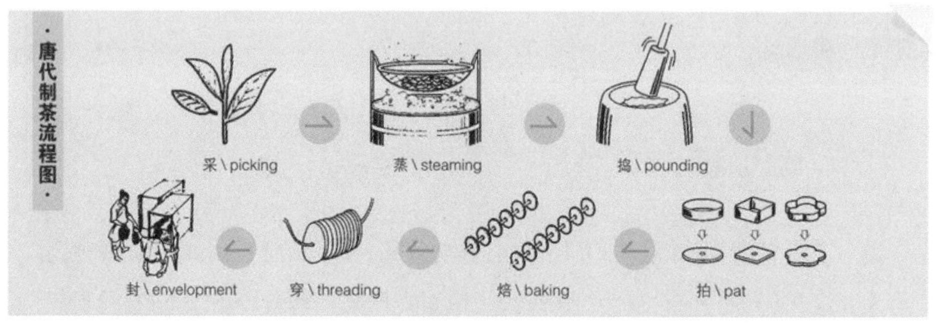

（采之）采茶；（蒸之）将采回的鲜叶用釜蒸熟；（捣之）将蒸熟的茶叶未凉前放入杵臼中捣烂，成为茶泥；（拍之）将茶泥倒入模具中加以拍击，使其紧密坚实，不留缝隙；（焙之）将入模的饼茶解出，用烘焙的方法将饼茶烘干，防止发霉；（穿之）将烘干的茶穿成一串，便于运输和计数；（封之）将茶叶成品用特有的贮藏工具进行贮藏。

图 25　唐代制茶流程图

茶叶是茶艺的第一要素，是核心基础，因此陆羽对茶叶的选择非常重视，在《茶经·一之源》中他说：“野者上，园者次。阳崖阴林，紫者上，绿者次；

笋者上，芽者次；叶卷上，叶舒次。阴山坡谷者，不堪采掇，性凝滞，结瘕疾。”认为野生的茶叶比茶园中栽培的要好，生长在向阳阴林中的茶叶紫色的比绿色的要好，呈笋状的茶芽比普通茶芽要好，叶子卷得比张开的要好，长在背阳的阴山坡谷的茶叶不好，茶性凝滞，会导致疾病，不要去采摘。茶的加工工艺对茶叶品质也影响颇深，包括制作精细，选材讲究，所以陆羽在《茶经·三之造》根据茶饼的形状和色泽分成了八等：“胡人靴”就是像唐代胡人的靴子一样皱缩光亮，“犎牛臆”就是像犎牛的胸部一样有较细的褶皱“浮云出山”就是像

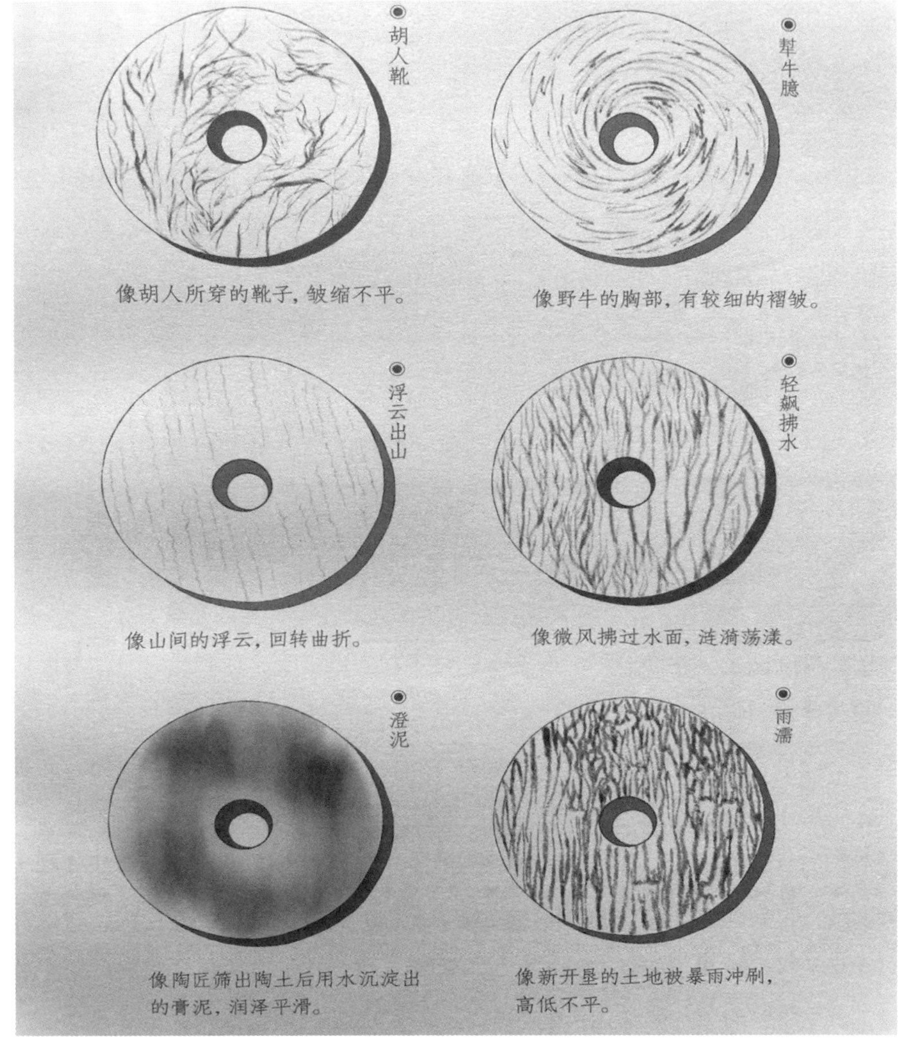

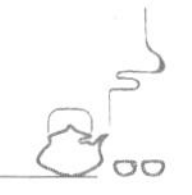

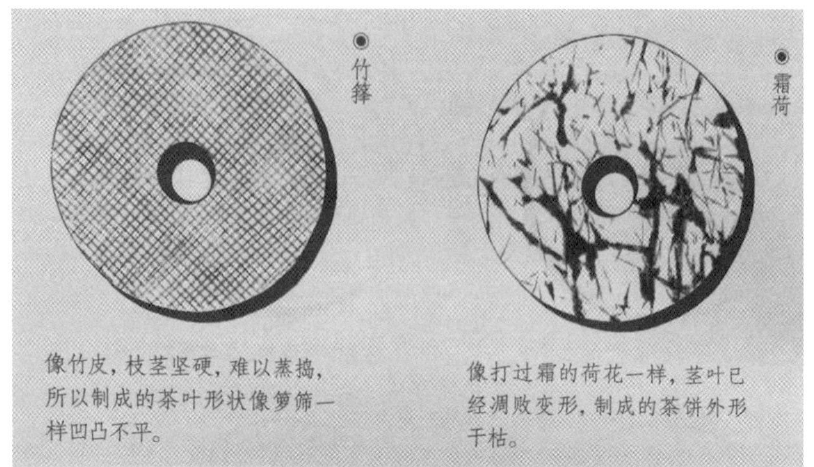

图 26　陆羽的八等茶饼

山间的浮云回转曲折“轻飙拂水”就是像微风拂过水面涟漪荡漾，“澄泥”就是像陶匠筛出陶土后用水沉淀出的膏泥润泽光滑，“雨濡”像新开垦的土地被暴雨冲刷高低不平，这些都是精美上等的茶饼。而剩下两类就是粗老的低档茶饼，一个是“竹箨”，像竹子外皮的壳，枝茎坚硬，难以蒸捣，所以制成的茶叶形状像箩筛一样凹凸不平；一个是“霜荷”，像打过霜的荷花一样，茎叶已经凋败变形，制成的茶饼外形干枯。

1. 顾渚紫笋

唐代名茶有 50 多种，主要记载在李肇《唐国史补》和陆羽《茶经》里。顾渚紫笋作为贡茶首屈一指，产于浙江长兴县的顾渚山，又名湖州紫笋。“紫笋”二字始见于陆羽《茶经》：“紫者上，绿者次；笋者上，牙者次。”陆羽隐居湖州苕溪撰写《茶经》时就多次身临顾渚山茶区一带考察，据说“紫者上”的紫是芽叶呈现紫色，与当地特殊地理条件和自然环境有关，含氮芳香物质和其他营养成分积累较多，使得新鲜芽叶摘下来后香味就鲜馨芬馥并长期保持；“笋者上”的笋是清明前积蓄一个冬天养分的野生茶树枝上萌出的芽尖嫩叶像嫩竹笋尖状，小嫩叶裹着芽尖肥厚充实，修长优美。顾渚山位于太湖之滨，境内群峦起伏，界坞幽深，清泉四溢，空气湿润，土壤疏松，有机质含量高，野生茶树资源丰富。唐朝在顾渚山旁的虎头岩设立贡茶院，州官监制，焙炉百余所，会昌年间进贡量达 1.8 万多斤，制造顾渚茶时，太守要具札祭拜，可见造这种茶的隆重。第一批顾渚茶造好后，必须在清明前 10 天启程，用快马传送到 4000 里外的京城长安（今西安），因此唐朝诗人李郢有诗云："十日王程路四千，到时须及清明宴"，因此这种茶又叫"急程茶"。顾渚紫笋茶品质优良，饮过以后，俗食全消，那时的紫笋茶是制成饼茶或团茶，明初才改为条形散茶，有紫笋、旗芽、雀舌等品种，人们把紫笋茶比作流霞山仙酒，饮之令人陶醉而清醒。

2. 蒙山蒙顶茶

蒙山蒙顶茶在汉代已经名声在外，到了唐代更加誉满天下，与顾渚紫笋齐名，刘禹锡在《西山兰若试茶歌》中的"何况蒙山顾渚春，白泥赤印走风尘。"句，说的就是这两种贡茶在包装好后还须用白胶泥封包，再按上朱红色的官府大印，千里迢迢送往京城。唐人对此二茶赞美的诗篇不计其数，白居易的《琴茶》诗云："琴里知闻唯渌水，茶中故旧是蒙山。"不仅将蒙山茶与古名曲《渌水》相提并赞，还引作知己，乃至"穷通行止常相伴"。

3. 径山茶

径山茶是浙江传统的历史名茶，但由于各种原因知之者并不多，倒是由于独步的径山茶宴在日韩影响深远。径山位于浙江省余杭、临安交界处，是天目山的东北高峰，这里古木参天，溪水淙淙，山峦重叠，开寺的时候主持僧法钦就开始在寺旁种茶，"钦师尝手植茶树数株，采以供佛。逾年蔓延山谷，其味鲜芳，特异它产，今径山茶是也"。（《续余杭县志》）径山有五峰，茶树多分布在峰谷的山坡中，山上有龙井泉、金鸡泉等泉水。好茶好水加上江南旅游胜地和禅林之冠，使径山茶享有盛誉。陆游就很喜欢径山茶，常常到天目山采茶，唐代诗人皇甫曾也写诗《送陆鸿渐山人采茶回》抒情："千峰待逋客，香茗复丛生。采摘知深处，烟霞羡独行。幽期山寺远，野饭石泉清。寂寂燃灯夜，相思一磬声。"径山寺僧每年春天都在寺内举行茶宴，形成一套讲究的茶宴仪式，径山茶后来因为各种原因失传了，直到 1978 年余杭县一位名叫金雅芳的农艺师经过多年摸索研究，才恢复径山香茗的炒制工艺，使之重新问世。

除此以外，还有我们现在著名的普洱茶，它原产于云南西双版纳，在唐代

从云南到西藏地区是有交通通道的，普洱茶进入西藏满足藏族人民饮茶的需要，正如南宋李石在《续博物志》中说：“西蕃之用普茶，已自唐时。”虽然那时的普洱茶和现在的工艺有别，终归是重要的源起。

唐代也开始讲究茶的贮藏，各种饼茶、团茶光滑结实，比起疏松多孔的散茶，防潮和防感染的性能要好得多，但尽管如此，时人仍然十分注意茶的保存。陆羽在《茶经·二之具》中记载：“育，以木制之，以竹编之，以纸糊之，中有隔，上有覆，下有床，旁有门，掩一扇，中置一器，贮煻煨火，令煴煴然。江南梅雨时，焚之以火。”同时《茶经·四之器》还记述：“纸囊，以剡藤纸白厚者夹缝之，以贮所炙茶，使不泄其香也。”说明当时已有专门藏养茶叶防潮保香的器具。

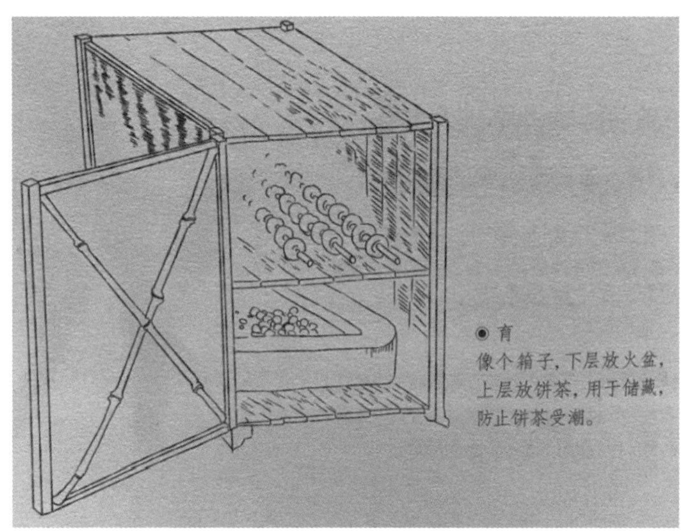

图 27　陆羽《茶经》贮茶器具“育”

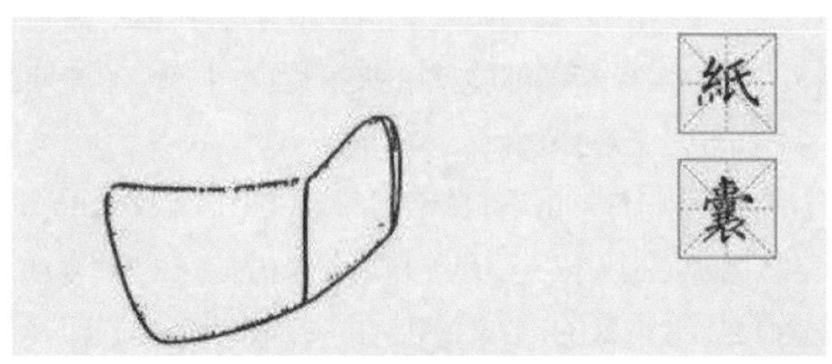

图 28　陆羽《茶经》藏茶器具“纸囊”

（二）器

茶具和茶叶的制作、饮用一样，在陆羽之前不很讲究，经过他在《茶经》中点染才普遍被重视和讲究起来，陆羽汇集和比较各地茶具的优劣，设计了一套实用完备的器具，他把采制茶叶所用的工具称为茶具，烧茶泡茶的器具称为茶器，以区别它们的用途。在《茶经・四之器》中，他共列了 28 种烹饮茶叶的器具和设备，除了对每种器物分别述说它们的功能和作用外，还对制作的具体用材、尺寸和工艺做了详细的说明，这是中国茶具发展史上最早最完整的记录，让后人可以清晰了解唐代茶具已发展到如何精致的程度，不仅奠定了我国古代茶具的基础，也极大地促进了我国茶具生产的发展。

风炉：生火用具，煮茶用的鍑就架在其上，用铜或铁铸成，也有泥烧成的，形状像古鼎，下有三炉脚，炉脚之间的炉腹上有三个窗口，炉底下的一个窗用来通风、漏灰。炉的里面设有防燃料的炉架，架子上分三格，一格画有火禽“翟”的图案为“离卦”，一格画有风兽“彪”的图案为“巽卦”，一格画有水虫“鱼”的图案为“坎卦”，分别代表火、风、水，风能助火，火能煮水，因此要有此三卦。

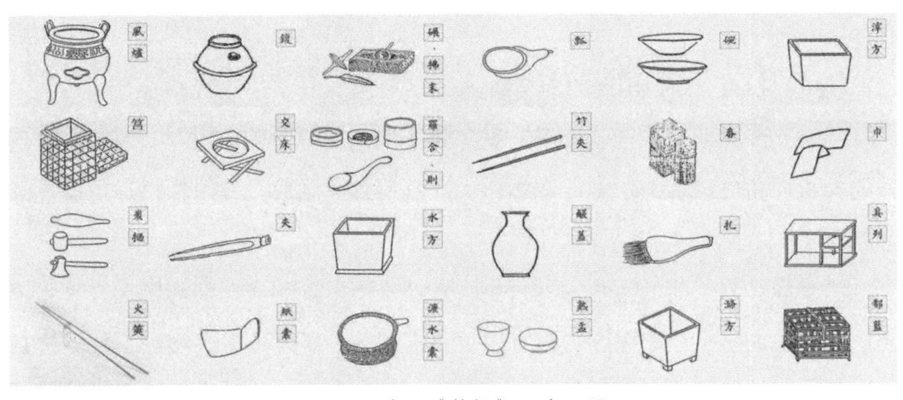

图 29　陆羽《茶经》二十四器

筥：竹子编成用来装炭的，也有用藤在筥形的木楦上编织，表面编出六角圆眼，把底、盖磨得像竹箱的口一样光滑。

炭挝：六棱的铁棒，上头尖，中间粗，柄细，握的那头拴上一个小辗作为装饰，像河陇地区士兵使用的木棒，可以做成斧形或者锤形。

釜：也叫锅、鍑，生铁制成，烧铸时内抹土而光滑，外抹砂易受热。锅耳制成方形使平正，锅脐长火力集中在锅中心，水在锅中心沸腾则茶沫易于上浮，茶沫上扬则茶味更加甘醇。有瓷锅、石锅好看但不坚固，银锅清洁但过于奢侈华丽，所以铁锅最好。

交床：十字相交的木架，上板中空，用来支撑锅（鍑）。

灰承：接收煮茶生火过程中产生灰烬的用具，由一只有三只脚的铁盘构成。

火筴：像筷子一样，圆且直，顶端平，没有像葱台、勾锁那样烦琐的装饰，通常用铁或熟铜制成，煎茶生火的时候将碎炭夹入风炉。

夹：小青竹制成，在距离一端的一寸处有节，剖开节以上，用它来夹着茶饼在火上烤，竹受热出汗，香气能增加茶的香味。也有用精铁或熟铜来制作夹，可经久耐用。

纸囊：用质地白厚的上等剡溪（今浙江嵊州）藤纸，做成双层纸袋，贮放烤好的茶，使茶不会失去香气。

碾：由碾轮和碾槽构成，刚好配套没有多余的空隙。材料最好用橘木，其次是梨木、桑木、梧桐木或拓木，碾槽形状内圆外方，内圆以便运转，外方防止使用中翻倒。

拂末：扫茶末用，用鸟的羽毛制成。

罗合：罗是罗筛，合是盒子，碾碎的茶末用罗合过筛、贮存。罗筛是由剖开的大竹弯曲成圆形，蒙上纱或绢作底。盒用竹节制成，或用杉树片弯曲成圆形涂上漆。

漉水囊：煮茶前的生水用其过滤。骨架多用生铜制成，因为熟铜容易生铜锈污物，铁也易生锈而腥涩，也有用竹、木制的，只是不耐久用和不便于远行携带。水囊袋子用竹青篾丝编织卷曲成形，可以收卷，此滤水袋最初是佛教中使用的滤水工具，因为水方没有盖子容易混入杂物，还有那些不是就地取用的水，都需要用其过滤。

畚：用白蒲草编成，放置清洁后茶碗的用具，可放十只，也可用竹筥代替。

水方：煎茶前放生水的容器，用椆木、槐、梓等木制，内外缝隙都用漆封涂防止漏水，可容水一斗。

都篮：竹篾制成盛装所有茶具的，适合外出携带。

札：用棕榈皮装在竹管中，或用茱萸木夹住缚紧，形成笔状，供饮茶时清理各种茶具。

瓢：又叫牺杓（木勺），可以把葫芦一分为二，也可以用木雕而成，用来舀水，口广、胫壁薄、柄短。

竹筴：用桃、柳、柿心木或竹制成，两头包银。煮茶时，在水第二沸舀出水之后用来搅拌，与之前生火用具的火筴和烤茶用的夹子不同。

鹾簋：鹾就是味浓的盐，簋是古代盛物用的椭圆形器具。鹾簋就是瓷制作的圆形、瓶形或罍形装盐的盛器。

揭：竹制的取盐用的工具，煮茶时，在水第一沸时用其取盐。

则：用贝壳、蛤蜊等制成，或用铜、铁或竹制成的匙、勺之类代替。则就是度量标准等意思，通常情况下，一匙量对比一升水。

碗：用来盛装煮好的茶汤，敞口窄底，碗身斜直。碗使用的时间较长，直至宋出现了“盏”，取其浅而小之意。陆羽认为越州出产的品质为最好，鼎州、婺州的次之，岳州的也很好，寿州、洪州的则差些。

熟盂：用来盛煮过的开水，瓷或陶制，容积是2升。煮茶时，在水第二沸时，先舀出一瓢水倒入其中。

涤方：楸木制成，用来储存洗涤茶具后的水，容积8升。

滓方：盛放洗涤后的茶渣，形状跟涤方差不多，容积5升。

具列：木或竹制成的架子或小柜，用来贮放陈列所有的器具。

巾：粗绸制成用来清洁各种器具，共两块交替使用。

当时贵族家庭多用金属茶具，而民间以陶瓷茶碗为主，主要有青釉和白釉。无独有偶，1987年陕西省法门寺地宫出土的秘藏了1100年的一整套唐代茶具，也是迄今为止中国最早的完整的茶具物证。这套茶具是高档的宫廷茶具，包括金银茶具、瓷器茶具、琉璃器茶具，它代表了唐代茶文化的高水平，也是唐代饮茶之风盛行贵族化形式的证明。

这套茶具部分由宫廷手工坊文思院制造，部分由大臣进贡，为唐懿宗李漼宫廷使用，共12件。具体是：茶饼碾末的工具“银金花茶碾子”，由碾座、碾槽、

碾盖组成，槽为银质，浇铸成形，茶碾外部有精美的飞鸿、云纹、莲花纹、麒麟纹等金黄色鎏金；“银金花茶碾轮”，由碾轮和碾轴构成，为圆饼形；茶末筛子“银质金花茶罗子”，呈组合箱式，包括罗箱、罗盖、罗座、罗框和茶屉五部分，构造精致合理，筛下的茶粉可自动散落屉内，不用时合上罗盖即成一完整箱体；“银质龟形茶粉盒”（唐代龟为吉祥物，比喻饮茶可以长寿）；量干茶粉的“银茶则”和搅拌茶汤用的“银茶匙”；盐罐“银涂金盐台”，制作十分精致，造型如一簇荷花，有三足台架；装椒粉香料或者酥油、茶食的“银质鎏金坛子”共一对两只，圆筒形，上有盖下有高脚束腰座，有四幅人物图和兽鸟纹的精美錾刻；可能用来炙茶的工具“银金笼子”和“金银丝笼子”，用金银丝编结而成的椭圆形笼子，有提梁和四只爪形笼脚；可能用来慢烘干燥茶饼的“银香炉”，宝塔形，分炉身和炉盖；煮茶时夹炭用的“银火筷”；“琉璃茶碗和茶托”可算是玻璃茶具的始祖，浅黄绿色，半透明，素净无饰；共5件青绿色釉和青灰色釉的“秘色瓷茶碗”。

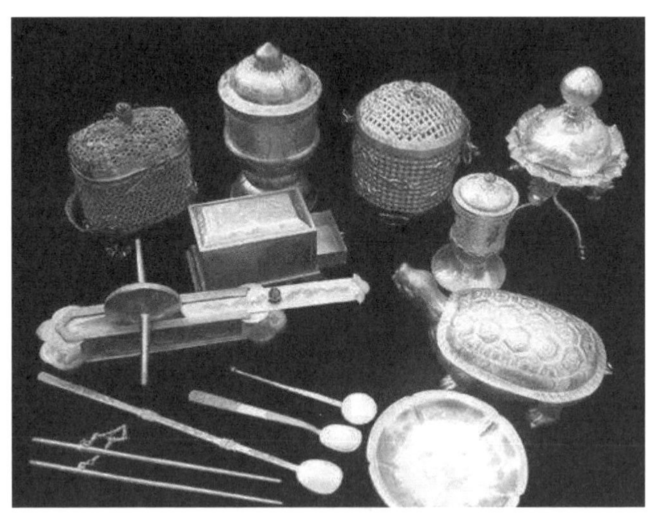

图30　1987年陕西法门寺地宫出土的唐代茶具（部分）

前文已提及，陶瓷器的发展过程，是陶器在前，瓷器在后，古代早期的茶具，以陶器为主，自从瓷器发明之后，因其比陶器更为纤细润泽，洁白纯净，瓷质茶具自唐宋时开始逐渐代替了陶质茶具。唐代饮茶主要是瓷壶和瓷碗，壶在唐代称注子，茶壶也叫茶注，唐代习用的茶杯，没有杯把，往往衬以托子，制作精巧，当时叫茶托子，即后来的盏托。瓷茶具主要产于浙江余姚的越窑（青瓷茶碗为主）、河北内丘的邢窑（白瓷茶碗为主）、湖南长沙窑（釉下彩绘的瓷壶为主），还有曲阳的定窑，河南巩县的巩窑，四川大邑窑（白瓷茶碗为主），等等。景德镇原名昌南镇，生产的白瓷在唐代就有“假玉器”之称，当时当地的胜梅亭窑已能烧制胎釉洁白的茶盏。有趣的是，河南巩县的巩窑还塑造了茶圣陆羽的瓷像：“巩县陶者多为瓷偶人，号陆鸿渐（即陆羽），实数十茶器得一鸿渐。”（《唐国史补》）客商只要多买几件茶具，就可赠送陆羽瓷像一座，以此招揽生意，也可被视作世界上第一款“茶宠”。

图 31　长沙窑釉下彩瓷茶碗

图 32　陆羽瓷像

当时民间常用的日用瓷器是白瓷茶碗，白瓷茶具是在青瓷茶具的基础上产生的，比青瓷晚近两千年，白瓷要求胎、釉都是白色，其杂质含量比青瓷少很多，铁的氧化物只占 1% 或不含铁，以氧化焰烧成，釉层纯净而透明，工艺要求比青瓷高，也是后来各种彩绘瓷器茶具的基础，青花、釉里红、五彩、斗彩、粉彩

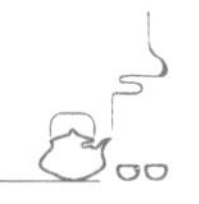

等各种美丽彩绘无一不是在白釉上下展现出来的。白瓷茶具“天下无贵贱通用之”，陆羽很欣赏邢窑出产的白瓷茶具，在《茶经》中称赞“邢瓷类雪”“邢瓷白”。但较之白瓷，陆羽更喜欢浙江越窑烧制的青瓷茶具，因为他认为“邢瓷类雪，则越窑类冰……碗，越州上”。浙江上虞的越窑早在东汉已有成熟的烧制技艺，皮日休《茶中杂咏·茶瓯》就用“圆如月魂堕，轻如云魄起”形容它无比的柔美，陆龟蒙《奉和袭美茶具十咏·茶瓯》就用“岂如珪璧姿，又有烟岚色”形容它色泽的轻盈缥渺，茶汤倾入后，呈现美丽诱人的绿色。陆羽提出“青则宜茶”的说法，将品茶上升到艺术欣赏的高层次，因为“色彩直接影响心灵，甚而能引发震撼人类灵魂深处的喜悦感”。越窑青瓷之所以出现在越地，是和长期处于山清水秀环境的越人崇尚自然、崇尚青绿色有关，象征着生命的勃发和平和宁静。从器的生成到色的追求，再到质的讲究，唐代越窑已达到“类冰似玉”的极致状态，所以在青瓷茶器中还有一类被誉为“李唐越器人间无”的秘色瓷，因进贡朝廷，其制作工艺秘而不宣而得名。“秘色”一名最早见于唐代诗人陆龟蒙的《秘色越器》诗中，诗云：“九秋风露越窑开，夺得千峰翠色来。好向中宵盛沆瀣，共嵇中散斗遗杯。”正如宁波出土的晚唐荷花形茶碗配荷

叶形茶托，碗形为初展的五瓣荷花，丰满有姿，亭亭玉立，茶托为四叶微卷，舒展有致，秘色瓷茶具造型精巧端庄，胎壁薄而均匀，特别是湖水般淡黄绿色的瓷釉，玲珑得像冰，剔透得如玉，匀净幽雅得令人陶醉，它的极致精美为唐代茶艺增添了一笔最靓丽的色彩。

图 33　河北邢窑白瓷茶碗

图 34　浙江越窑秘色茶盏

（三）水

唐代已经开始非常讲究煎茶用水，陆羽在《茶经·五之煮》中总结：“其

水，用山水上，江水中，井水下。”他还解释道，取山中泉水时，要选择白色石隙中慢慢流出的泉水，喷涌而出或飞流直下的水“勿食之”，若常饮用会“令人有颈疾”，不畅通的死水，再清冽也不能饮之。水的活度要适中，也就是水流的速度既不能快，也不能不流动。井水要用人们常来汲取的井水，江水要取离生活区较远的水。

陆羽在《茶经》中只简单描述了水的品质，但他其实就这个问题专门详细的谈过，据说唐代接连在乡试、会试、殿试中考中了第一名的“连中三元”张又新撰写了《煎茶水记》，里面记载了陆羽鉴水的故事，还说有个叫李季卿的人到湖州上任时遇到陆羽，向他请教水品，陆羽就评水计二十等：庐山康王谷水帘水第一；无锡县惠山寺石泉水第二；蕲州（今湖北蕲春）兰溪石下水第三；峡州（今湖北宜昌）扇子山虾蟆口水第四；苏州虎丘寺泉水第五；庐山招贤寺下方桥潭水第六；扬子江南零水（即镇江金山中冷泉水）第七；洪州（今江西南昌）西山西东瀑布水第八；唐州（今河南泌阳）柏岩县淮水源第九；庐州（今安徽合肥一带）龙池山岭水第十；丹阳县观音寺水第十一；扬州大明寺水第十二；汉江今州（今陕西石泉、旬阳一带）上游中零水第十三；归州（今湖北秭归一带）玉虚洞下香溪水第十四；商州（今陕西商县一带）武关西洛水第十五；吴淞江水第十六；天台山西南峰千丈瀑布水第十七；柳州园泉水第十八；桐庐严陵滩水第十九；雪水第二十。

张又新还记载了刑部侍郎刘伯刍的品水等级，比陆羽的二十等简单：扬子江南零水第一（深居长江中心盘涡险处，极难汲取）；无锡惠山寺石泉水第二（因西域和尚惠照居住附近而得名，分上中下三池，以上池泉质最佳）；苏州虎丘寺观音泉水第三（泉畔茂林修竹，绿草茵茵，泉水甘冽，澄清一碧）；丹阳观音寺水第四；扬州大明寺水第五；吴淞江水第六；淮水最下第七。各名家对水的品评意见很不一致，刘伯刍评为天下第一等扬子江南零水在陆羽那里只能排在第七，只有无锡的“天下第二泉”是公认的优质水。相传唐代宰相李德裕喜欢饮惠山泉水，常令地方官用坛封装泉水，千里迢迢运到长安。张又新自己则十分推崇被陆羽评为第十九的桐庐严陵滩水，并认为该水远远超过扬子江南零水，“以陈黑坏茶泼之，皆至芳香。又以煎佳茶，不可名其鲜馥也，又愈于扬

子南零殊远”。而在二十等级以外的永嘉仙岩瀑布水，“亦不下南零”。另外，张又新对水的研究还有一个独特的见解，“夫茶烹于所产处，无不佳也，盖水土之宜，离其处，水功其半”，意思是如果用茶的原产地的水来煮茶，肯定没有不好的，这是因为水土合宜的缘故，离开产地，则水的功效减半，所以出好茶处必有好水。唐代皇帝深谙此道，故进贡紫笋茶的同时也要求随贡当地金沙泉水，此水也是制紫笋饼茶的重要配料。

白居易自称“别茶人”，对茶、水、具的选择配置和候火定汤也很讲究。他烹茶用水爱用山泉水：“最爱一泉新引得，清令屈曲绕阶流”，但又不惟泉水是好，常常因地制宜，选择水品，有时用雪水泡茶：“吟咏霜毛句，闲烹雪水茶。”雨水、雪水被古人称为“天泉”，雨水以秋天雨水为上，因为秋高气爽，空中尘埃较少，水味清洌；黄梅季节的梅雨水，和风细雨，水味甘滑；夏天雷雨水，古人弃之不用，因为飞沙走石，水质不净。雪水是他们烹茶常用的水，主要原因就是没有污染。

火候也会影响水的质量，陆羽在《茶经·五之煮》中说，一沸水，气泡如鱼眼，微微有声；二沸水，涌泉连珠；三沸水，腾波鼓浪。第三沸时就要烹茶，再沸就“水老，不可食也”。他还说，烧水煮茶的燃料，“其火用炭，次用劲薪”。以木炭最好，硬柴（劲薪，指桑、槐、桐、枥等）次之。沾染油污的炭、木柴或腐朽的木器，都不宜作燃料。他还引用《晋书·荀勖传》中“劳薪之味”的典故，说明燃料和烹饪有密切的关系。这个典故说的是荀勖和皇帝同桌进餐，觉得味道不对，一问，原来菜肴是用陈旧霉烂的车脚（劳薪）烧的。唐代文学家温庭筠为唐初宰相温彦博后裔，富有天赋，文思敏捷，诗与李商隐齐名，时称“温李”。他在他的《采茶录》中也说茶要用小火炙、活火煎，“活火是炭之有焰者”，可使汤不“妄沸”；腾波鼓浪的沸水“谓之老汤”，要烧成“三沸”水，“非活火不能成也”。

（四）技

唐代煎饮主要是团饼茶，饮茶先要碾碎然后煎煮，不同于现在用开水泡茶，所以煎煮技艺就显得尤为重要。在汉语中，煎、煮近义往往通用，唐代的煎茶特指陆羽《茶经》中所记载等习茶方式，区别于汉晋时期大煮茶，故名“煎茶”，煎茶技艺的基本程式可以概括为 13 个步骤：

鉴茶：鉴别和选择茶，以精美上等的饼茶为宜。

备器：准备烧水和煎茶的器具。

炙茶：用茶筴夹住放在火上直到烤干水分，烤茶要接近火焰受热均匀，烤好后趁热放进纸囊储存。

碾茶：冷却后的饼茶从纸囊中取出碾压成茶末，唐代以米粒般大小为好。

罗茶：用“罗”过筛储存在“合”中备用。

烧水：装在筥中的炭可以用炭挝捣碎，用火筴夹住放进风炉；然后把生水用漉水囊过滤后倒入水方。风炉上架鍑，用瓢从水方中舀水倒进鍑。

一沸加盐：第一沸时，水泡像鱼眼，有轻微的声响，便从鹾簋里用揭取适量盐放入。

二沸舀水：第二沸时，锅边缘有涌泉般的连珠水泡，便用瓢舀出倒入熟盂备用。

环击汤心：用竹筴在沸水中心绕圈搅动。

倒入茶粉：从罗合中用则取出适量茶末从搅动而成的漩涡中心倒入。

三沸点茶：第三沸时，水在锅中腾波鼓浪，便将熟盂中的水再倒回鍑，使水不再沸腾，以孕育表面生成的华，华就是茶汤表面形成的沫、饽、花，薄的称“沫”，厚的称“饽”，细而轻的称“花”，《茶经》形容花似枣花、青萍、浮云、青苔、菊花、积雪。

分茶入碗：将煮好的茶用瓢舀到碗中饮用，沫饽尽量均匀，因为沫饽是茶汤的精华。

敬奉宾客：茶有俭约的特性，水不宜多。茶的汤色浅黄，香气至美。第一沸出的表面有黑膜的要去掉，然后第一碗为“隽永”可以放在熟盂中留存育华。通常煮水一升可分 5 碗，趁热饮用，第一、二、三碗都比“隽永”稍微差一些，第四、五碗之后的茶汤如果不是渴得太厉害就不值得喝了。

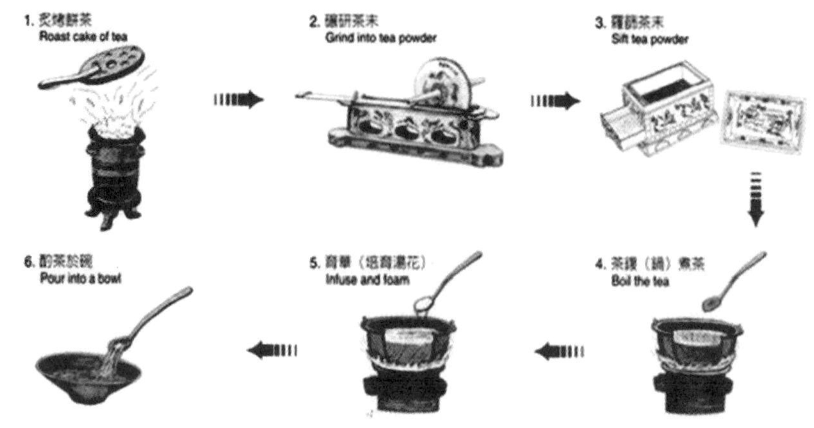

图 35　唐代煎茶

陆羽还在《茶经》中专门研究了煎茶的技术要诀，从采摘、焙制、鉴别、器具、燃料、用水、炙烤、茶末、操作和饮用时节等进行全方位地分析和阐述，戏称茶有“一曰造，二曰别，三曰器，四曰火，五曰水，六曰炙，七曰末，八曰煮，九曰饮”“九难”：“阴采夜焙，非造也。嚼味嗅香，非别也。膻鼎腥瓯，非器也。膏薪庖炭，非火也。飞湍壅潦，非水也。外熟内生，非炙也。碧粉缥尘，非末也。操艰搅遽，非煮也。夏兴冬废，非饮也。”意思是，阴天采、夜间焙就是制造不当；凭口嚼辨味，鼻闻辨香就是鉴别不当；用沾染了膻气的锅和腥气的盆，就是器具不当；用有油烟的柴和烤过肉的炭，就是燃料不当；用流动很急或停滞不流的水，就是用水不当；烤得外熟内生就是炙烤不当；捣得太细成了绿色的粉末就是捣碎不当；操作不熟练，搅动太急就是烧煮不当；夏天才喝而冬天不喝，就是饮用不当。

茶有九難

陰採夜焙非造也 嚼味嗅香非别也 羶鼎腥甌非器也 膏薪庖炭非火也 飛湍壅潦非水也 外熟内生非炙也 碧粉縹塵非末也 操艱攪遽非煮也 夏興冬廢非飲也

甲午秋樸菴

图 36　陆羽《茶经》“茶有九难”

（五）境

唐代已开始注意饮茶环境地烘托了，陆羽在《茶经》中就提到了五处适宜饮茶的环境，即“野寺山园”“松间石上”“瞰泉临涧”“援跻岩，引绳入洞”和“城邑之中，王公之门”。也就是：初春寒食节的时候，在野外寺院或山林茶园，大家一起动手采摘；煮茶的时候，可以把松林间的石头作为陈列的位置；如果在泉水或溪边，那些装水用具的都可以不要了；倘若攀藤附葛，登上险岩，沿着粗大绳索进入山洞，碾子和拂末也可以淘汰了；而在城市里的王公贵族家里，二十四器一样都不能缺。虽然陆羽在严谨地表述煎茶茶器的重要作用，我们还是能看出他语句中携带的幽默和对天然美景中饮茶的喜悦和赞颂。唐代“大历十大才子”之一的钱起《与赵莒茶宴》：“竹下忘言对紫茶，全胜羽客醉流霞。尘心洗尽兴难尽，一树蝉声片影斜。”展现了峰峦、竹林、紫茶、清风、蝉鸣、夕阳、树影，就是一幅雅境啜茗图，展现了亲朋欢聚，挚友抒怀的情趣，比起城邑厅堂来，有着别样的风流和惬意。类似的还有很多，描写了茶人们在松间（“闲来松间坐，看煮松上雪”——陆龟蒙）、亭中（“茗宴东亭四望通”——鲍君徽）、池畔（“信脚绕池行……傍边洗茶器”——白居易）、潭边（“岩下维舟不忍去，青溪流水暮潺潺”——灵一）、泉旁（“虎跑泉畔思迟迟”——成彦雄）、月下（“孤吟对月烹”——曹邺）煮茶品茗的情景，可见唐代茶人们对野外环境的喜爱。

陆羽在《茶经·十之图》中又指出，如果在室内品茶，则也要注重环境的布置和氛围的渲染，要“以绢素或四幅、或六幅，分布写之，陈诸座隅……”。当然，唐人对饮茶环境惬意的追求在各式各类的茶宴中早已可见一斑。正如前面提到的，唐代女诗人鲍君徽的《东亭茶宴》发生的场景是皇家园林的亭阁，“闲朝向晓出帘栊，茗宴东亭四望通。远眺城池山色里，俯聆弦管水声中。幽篁引沼新抽翠，芳槿低檐欲吐红。坐久此中无限兴，更怜团扇起清风”。描绘了近处新竹抽翠，芳花吐红，更兼丝弦管乐与潺潺水声相和相谐，远处四面景色能皆收眼底，还可于烟黛青秀的山色中远眺城池的悠然旷意。再比如诗僧皎然的《晦夜李侍御萼宅集招潘述、汤衡、海上人饮茶赋》记述了几位高人逸士花间品茗的情景，“晦夜不生月，琴轩犹为开。墙东隐者在，淇上逸僧来。茗爱传花饮，诗看卷素裁。风流高此会，晓景屡徘徊”，即使茶会在寺院、府第或园林亭院

中举行，也主张赏花、吟诗、听琴、品茗这样清幽高雅的品茗环境。

（六）礼

唐代饮茶风行，人们在客坐敬茶的基础上兴起了茶宴，以茶为集、以茶设会，与同仁朋友相聚，迎来送往甚至商讨议事，一方面可以“茗爱传花饮”，欣赏茶的色香味形和环境、茶具的美，一方面可以“诗看卷素裁”，相互赋诗言志，作画抒情。文人们以茶代酒做宴款待宾客，成为当时社会的风尚。饮茶的艺术和情趣，跟与茶的人也不无关系，正如前文提到的那位在京都任吏部侍郎的奚陟，因为人声嘈杂，心情躁急，精心求雅的茶会气氛被完全破坏掉了。品茶时对象的素质如何会影响到品茗者的心境，陆羽在《茶经·一之源》中说茶“为饮最宜精行俭德之人”，精行俭德之人就是注意品行、具有俭朴美德之人，只有这样高素质的文人雅士，才能有共同的审美情趣，共享品茗艺术的审美愉悦。皎然也在《九日与陆处士羽饮茶》诗中写道“九日山僧院，东篱菊也黄。俗人多泛酒，谁解助茶香？”他认为，能够赏菊品茗、体味茶香的自然是超脱尘俗之人，如果对方是个酒徒，定会大煞风景。钱起《与赵莒茶宴》的“竹下忘言”，已经达到了彼此心领神会，无须言语，就已默契的最高境界。

大书法家颜真卿邀约好友行茶令的《五言月夜啜茶联句》：“泛花邀坐客，代饮引情言。（陆士修）醒酒宜华席，留僧想独园。（张荐）不须攀月桂，何假树庭萱。（李崿）御史秋风劲，尚书北斗尊。（崔万流）华净肌骨，疏瀹涤心原。（颜真卿）不似春醪醉，何辞绿菽繁。（皎然）素瓷传静夜，芳气满闲轩。（陆士修）”，更是一种饮茶助兴作乐的游戏，亦是传统茶文化的重要组成部分。茶令以续诗“接龙”形式，三五诗友促膝围坐，围绕一个茶的话题续成茶诗，谁续不上诗句谁就当场受罚。这首啜茶联句诗，六位诗人刮肚搜肠、别出心裁地寻索诗句，诗中还引用了诸如“泛花”“代饮”“醒酒”“月桂”“流华”“疏瀹”“不似春醪”“素瓷”“芳气”一系列与啜茶有关的代用词。至于“御史秋风劲，尚书北斗尊”两句，更是赞美颜真卿这位尚书大臣，当为众望所归，行茶令联句作诗，更加强了宾主间的融洽气氛，提高了饮茶的品位。

（七）韵

煎茶茶艺之韵与煎茶茶汤之美，被“诗笔妍丽，才力遒健”的李群玉描写得惟妙惟肖，他在《龙山人惠石廪方及团茶》写道：“碾成黄金粉，轻嫩如松花。红炉爨霜枝，越儿斟丹华。滩声起鱼眼，满鼎漂清霞。”将硅璧一样的茶饼碾成粉末，色泽金黄，轻盈鲜嫩如松花，在红炉上架起锅鼎，炉下燃烧的是精选经过霜打的枝丫通红热烈，取来山中清泉水煎好茶，准备用可爱精致的越窑青瓷盛装起泛着黄白精华的茶汤。随着水温的升高，热水翻滚，锅边鱼眼微起，沫饽翻涌层层叠，烟雾缭绕，像彩霞浮云布满整个铁鍑。

唐人讲究茶与器相得益彰、互为成就的美好。陆羽在《茶经》中详尽论述：“若邢瓷类银，越瓷类玉，邢不如越一也；若邢瓷类雪，越瓷类冰，邢不如越二也；邢瓷白而茶色丹，越瓷青而茶色绿，邢不如越三也……越州瓷、岳瓷皆青，青则益茶，茶作白红之色；邢州瓷白，茶色红；寿州瓷黄，茶色紫；洪州瓷褐，茶色黑，皆不宜茶。”越州青瓷可以借色，使茶汤色泽翠青，茶碗色彩对茶汤的影响便是品茶艺术的高级享受。“越瓯犀液发茶香”称得上是唐代茶艺的阳春白雪，当美丽如玉的茶瓯盛满馨香四溢的碧色甘露时，恰是茶之青春生命勃发漾溢之际，也是茶之艺术完美而光彩夺目的展现时刻。

陆龟蒙和皮日休都是唐代文学家，二人在苏州结识后，成为一对亲密的诗友，世称“皮陆”，在两人间的诗词往来中，皮日休有《茶中杂咏》十首，陆龟蒙有《奉和袭美茶具十咏》，两人一事一咏，一唱一和。皮日休云：“香泉一合乳，煎作连珠沸。时看蟹目溅，乍见鱼鳞起。声疑松带雨，饽恐生烟翠。尚把沥中山，必无千日醉。”（乳即茶叶）茶汤沸腾的水珠时而如蟹目，时而似鱼鳞，发出的声响好像松风带雨，茶汤上的泡沫绿翠生烟，最后饮了这样的好茶，即使再饮“千日醉”那样的神酒亦能清醒如常。陆龟蒙则云：“闲来松间坐，看煮松上雪。时于浪花里，并下蓝英末。倾馀精爽健，忽似氛埃灭。不合别观书，但宜窥玉札。”扫落松枝上的积雪来烹茶，那更妙不可言。二人在唱和中，生动地吟咏了烹煮艺术的美感和品饮茶的情趣。杜甫曾在《重游何氏五首》中的第三首诗中写道：“落日平台上，春风啜茗时。石栏斜点笔，桐叶坐题诗。”诗人把他同友人品茶时的愉悦心情、优美的环境描绘得如同一幅清新雅致的山

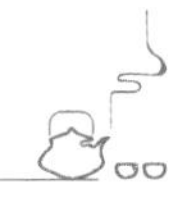

水画。还有，皎然《饮茶歌诮崔石使君》、卢仝的《走笔谢孟谏议寄新茶》二诗的茶事描绘不但让人获得审美的愉悦，而且进入了一个哲理的境界。再则，《与赵莒茶宴》中，诗人与赵莒在竹下品饮紫笋茶，致达心醉神迷之状态，此时，世界已幻化为思想的天地，二人同游其中，无须再多语，彼此早已心领神会，比之那畅饮流霞仙酒而醉的神仙道士，也毫不逊色，让人尘心洗尽，兴犹未尽矣！

相对于汉晋时期的煮饮茶艺，唐代“蒸青饼茶煎饮茶艺”内容更完整丰富，技法更严谨深刻，茶器的精美，茶咏的风雅，以及在茶宴、茶会上天地悠悠、畅快胸怀的意境，使品茶获得精神上美的享受，在品茶的意境中追求参禅精神，通过品茶陶冶情操，修身养性，体现了中国唐文化的浪漫与豪迈，代表着中华茶艺的正式确立和精湛的水准。

二、唐代茶文化

（一）茶俗

1.“茶宴风尚盛行”

茶宴最早出现在三国时期，比如东吴的孙皓“秘赐茶荈以当酒”，南朝陆纳“以茶果待客”等故事。所以以茶代酒，辅以糖果、糕点，请客做宴，在晋代已有原型了，并被认为这是一种清操绝俗的德行。

但正式的茶宴，却出现于唐代。因为到了唐中期以后，茶成为比屋之饮，《封氏闻见记》云：“古人亦饮茶耳，但不如今溺之甚，穷日尽夜，殆成风俗，始于中地，流于塞外。”社会各个阶层饮茶的风气都很兴盛，上至皇室、官员、文人，下至城乡百姓，无不热衷于饮茶，甚至连边疆少数民族都把喝茶作为生活中不可缺少的事项。而朝廷官员、士子文人，这两类上层社会人士，一直都是社会文化风尚的引领者。他们热衷于饮茶这一新兴的文化生活，并逐渐演化出遍及朝野的茶宴文化。茶宴上，人们不仅可以领略茶的滋味，还可欣赏环境和茶具之美，是物质和精神的双重享受，因此茶宴成为社会风尚。

（1）宫廷茶宴

唐代最为盛大、隆重的宫廷茶宴是“清明宴”。皇帝在收到贡茶院及地方进贡的名茶后，要先行祭祖，后赐近臣，举行“清明宴”以飨群臣。

宫廷茶宴的情形，可在茶画《唐人宫乐图》中一窥究竟。此图绘有后宫女眷共十二人，她们或环案坐，或在侧服侍，或品茗，或行酒令，并吹乐助兴。所持用的乐器有胡笳、古筝、琵琶、笙等，一名侍女在旁敲打牙板伴奏。她们奏乐、啜茗、轻摇团扇，雍容自如，闲适无比，案几下的小狗在安静地倾听他们的谈话与曼妙的演奏。

图 37 《唐人宫乐图》（台北故宫博物院）

关于封建帝王举行茶宴的盛况，唐代中期的大臣、诗人和鉴赏家顾况在《茶赋》里做了细致的描绘：茶能参与豪华珍贵的宴席，展示在华美秀丽的餐桌，凝聚起浮想联翩的文思，放置于琼浆美味之间，赏赐给著名的大臣，接待上宾贵客。煎茶时美妙的茶水沸腾之声，有如山谷里黄鹂婉转的和鸣。茶面上浮起的“茶花”，浓浓地泛着雪样的光华。品味时芬芳，咽下时生津，出色得超过了皇家其他的饮品。每年春天茶总是先于其他珍品出现在面前，有如皇宫九重深深的宫门，意味深长的祝福圣上的万寿无疆，这些都是茶可以上达于天子的地方。

唐时皇帝不仅热衷茶宴，还将茶分赐近臣、将士、文人等。开元以后，朝廷在顾渚设立贡茶院，定时、定点派员督造，定量、定质专程向京城递送。宫廷官员群体看重茶叶品质，以彰显其身份和地位。这便给唐代茶文化带来了贵族气息。

图 38　调琴啜茗图

（2）文人茶宴

与宫廷文化的贵族和奢华气息相比，文人群体的饮茶生活倒多了些清淡和雅致。他们觉得茶能涤烦荡尘、醒脑益思，又能够愉悦精神、修身养性，他们纷纷融入茶宴文化，在茶宴中以茶赠友、以诗谢茶、以茶入艺。茶宴的正式记载见于中唐，大历十才子钱起的《与赵莒茶宴》应该算是最早正式描述文人茶宴的作品："竹下忘言对紫茶，全胜羽客醉流霞。尘心洗尽兴难尽，一树蝉声片影斜。"写作者与赵莒在翠竹之下举行茶宴，一道饮紫笋茶，描绘了一幅雅境啜茗图，除了令人神往的竹林外，诗人还以蝉为意象，以茶代酒，聚首畅谈，洗净尘心，使全诗所烘托的闲雅志趣愈加强烈。

唐代颜真卿在《五言月夜啜茶联句》中吟道："泛花邀坐客，代饮引情言"，文人学士们往往邀请三五知己，在精致雅洁的室内，或花木扶疏的庭院，举行茶宴，主人用名茶招待客人，煮好的茶汤注入像酒盅大小的瓷盅内，一边细细品尝，一边吟咏诗赋，直到尝遍主人准备的种种名茶，才兴尽而散。

唐代茶宴的繁荣和文人茶艺的雅韵，在文学家吕温的《三月三日茶宴序》中作出了完整细腻的展现，他描写了茶宴的缘起，茶宴的幽雅环境，茶宴中茶汤的香气和茶具的精雅，加上志趣相投的茶友，品茗的美妙回味令人陶醉："三月三日，上巳禊饮之日也。诸子议以茶酌而代焉。乃拨花砌，憩庭阴，清风逐人，日色留兴。卧指青霭，坐攀香枝。闻莺近席而未飞，红蕊拂衣而不散。乃命酌香沫，浮素杯，殷凝琥珀之色，不令人醉，微觉清思，虽玉露仙浆，无复加也。"

三月三日，是举行除凶祭祀的日子，大家商议举办茶宴代之。于是大家踏着长满野花的小路，绕行于庭栏楼阁，清风习习，阳光和煦，在绿荫下静卧，坐在石凳上攀折花枝，黄莺跳来跃去也不怕人，落下的花蕊粘在衣服上也不散开。这时沏上杯香茶，杯碗素净，凝视茶汤色如琥珀，品上一口，滋味清新，就是玉露仙浆也不会比它强多少。这里描绘了茶宴时环境的清幽宜人，香茗的无比美妙，素杯中凝着琥珀之色，品饮之后，既不醉人，又增清思，即使是玉露仙浆也不过如此了。吕温后升迁为户部员外郎，是柳宗元、刘禹锡的好朋友，这篇茶宴序，写的正是他参加茶宴时亲眼所见的景象。

除却吟诗作对，茶宴之中，还兴起斗茶之风。斗茶活动最初是因茶商之间的竞争力增加，于是选择用斗茶的方法来证明各自的茶叶品质。而文人茶宴中之斗茶，不仅比拼各自茶品之优劣，还比拼文才与诗作。唐代的湖州笋茶和常州阳羡茶均为贡茶，每到早春造茶季节，两州太守都会在两州毗邻的茶山（顾渚山）境会亭举行盛大茶宴，由两州太守和社会名流共同鉴定贡茶的质量，热闹非凡。有一年，两州太守都邀请在苏州做官的白居易参加茶宴，因为嗜好诗、酒、琴、茶的白居易，不仅诗作了得，对茶水具的选择配置和侯火定汤也很是在行。白居易很想参加，无奈有病在身，力不从心，只好写了一首《夜闻贾常州崔湖州茶山境会亭欢宴》："遥闻境会茶山夜，珠翠歌钟俱绕身。盘下中分两州界，灯前各作一家春。青娥递舞应争妙，紫笋齐尝各斗新。自叹花时北窗下，蒲黄酒对病眠人。"以生花之妙笔描绘了茶山欢宴的盛况和慨叹自己不能到会的惋惜之情。而颇具江南风韵的文人茶会，把酒宴和酒会上的文才比拼项目也移用上了。以著名文人颜真卿任湖州刺史时与文友们行令传茶最为典型。其时正值颜真卿在编纂修订巨著《韵海镜源》期间，召请天下名士50余人聚湖期间，形成了湖州茶人文化圈，举办茶会和茶宴的交流比较频繁。茶宴中，数人共一碗茶，选一人为令官，饮者皆从其号令，令官首先出题传茶，茶传谁手即由谁应题作诗对，对出者赏饮而对不出者罚不饮，于是产生了如陆士修、张荐、李萼、崔万、颜真卿、皎然等六人在月夜联句成的著名诗句《五言月夜啜茶联句》。大家行"传花饮"，共品佳茗，击鼓传花，天晓始休，真可谓：茶香熏得文人醉，便引诗情到碧霄！陆羽、皎然等人也多次参与茶宴，陆羽是当时的茶圣，皎然是著名的诗僧，两人交往甚笃，

常有诗文酬赠唱和，所以，有这两位的加入，湖州茶人文化圈便名声大噪。

大唐盛世茶宴风行，宫廷茶宴和文人茶宴各有千秋。到了现代，人们又赋予了茶宴新的内容和形式，比如结婚茶宴、文化茶宴、生辰茶宴，还有那些产茶省区举行的别开生面的探新茶宴，请各界名流点茶、观茶、闻茶、品茶等。另外，流行于湘西、鄂西的擂茶，广东的早茶，以及社交场合的茶点待客，其实都是古代茶宴的衍生和发展。

2.“茶诗如火如荼”

唐代是我国诗的极盛时代，以诗歌作为科举取士的重要手段，作诗成为当时谋取利禄的正路，因此唐代的文人几乎无一不是诗人。初唐时期，茶诗的数量最少，创作源头主要是来自僧人和寺庙，然后被逐渐传入到民间和文人雅士阶层，其中李白有一首叫作《答族僧中孚赠玉泉仙人掌茶》的作品，这应该算是唐代最早提到茶的诗：“常闻玉泉山，山洞多乳窟。仙鼠如白鸦，倒悬深溪月。茗生此中石，玉泉流不歇。根柯洒芳津，采服润肌骨。丛老卷绿叶，枝枝相连接。曝成仙人掌，似拍洪崖肩。举世未见之，其名定谁传。……”李白豪放不羁，一生不得志，在诗里浪漫丰富地表达理想，但又苦闷地寻求避世，当他听说荆州玉泉真公因常采饮“仙人掌茶”，虽已年近八十仍然颜色如桃花，这位好寻仙问道的诗人，也不禁对茶唱出了赞歌。除此之外，还有以杜甫、王维、孟浩然为代表的唐代杰出诗人，也都有描写茶的作品问世，为后期茶文学在唐代的兴盛奠定了良好的基础。比如杜甫的《寄赞上人》，其中有“紫荆具茶铭，径路通林丘。与子成二老，来往亦风流”，这两句诗，说明当时饮茶已经成为文人隐士之间的一种精神交流方式，寄托了浓厚的文人情怀。王维的《河南严尹弟见宿弊庐访别人赋十韵》，其中有：“花醥和松屑，茶香透竹丛。薄霜澄夜月，残雪带春风。”王维的诗向来能够给人强烈的画面感和空间想象，这前后两句诗描写出了一幅美妙的冬日夜景，由霜、雪、月、茶香一起勾勒出凄清中带有幽香的场景，让人心驰神往。

到了中晚唐时期，茶诗的数量渐渐增多，而且对于茶人们有了更深一层的认识，因为这个时期诞生了我国古代最重要的茶著作《茶经》，推动了茶文化的形成，使茶和酒以及饮食一样成为一门学问，此书直到今天仍然发挥着非常广泛的影响，是爱茶之人的必读之书。

《全唐诗》中之茶诗共计 547 首，这些茶诗创作质量颇为上乘，不仅是我们文学宝库中的珍贵财富，是研究茶发展的重要史料，更对茶的饮用和生产发展有重大影响。白居易自诩“别茶人”，爱茶、懂茶，留下不少咏茶的诗篇，《食后》云：“食罢一觉睡，起来两瓯茶。举头看日影，已复西南斜。乐人惜日促，忧人厌年赊。无忧无乐者，长短任生涯。”描写食后睡起，手持茶盏，无忧无虑，自得其乐的情趣；白居易的亲密诗友元稹有一首《一言至七言诗》歌颂茶叶，风格特异，在茶诗中少见：“茶，香叶，嫩芽。慕诗客，爱僧家。碾雕白玉，罗织红纱。铫煎黄蕊色，碗转曲尘花。夜后邀陪明月，晨前独对朝霞。洗尽古今人不倦，将知醉后岂堪夸。”刘禹锡除了《西山兰若试茶歌》还有一首《尝茶》诗，描写对月饮茶的乐趣，字里行间，也可隐约见到诗人被斥逐后，忧虑憔悴，借茶消愁的心情，诗云：“生采芳丛鹰嘴茶，老郎封寄谪仙家。今宵更有湘江月，照出菲菲满碗花。”晚唐诗人皮日休和陆龟蒙爱茶成癖，咏酬最多，有《茶中杂咏》唱和诗各十首，即《茶坞》《茶人》《茶笥》《茶籯》《茶舍》《茶灶》《茶焙》《茶鼎》《茶瓯》《煮茶》等对茶的史实、茶山的风光、茶的煮法和烹饮用具都做了具体描绘。

3.“茶馆方兴未艾”

茶馆的雏形“茶寮”萌发于南北朝，而到了唐代，南北城镇就出现了与今日相仿的茶肆。只要投钱，随时都可取饮，据唐人封演《封氏闻见记》记载：开元（公元 713—741 年）中从山东、河北的部分地区，直至当时的首都长安，“长安多开店铺，煎茶卖之，不问道俗，投钱取饮，其茶自江淮而来，舟车相继，所在山积，色额甚多……”另外，《旧唐书·王涯传》记载王涯仓皇出走“至永昌里茶肆，为禁兵所擒”，《太平广记》记载“俄而憩于茶肆”，都证明了唐代已有茶肆。唐代商业交往十分发达，从京城长安、洛阳到四川、山东、河北等地的大中城市，都有频繁的商业往来，商人在外经商、交往，一是要住宿，二是要谈生意，三是有解渴的需要，自己烹茶肯定不方便，适应这种情形，开店铺煎茶卖茶“投钱取饮”是情理中事，所以最早的茶馆就是随着商业往来而形成并发展起来的。如果说东晋是原始型茶馆的发轫阶段，南北朝形成初级

型茶寮，那么唐代就是茶馆的正式形成期了。

4.“客来敬茶”

唐代茶宴风行，其实就是客来敬茶的豪华版，文人学士们往往邀请三五知己，在精致雅洁的室内，或花木扶疏的庭院，举行茶宴，主人用好茶招待客人。正如颜真卿在《春夜啜茶联句》中吟道的：“泛花邀坐客，代饮引清言。”客来敬茶是当着客人面进行的礼俗，客在外地，也可敬茶，这就是自古就有的远地送茶以示问候和敬意的礼俗。亲友知音关山远隔，不能相聚一处共饮香茗，于是就从千里外寄递新茶，以示怀念和祝愿。白居易的妻舅杨虞卿在外地寄茶给他，白居易因此作诗云：“闷吟工部新来句，渴饮毗陵远到茶。”（《晚春闲居，杨工部寄诗、杨常州寄茶同到，因以常句答之》）。另外，被称为“诗笔妍丽，才力遒健”的李群玉也有诗云：“满火芳香碾麹尘，吴瓯湘水绿花新。愧君千里分滋味，寄与春风酒渴人。”（《答友人寄新茗》）

（二）茶道：“杯茶三修”

唐代茶文化，恢宏瑰丽。用茶过程，已上升为修行过程，概括来说，便是杯茶三修：一曰修技，二曰修心，三曰修道。杯茶三修，日日行茶，时时修持，茶与修行相互交融。

1. 修技派

强调泡茶、倒茶、饮茶各个环节中技艺，以及茶水、茶具的品质，从中映射出工匠精神、人文素养。

陆羽撰写了世界第一部茶学的著作《茶经》，成就了“茶圣”的地位。陆羽，字鸿渐，号竟陵子，是复州竟陵人（今湖北天门）。他是被遗弃的孤儿，3岁时被竟陵龙盖寺住持智禅领养，开始自幼在黄卷青灯、钟声梵呗中诵习佛经，潜心自学，并学会煮茶等事务。唐天宝十四年，安禄山反叛，中原乱战，他离开故乡来到湖州西南约30里的抒山妙喜寺与诗僧皎然结为忘年之交。《茶经》就是他在上元元年从栖霞山来到苕溪（今浙江湖州）隐居时著述的，他常常独行野外，深入农家，采茶觅泉，评茶品水。忘年交诗僧皎然几次寻访不到他，感慨写道："太湖东西路，吴主古山前。所思不可见，归鸿自翩翩。何山尝春茗？何处弄春泉？莫是沧浪子，悠悠一钓船。"正因为有广泛深入茶产地和众多茶事经历，陆羽才写成这宏伟巨作。它全面记载、论述了茶的起源、产地、效用、生产过程、饮茶器皿、饮茶风俗和茶史料，既是对我国上古以来茶业发展的总结，又对茶业的发展起了巨大推动作用，正如宋代梅尧臣所赞叹道："自从陆羽生人间，人间相学事春茶。"

图 39 "茶圣"陆羽像（浙江湖州）

陆羽，不仅理论知识丰富考究，茶技艺也同样高卓，唐朝国师佛光和尚每天都要喝陆羽所制之茶，饮时抚须微笑，神色陶醉。因佛光和尚昵称陆羽为"渐儿"，人们就把陆羽的茶称为"渐儿茶"。唐太宗久闻"渐儿茶"之名，就召陆羽入宫，亲掌佳茗，饮时击节叫好，难舍难离，遂命陆羽在将制茶沏茶之术传授给宫中侍者。几年之后，果然培养出一些侍者，所制之茶，所沏之水，类似陆羽，太宗已难分其差异。后来太宗命陆羽遍访天下名泉，历时数年。在陆羽出访期间，太宗时常约佛光和尚一道品饮佳茗，以示宫中侍者所学茶艺并不亚于陆羽，同时显示自己的英明。但佛光总是应命只喝一口，且从不表态。数年后的一天，太宗照例请佛光饮茶，佛光也照例只喝一口，谁知茶一入口，佛光就仰天惊问："此乃真渐儿茶也，渐儿何日归来？"原来陆羽刚刚回来，太宗想要考校佛光，故意隐瞒了这个消息，不料佛光一口断茶，令太宗由衷叹服。

“渐儿茶”的典故一方面反映了佛光对陆羽茶艺如高山流水般知遇之深，同时也反映了陆羽的茶艺之精辟高绝。

好茶还需好水，《煎茶水记》记载，唐代宗时期，湖州刺史李季卿与陆羽在扬子江相逢品茶。由于扬子江南零水特别好，李季卿特地命令军士到江中取南零水，唐宋之时，金山还是“江心一朵芙蓉”，南零泉在江中，因长江水深流急，汲取十分不易。水送到后，陆羽用杓在水面一扬说“这水倒是扬子江水，但不是南零段的，好像是临岸之水”。军士说“我乘舟深入南零，有许多人看见，不敢虚报”。陆羽一言不发，端起水瓶，倒去一半水，又用水杓一看，说：“这才是南零水。”军士大惊，急忙认罪说：“我自南零取水回来，到岸边时由于船身晃荡，把水晃出了半瓶，害怕不够用，便用岸边之水加满，不想处士之鉴如此神明。”可见陆羽鉴水的高超技艺。

2. 修心派

修心派主要追求用茶之中的艺术美，把饮茶与诗词文艺交汇互融，彼此增益，既作为一种艺术生活之享受，又陶情怡性，净化心灵。

白居易是中晚唐极负盛名的诗人，而且精通茶道，识得茶味，是个鉴别茶叶的行家。他一天到晚茶不离口，其茶诗作品中既有早茶、午茶和晚茶，更有饭后茶、寝后茶，描绘了与茶相伴，隐逸生活的悠闲自在。如“食罢一觉睡，起来两瓯茶”“春泥秧稻暖，夜火焙茶香”。从这些诗句可以看出，诗人以茶陶冶性情，寻求心灵的宁静，追求无忧无乐的人生境界。至诗人晚年，更是以“药圃茶园为产业，野麋林鹤是交游”“游罢睡一觉，觉来茶一瓯”，可谓将以茶修心进行到底了。

唐代刘贞亮概括饮茶好处为“十德”，即：以茶散郁气，以茶驱睡气，以茶养生气，以茶除病气，以茶利礼仁，以茶表敬意，以茶尝滋味，以茶养身体，以茶可行道，以茶可雅志。他不仅把饮茶作为养身之术，而且作为修身之道。

在唐代灿若群星的诗人中，卢仝的诗名极为普通，但他的一首《饮茶歌》却是独领风骚，被千古传唱。卢仝，范阳人（今河北涿州人），他早年隐少室山茶仙泉，后迁居洛阳，博览经史，工诗精文，自号玉川子，被尊称为“茶仙”。他的这首《饮茶歌》原名《走笔谢孟谏议寄新茶》，是他品尝友人谏议大夫孟简所赠新茶之后的即兴之作。全诗共二百六十二字，诗人直抒胸臆，一气呵成，尽情抒发对茶的热爱与赞美："日高丈五睡正浓，军将打门惊周公。口云谏议送书信，白绢斜封三道印。开缄宛见谏议面，手阅月团三百片。闻道新年入山里，蛰虫惊动春风起。天子须尝阳羡茶，百草不敢先开花。仁风暗结珠琲瓃，先春抽出黄金芽。摘鲜焙芳旋封裹，至精至好且不奢。至尊之余合王公，何事便到山人家。柴门反关无俗客，纱帽笼头自煎吃。碧云引风吹不断，白花浮光凝碗面。一碗喉吻润，两碗破孤闷。三碗搜枯肠，唯有文字五千卷。四碗发轻汗，平生不平事，尽向毛孔散。五碗肌骨清，六碗通仙灵。七碗吃不得也，唯觉两腋习习清风生。蓬莱山，在何处？玉川子，乘此清风欲归去。山上群仙司下土，地位清高隔风雨。安得知百万亿苍生命，堕在巅崖受辛苦！便为谏议问苍生，到头还得苏息否？"诗人以优美生动的文字，写了三方面的内容。开头写孟谏议寄来的新茶至精之好，如同献给天子王公的贡茶一般珍贵。中间部分写诗人连饮七碗，每饮一碗，都会产生新的灵感，直至两腋生风，飘然若仙，潇洒浪漫，不同凡响。最后四句对"堕在颠崖"受苦的劳动人民寄予深切的同情，希望他们能得以休养生息。作为一个安于山林、地位卑微的诗人，他通过爱茶、咏茶展现了坦直淡泊的胸襟，抒发了对人世冷暖的关注之心。

图 40　明丁云鹏《玉川烹茶图轴》部分（"茶仙"卢仝）

3. 修道派

修道派提倡利用茶之高洁雅致，提升人的境界修养，即以茶明德、以茶开悟、以茶入道。正如陆羽在《茶经》中指出那样："茶之为用，味至寒，为饮最宜精行俭德之人。"

唐代，佛教寺院蓬勃兴起。佛寺中的僧人在修行时要坐禅，坐禅必须要心神安定，静虑冥想，而茶则具有"降火、提神、消食、解毒"等功能，有助于僧人修行，正所谓："品茶为参禅前奏，参禅成品茶目的。"凭借饮茶帮助修行的方法在唐代寺院中已经被广为接纳，唐封演《封氏闻见录》记载了该状况："开元中，泰山灵岩寺有降魔师，大兴禅教。学禅务于不寐，又不夕食，皆许其饮茶，人自怀挟，到处举饮，从此转相仿效，遂成风俗。"大意为泰山灵岩寺有个降魔师大兴禅教，学禅打坐，不能睡觉，不吃晚餐，只需饮茶，禅僧因此各自备茶煎茶饮用，自唐中期以后佛教日益兴盛，茶的饮用也更加普遍化。

禅与茶的典故中，从谂"吃茶去"最是广为流传。河北赵州观音寺从谂禅师亦是唐代高僧，人称"赵州古佛"。从谂嗜茶成癖，每次说话之前都要带句"吃茶去"的口头禅。清代《广群芳谱·茶谱》引《指月录》记有其事：有僧到赵州，从谂禅师问新近曾到过此间么？曰曾到。师曰："吃茶去"。又问僧，僧曰不曾到。师曰："吃茶去。"后院主问曰：为甚么曾到也云吃茶去，不曾到也云吃茶去？师召院主，主应诺，师曰："吃茶去。"有僧人来赵州向从谂禅师学法，其中有来过的，也有没来过的，但从谂都喊他们"吃茶去"，意即是参禅悟道的修行就在自己真切朴实的亲身体验当中。从谂禅师的这一句口头禅极易流传，成为佛教界的一句禅林法语，对中国禅宗茶道的形成产生了深远影响，成为"禅茶一味"肇始的标志。

道家追求清静无为，长生不死。他们认为茶是清灵之物，吸日月之精华，采天地之灵气，长期饮茶可以使人轻身换骨，除却污浊之气，与道家的静修和乐生的精神相契合，于是茶也是道家修行时的必备之物了。李白《答族侄僧中孚赠玉泉仙人掌茶并序》中将茶与道家的修道升仙联系起来，认为饮之能"还童振枯，扶人寿"，表现诗人对仙人掌茶养生功效的高度肯定。

说到唐代以茶修道的高人，就肯定绕不开诗僧皎然了。他嗜茶、恋茶、崇茶，也善于烹茶，一生同茶结伴，也作诗多篇，同居妙喜寺，皎然寻访送别陆羽和与他聚会的诗作，仅《全唐诗》所载就近 20 首，与在茶文化、茶道的研究方面可以说与陆羽是不相伯仲。

不过，作为一个坐禅悟道的佛门弟子，皎然却对道家的茶道精神有着别样的憧憬和崇拜。他在诗《饮茶歌送郑容》里云："丹丘羽人轻玉食，采茶饮之生羽翼。名藏仙府世空知，骨化云宫人不识。"说的就是茶有仙灵，藏于仙府，人不相识，唯有云山童子才常调金铛煮饮。皎然在诗中提倡禁食饮茶，说饮茶不仅可以除病去疾，荡涤胸中忧患，而且会踏云而去，羽化飞升。他最著名茶诗当数《饮茶歌诮崔石使君》："越人遗我剡溪茗，采得金牙爨金鼎。素瓷雪色缥沫香，何似诸仙琼蕊浆。一饮涤昏寐，情思爽朗满天地。再饮清我神，忽如飞雨洒轻尘。三饮便得道，何须苦心破烦恼。此物清高世莫知，世人饮酒多自欺。愁看毕卓瓮间夜，笑向陶潜篱下时。崔侯啜之意不已，狂歌一曲惊人耳。孰知茶道全尔真，唯有丹丘得如此。"是诗人和友人共同品尝剡溪（今浙江埕县至新昌县内）香茗的即兴之作，全诗升华了饮茶的精神境界，提出了著名的"三饮得道"。

唐代茶饮文化中，以陆羽为代表的修技派，以白居易、刘贞亮、卢仝为代表的修心派，以从谂、皎然为代表的修道派。其实，历史上儒释道三家著名的与茶结缘的人，都是兼容合流的，有的自儒入道，有的自儒入佛，当他们被大唐茶风濡染成雅士茶人后，便把自己的思想灌输到茶事中去，用自己的理念去规范茶事，这样，大唐文化就顺理成章融汇了儒释道三教文化，创造了唐代的茶道格局。

（三）茶疗："万病之药说茶疗"

唐朝鼎盛，百业兴起，茶疗在此时期也发展到一个新的阶段。这个时期的医药学家、养生家，在总结唐以前的茶疗经验基础上，又扩大了茶疗的应用范围和茶疗的服用方法。

唐以前，茶疗范围仅限于解毒、治脓血、厌食、胃痛和减肥等，而唐时期就扩用到治疗瘘疮、痰热、宿食、消渴（糖尿病）等近二十种病症；养生保健

方面，还可以补肾、聪耳明目、坚肌长肉等。茶疗服用方法除了唐以前的煮饮法，又增加了研末外敷、和醋服、茶丸剂等方法。

提到茶疗，就不得不提到被尊为“茶疗鼻祖”的大家——陈藏器。这“茶疗鼻祖”之名亦非浪得，而是玄宗皇帝钦赐。开元726年，玄宗十八子李瑁得了怪病，只觉腹饥，倦恶进食，以致瘦骨嶙峋，气血全无，终日卧榻。药剂万方，未见其效，玄宗盛怒，罢太医数人。陈藏器听闻，进殿面见玄宗，奉上秘方“药茶”，谓曰：“寒者温之、热者寒之、虚者补之、实者泻之”，定有奇效。玄宗初疑，未料，李瑁晨时饮，午时食，半载有余，李瑁即愈。玄宗大喜，赐封嘉奖，无不授予，李瑁亦设宴三日，以表陈功。玄宗昭告天下，赐陈“茶疗鼻祖”。陈藏器一生研习各类本草医书，撰写了著作《本草拾遗》，调配了大量行之有效的茶疗秘方，认为“诸药为各病之药，茶为万病之药”，他之所以这么说是因为茶当中含有最宝贵的多酚类物质。我们知道自由基是人体衰老或病变的源头，茶多酚类化合物的独特氢性羟基结构可以和活性极强的氧化作用的自由基结合从而达到一定清除效果，达到一定的抗衰老、抗癌突变的功效。因此可以把茶比拟为“万病之药”。陈藏器把吃茶方式推向了更高层次的健康养生之道上，利用茶的功效成分，添加其他中药，形成药茶合一的中药茶。他倡导的本草茶疗法在当时繁荣的唐代外交中更是影响到东南亚等国，奠定了他在中国本草茶疗领域的杰出地位。

唐代“药王”孙思邈，对内、外、妇、儿、五官各科和针灸都很精通，重视医德，终身不仕，潜心治病救人，不慕名利，著有中国历史上第一部临床医学巨著《千金要方》，孙思邈以人命重于千金，故取“千金”为书名。他开创了悬丝诊脉，并以此为太宗李世民的长孙皇后引产。他曾经路遇即将下葬的棺材，通过嗅闻血迹判断难产少妇还活着，然后用针灸挽救，使母子二人重返人间。孙思邈注重养生，他70多岁时被唐太宗召见入长安，容貌气色、身形步态皆如同少年一般。他的《千金要方》记载了用单味茶叶制成汤剂治疾养生的方法：“治卒头痛如破，非中冷又非中风，痛是膈中痰厥气上冲所致，名为厥头痛，吐之即差。单煮茗（茶）作饮二三升许，适冷暖饮二升，须臾即吐。”

还在《食治节》中称茶“令人有力悦志”。这是因为茶叶中含有多种维生素，主要是维生素 A、维生素 B_1、维生素 B_2、烟碱酸、泛酸、维生素 C、维生素 P、维生素 PP 和维生素 K 等，这些微量的维生素都是人体不可缺少的营养物质，比如维生素 C 维护牙齿、骨骼、血管、肌肉的生理机能，每 100 克新绿茶中含 180 毫克，可与柠檬、菠菜媲美；维生素 P 促进维生素 C 吸收协同作用；泛酸润泽皮肤；维生素 B_1 帮助血细胞生长等；另外多种矿物质如铜、氟、镁、钼、铝等，不仅有升血功能，还有营养价值。所以正如“药王”孙思邈所说，饮茶可以补充营养，增强体质。

“不观《外台》方，不读《千金》论，则医所见不广，用药不神”，这是流传在唐代医家中的一段评论，《千金》即《千金要方》，《外台》指王焘的《外台秘要》。《外台秘要》被《新唐书》称为“世宝”，足见该书在医学界地位之高。《外台秘要》中就专门收载了“代茶新饮方”，详尽地记载了茶疗方的制作和服用方法。王焘称其“除风破气，理丹石，补腰脚，聪耳明目，坚肌长肉，缓筋骨，通腠理，畅腑脏，调摄血脉”，这个茶疗方主治头脑闭闷，眼睛疼痛，心虚脚弱，不能行步，是一首气血双补兼祛风湿之剂，方便实用。王焘自幼多病，因此常与医药打交道，后来母亲患疾，他感于“齐梁间不明医术者，不得为孝子”，加上当时宗教迷信思想在社会上非常流行，宿命论和巫术害死了不少人，于是便潜心钻研医学。王焘编著医书《外台秘要》，对医学文献进行了大量的整理工作，并身体力行地应用经方，普惠大众。《外台秘要》收载的方剂量比《千金要方》更大，剂型更多。除了汤剂类，还应用了丸剂、膏剂、贴剂、煎膏剂等多种类型，多达 40 余种。

另外还有郭稽中的《妇人方》记：妇人“产后便秘，以葱白捣汁，调蜗茶末为丸，服之自通”，使用药丸剂；唐代宰相李绛在《兵部手集方》里，记载了“煎湖茶以头醋和匀，服之良”，用来治疗“久年心痛五年十年者”，和醋服。这些都表明唐时茶的药用方法早已打破早期的单一煮饮法，也提高了茶疗的应用范围和疗效。

唐代医药学已经发展到一个空前的水平，而当时医家奉为治病指南的《本

草经集注》又已不适应当时形势的需要，唐朝政府便下令修撰新的本草著作。于是以苏敬为首的 23 人奉敕编撰成世界上最早由国家颁行的药典《新修本草》。这部药典对茶的药用特性做了这样的记述："茗，苦。茗味甘苦，微寒无毒，主瘘疮，利小便，去痰热渴，令人少睡。""苦，主下气，消宿食，作饮加茱萸、葱、姜等良。"这不仅总结了茶的药用特性，还显示了茶作为药方由单方向复方的转变。

茶疗不仅出现在药方中，也应用于食疗。比如唐代的食疗专著《食疗本草》不仅记述了食物治疗和鉴定食物，对茶疗亦有记载："茗叶利大肠，去热解痰。煮取汁，同煮粥良。又茶主下气，除好睡，消宿食。"这表明唐时不仅已有用茶煮粥作食疗的方法，还强调现煮现饮食更增加疗效的时机。《食疗本草》出自唐代孟诜撰写的《补养方》，孟诜曾经师从孙思邈学习阴阳、推步、医药，他早年任同州刺史，后来归伊阳山隐居，就专门研究饮食疗法。药学家张鼎在《补养方》的基础上补充了 89 种食疗品，将其改名《食疗本草》三卷。

另外茶的醒酒作用，也早已为人所知，刘禹锡有一次醉酒，就想方设法向白居易换了两袋六班茶来醒酒。（《蛮瓯志・换茶醒酒》）当滥饮烈性酒以后，由于酒精毒害了神经系统，会让人感到浑身酥软无力，甚至恶心呕吐，神志昏迷，茶中的茶多酚和咖啡碱可以一定程度上中和酒精，补充的水分可以利尿，促进酒精分解物通过小便及时排出体外，解除毒害，得以醒酒。

从先秦到汉、晋，茶虽然已作为药品在某些场合应用于治疗，但并未形成独立的茶疗。而在唐代，本草理论和临床医学对茶疗全面关注，陈藏器、孙思邈、王焘、郭稽中等医学家及养生家孟诜在总结了唐以前用茶治病、养生的经验上扩大了应用范围和茶疗方法，使茶疗渐成体系，并发展到空前高度，让茶强身保健和延年益寿作用也广为流传。因此，唐代是药茶史发展的一个大时期，在中国医药学体系中占有一席之地。

（四）茶传播："香飘四海唐茶远播"

茶文化在汉晋时期已向外传播，但此时只能算初绽锋芒。而自中唐往后，茶文化大行其道，成为主流，大江南北、朝野上下，无不荡漾着悠悠茶香，这时候的茶文化远播与汉晋相比，就不可同日而语了。

大唐是当时世界上最为强盛的国家。疆域广阔，物质丰饶，文化发达，其开放与包容，泽被四海，广纳百川，与世界许多国家文化、经济交流频繁，茶作为中国的“国饮”，也随之大量向海外流通，一时间形成了万邦求茶，香飘四海之盛景。这要归功于唐朝历代君王开明大气的胸怀。唐高祖在给朝鲜半岛高丽王武建的信中明确提出了“柔怀万国”的睦邻友好关系准则。唐高宗则提出了自由贸易的思想，他说：“南海蕃舶……其岭南、福建及扬州蕃客，宜委节度使常加存问，除收舶脚（船税）进奉外，任其来往通流，自为交易”；唐玄宗更是表态要“开怀纳戎，张袖延狄”；武则天证圣元年令：“蕃国使人朝，其粮料各分等第给，南天竺、北天竺、波斯、大食（阿拉伯）等国宜给六个月粮……”唐王朝还专门设置了鸿胪寺负责接待外国使者。

正是由于唐奉行了开放、优惠政策，才有了“万国遣使”的盛况。国际贸易自然如火如荼般发展起来。茶文化便在这频繁的国际交流与贸易中，源源不断地传播到海外各国。

唐代的扬州、明州（今宁波）、广州、泉州等港口，对外贸易繁荣，朝廷还专设了市舶司管理海上贸易，准许外商自由买卖，因此茶叶也输出海外。而且，从唐贞观到唐昭宗的260余年中，日本共遣使赴唐15次，访团人数众多，包含大使、翻译、医生、僧人、留学生等各类人员，学习内容从传统文化、社会习俗到典章制度、释道儒学等，无所不包。在这些人当中，僧人扮演了将茶文化传播到日本的使者角色，其中就有后来被尊为“天台宗始祖”的最澄。最澄于804年跟随遣唐使来到浙江天台山国清寺学习天台宗教义。在佛陇寺庙时，曾任智者塔院的“茶头”。805年初春，最澄归国时，友人举办了一场茶会。在天台山茶风的熏染下，最澄对唐代茶文化有深入认识。

《日吉神道秘密记》载：“公元805年（唐顺宗永贞元年），从中国求法归来的最澄带回中国茶种，并撒播于日吉神社之旁，成为日本最早的茶园。”最澄回国后仿天台山国清寺兴建一座宏伟寺院，也名“国清寺”，成为日本佛教“天台宗”的最高学府，更重要的是，他致力于茶文化在日本贵族阶层及僧

侣阶层的传播。嵯峨天皇与最澄的唱和诗歌《答澄公奉献诗》：“羽客亲讲席，山精供茶杯。”嵯峨天皇在诗中提到陆羽，日本贵族阶层已经了解唐代茶文化发展的情况。嵯峨天皇在位的弘仁年间，崇尚唐代的文化与艺术，中国文化在日本备受推崇。日本开始种茶、制茶、品茶，以嵯峨天皇为中心，最澄、空海、都永忠等僧侣为骨干力量的茶人群体推动了日本茶文化的传播，饮茶之风盛行，学界称之为“弘仁茶风”。

由于地域的关系，中国与朝鲜半岛的往来就更为密切了。据朝鲜《三国史记》所记，从武则天到唐昭宗的 194 年间，朝鲜向唐派遣使团 89 次。大唐的外国留学生中，以朝鲜半岛人为最多。有些人学成名就，如崔致远考取了进士，官至宰相。大量侨民散居在唐的 7 道 19 州。他们将当地的风俗饮食移植于本土，其中就包括茶叶种植。茶传入朝鲜半岛约在唐敬宗宝历元年，也就是 825 年，稍晚于日本。新罗国作为朝鲜半岛当时的主要政权，非常重视茶叶文化的引进，国王将茶作为一项重要的祭祀用品，在祭拜新罗国祖先的时候和水果一并使用，而且还引进茶的种子进行种植，《三国史记》里有讲到遣唐使把茶叶种子种植在地理山。敬宗宝历元年，新罗人金立之随新罗王子金昕入唐，曾至长安青龙寺、清远峡山寺。宣宗大中九年，任新罗秋城郡太守，他创作的碑刻表明了朝鲜对茶叶文化的钟爱。

唐太宗时期，青藏高原新崛起的吐蕃王朝率大军进攻大唐边城大败。藏王松赞干布只好俯首称臣，并对大唐的强盛赞慕不已，特向唐廷求婚，唐太宗经过一番考虑，将宗室贵女文成公主许配给松赞干布，一时传为美谈。文成公主喜欢喝茶，所以她远嫁吐蕃的时候，除了带去珍珠玛瑙、绫罗绸缎外，还带了很多茶叶。吐蕃的松赞干布赞普有两个王妃，一个就是文成公主，另一个是尼泊尔王女，于是宗教从尼泊尔输入西藏，文化与饮茶的风尚从内地输入西藏，从此饮茶与佛教更进一步结合，导致以后在西藏喇嘛寺中盛大茶会的出现。文成公主刚刚入藏时，不适应藏族人以肉食为主、多腥膻的生活习惯。为此，她常常眉头紧锁，茶饭不思，尤其是牛羊奶的气味她很不习惯，后来她想出一个办法，就是早餐时，先喝半杯奶，然后再喝半杯茶，这样感觉舒服一些，后来为了方便，就干脆将茶和奶放在一起喝。久而久之便养成一种习惯，在喝茶时加入一些奶和糖，这就是最初的奶茶，文成公主的做法引起了宫中群臣权贵的效仿，文成公主也常常以奶茶赏赐群臣、款待亲朋。从宫中到藏族居住区，人们很快地效仿，饮茶之风一时盛行。为了增加喝茶的品味和乐趣，她试着在煮茶时加入酥油和松子仁以及当时非常珍贵的盐巴——这样煮出来的奶茶，咸香可口，滋味馥郁。现在这种喝酥油茶的风气已遍及藏族居住区。

据唐朝李肇著作的《国史补》记载：唐德宗时期，有个使者叫常鲁公，到了西番，烹茶帐中，赞普问他煮什么，常鲁公故作玄妙地说："涤烦疗渴的所谓茶。"哪想赞普说，我这里也有，于是叫人拿出来指着说："此寿州者、此舒州者、此顾渚者、此蕲门者、此昌明者、此㴩湖者。"寿州、舒州者就指安徽的小围、六安茶，顾渚者就指浙江的紫笋茶等，这说明唐代饮茶风气之盛，连新疆、西藏一带的王公贵族家里都已经学会贮备各色名茶了。

丝绸之路一直是我国同中亚各国商贸往来的重要通道，通过丝绸之路与各国交往的繁荣鼎盛时期，是继隋而建立的强大的唐朝。唐太宗李世民击败了东突厥吐谷浑，臣服了漠南北。唐高宗李治又灭西突厥，设安西、北庭两都护府。大唐疆域辽阔，是当时世界第一发达的强盛国家，东西方通过丝绸之路，以大食帝国，今天的阿拉伯国家为桥梁，官方、民间都进行了全面友好的交往。大食与唐朝建交后，先后遣使来唐 36 次。我国的茶籽、茶叶生产加工技术、优质茶叶和一些茶诗、茶画、茶著作、茶歌舞通过丝绸之路传往中亚。

波斯王国，也即今天的伊朗，自 6 世纪以来与中国也保持着良好的关系。唐朝时期，波斯人的生意遍及大唐诸多城市。波斯湾港口也常有中国商船停泊。据吕振羽《简明中国通史》载："蕃客、胡贾、阿拉伯、波斯等处来华的外商，他们主要贩运各地珍宝来华，并把中国的茶、瓷器、纸笔、药品等运回各地。唐政府对他们只征很轻的关税，甚至连关税也免除，并允许在中国购买田宅。"

唐朝时期，茶与茶文化远播到了吐蕃、日本、朝鲜、突厥、波斯、大食等

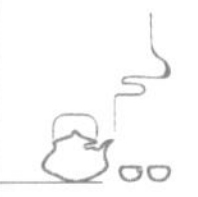

众多国家。唐代是一个对外交流开放的伟大时代，茶和茶文化大规模的传播，不仅促进了世界各地商贸经济的交流，而且是一种文化生活方式与审美情趣的输出。周边少数民族地区及海外诸国的饮茶文化习俗深受唐代茶及茶文化的影响。从此，中国茶成为人类的文明饮料，中国茶文化进入了世界文明，成为了世界文化的一个重要组成部分。

微视频分享：《唐代煎茶茶艺》

唐代煎茶茶艺

宋代

茶艺与茶文化

宋代茶艺与茶文化

导入：宋代茶事背景

一般说到中国古代最鼎盛时期，大家冒出来的第一个念头多是大唐盛世，所以说到茶文化，也会想到肯定是唐朝最繁荣，但其实并不然，著名宋史专家、北京大学教授邓广铭先生曾指出："宋代的文化，在中国封建社会历史时期之内，截至明清之际的西学东渐的时期为止，可以说，它是已经达到了登峰造极的高度的。"后世都认为宋朝"积贫积弱"，但实际上宋朝民间的富庶与社会经济的繁荣远远超过了盛唐，宋朝出现了宋明理学，儒学得到复兴，科技发展迅速，政治开明，而且没有严重的宦官专权和军阀割据，兵变、民乱次数与规模在中国历史上也相对较少。在文学艺术方面，散文的"唐宋八大家"，有六大家在宋代；在科学技术方面，古代中国引以为傲的"四大发明"，活字印刷是宋代发明的，火药被广泛应用，指南针被应用于航海，这些都是重大的技术突破；在文化人才方面，宋代也是英豪辈出。文坛领袖欧阳修、集文学家与政治家于一身的王安石，在散文、诗词、书法多方面都有重大建树的文化全才式的人物苏轼，著名诗人陆游，豪放派著名词人辛弃疾，发明创造活字印刷的布衣毕昇，被世界公认为历史上最伟大的科学家之一的沈括，都是宋代的领风骚者；在数学、天文学、医药学等许多领域，宋代也处于世界领先的地位。正因为宋朝社会稳定，国泰民安，茶叶种植面积扩大，因此饮茶之风更盛，不仅待客茶宴加大了发展，还产生了茶艺比赛的"斗茶"。

到了宋代，茶叶生产日益扩大，出现了许多以茶为业的农民和大规模的官营茶园，与唐代相比，宋代茶树种植面积扩大了两三倍以上，产量和质量都大大提高，产茶地区由唐代的 43 个州扩展为 66 个州，共 242 个县。茶馆也比之

前更兴盛，特别是京城和交通要道、货物集散的大城巨市，茶坊鳞次栉比、形形色色，比如早市茶坊、人情茶坊、花茶坊、雅茶楼、夜茶店等，不仅在内地，就是在西北地区也专门设立了茶市，茶已经发展为交换西北边区土特产的主要商品。茶的普及正如王安石所说："夫茶之用，等于米盐，不可一日以无。"宋元时期，茶业的重心又移向了东南地区。贡茶院从顾渚改置建安，史书称"自建茶出，天下所产，皆不可复数"；闽南和岭南一带的茶业也明显地活跃和发展起来，陆羽称"往往得之，其味极佳"。其中建茶的崛起是真正让宋代茶业发展兴盛的重要原因。

"建安茶品甲天下"，所谓建茶是指福建建溪茶。宋代产茶地区遍及秦岭以南各地，贡焙从顾渚改置到建州东的凤凰山麓，为什么舍近求远呢？这主要因为天气的原因，之前的宜兴、长兴早春树因为气候降低，发芽推迟，就不能保证茶叶在清明前贡到汴京，才有欧阳修诗句说："建安三千里，京师三月尝新茶。"凤凰山麓山灵地秀，茶品制作精良，"北苑龙焙"被誉为"宋时建州之茶名天下，以建安北苑为第一"（《北苑别录》），而当时名臣大茶学家蔡襄也赞叹"北苑龙茶著，甘鲜的是珍。四方唯数此，万物更无新。"传闻蔡襄鉴茶功夫了得，有人将不同的茶品混合，他都能逐一分辨出来，彭乘《墨客挥麈》对此夸赞道，"蔡君谟（蔡襄）善别茶，后人莫及"。蔡襄撰写的《茶录》，可以与陆羽的《茶经》媲美，既弥补了丁谓的《北苑茶》只写采造方法却没有品饮技艺的缺陷，又弥补了陆羽《茶经》没有涉及建安茶品的遗憾。

建茶名冠全国，无论是制造工艺还是品饮艺术，都达到了登峰造极的水平。创制的龙团凤饼，不仅有采、拣、蒸、榨到研、造、焙、藏等烦琐考究的工艺，单单是团茶上的龙凤纹饰的工巧精细就让人叹为观止，可以说是"龙腾凤翔，栩栩如生"，据说每年为造这种贡茶，费金 2 万余缗，要 1000 人干两个月才能完成，规模之大，役工之繁，远胜唐代顾渚山贡茶院。到后来茶品越来越精致绝伦。"大龙团""小龙团""其价直金二两，然金可得，而茶不可得"，再有"密云龙"，银线水芽、御苑玉芽、万寿龙芽、龙团胜雪以及试新鐐、贡新鐐。同时，形状还有方型、花型、大龙、小龙不同模式，花色品种齐全，无奇不有。南宋蔡絛说："茶之盛，盖自唐人始，至本朝最盛……盖穷极新出，而无以加矣。"

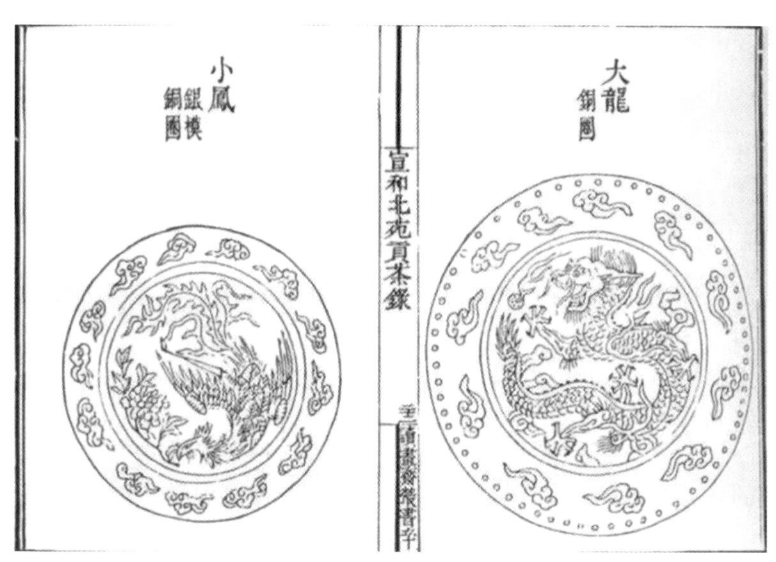

图 41　龙团凤饼

宋代制茶如此精致，所以宋人品饮的茶艺自然也是格外讲究了！我们在前面了解到宋人在唐代煎茶法的基础上创新出的“点茶法”，点茶技艺越高超，点好的茶汤融凝如琼冻程度越佳越持久，烹点之妙，莫不盛造其极。同时，无论是上层社会，还是普通民间，饮茶烹沏技术愈趋精益求精，还产生了著名的“斗茶”（“茗战”），比起唐代更胜一筹。茶艺当中的“器”，因为宋代茶汤不再崇尚青色而贵色白，所以也不再重用越窑青瓷而追求便于观赏白沫的黑瓷茶盏。同时，因为宋代流行“点茶法”，茶具已从 28 器减少为包括茶炉、汤瓶、茶匙、茶筅等 10 多件。特别是南宋审安老人的《茶具图赞》把茶具拟人化称为“十二先生”，比如把茶磨称为“石转运”，把茶碾称为“金法曹”，把瓢称为“胡员外”等，非常生动，饶有趣味。

宋代茶业和饮茶发展、变化的另一个标志，是从团茶、饼茶（又称片茶）向散茶的演变。一方面，贡茶院的重心转移到了建安、岭南一带，曾经名噪一时的江南一带只有顺应时势大力发展散茶，另一方面团、饼茶制作工艺烦琐，煮饮费事，同饮茶越来越普及的现状也不太适应了，人民大众要求茶叶价格低廉，煮饮方便，所以适应这种需求的散茶逐步发展起来，将采下的茶叶蒸青后，直接烘干，因松散形状而得名，到了宋代后期，散茶就开始有取代团饼茶的趋势。

现今，我们面对宋人的茶事鼎盛和生活美学，往往需仰视，颇生艳羡之意。不过呢，对于如今闲暇日少、节奏激荡的现代人来说，宋代闲雅茶事，本为奢侈。时代大势所造，一味摹古也并不是好主意，我们可以先了解古人达到了一个怎样的高度，精神世界又有怎样的气象，才能谈得上推陈出新，找到适合当下的品茶方式，让我们的茶事生活既有内涵，又有趣味。更重要的是，宋朝茶类从传统的紧压茶类逐步向生产末茶与散茶转变，对于中国后世茶叶的发展有了深远的影响，可以说，中国上古时代的制茶工艺和烹饮方式，是通过宋元时期茶类的改制和演变，转入明清时代，走向近代之路的。

总之，宋代茶艺登峰造极，而且茶类的转制发展和茶馆业的繁荣也成为中国茶业的里程碑。所以，关注宋人的世界，不仅对过好我们的生活大有益处，对民族文化的复兴也极其重要！

启发:

茶盛于宋。宋朝崇文抑武，士大夫阶层获得了极大的政治空间，也带动了社会文化的文人化审美趋向。这也反映在日常茶事生活中，大批茶学专著如《大观茶论》《宣和北苑贡茶录》《北苑别录》《茶录》等等编撰，不计成本打造精工卓越的“龙凤团”风靡一时。这种“变着花样玩茶”的情趣和雅致，宋一朝，到了极致。

一、宋代点茶茶艺

“蟹眼已过鱼眼生，飕飕欲作松风鸣。蒙茸出磨细珠落，眩转绕瓯飞雪轻。”苏轼在《试院煎茶》中描写了宋代点茶的情趣和雅致。唐代晚期应该就已经出现点茶法了，因为唐德宗贞元七年（791 年）的女学士宋若昭撰写的《女论语》里，第十章《待客》就有记录：“大抵人家，皆有宾主，蔟滚汤瓶，抹光橐子，准备人来，点汤递水……”

唐代的饮茶主流是“煎茶法”，即将茶末置于茶鍑中煎煮；而宋代的饮茶主流是“点茶法”，是将制备好的茶末直接放在茶盏中，用煮好的开水冲饮。不仅程序颠转，主旨也极为不同，宋代点茶不加任何佐料，追求纯粹的茶味，就连陆羽主张的加盐也被彻底摒弃。

（一）茶

《宋史·食货志》载：“茶有两类，曰片茶，曰散茶。片茶……有龙凤、石乳、白乳之类十二等……散茶出淮南归州、江南荆湖，有龙溪、雨前、雨后、绿茶之类十一等。”当时还是以团饼茶为主，所以片茶的工艺和花色还是占着绝对主导地位。

1. 北苑贡茶

就拿北苑贡茶来说，北宋初期数量不多，年仅五十片，只有石乳、白乳等小量品种，到宋徽宗时居然有四万七千一百余片，品种共四十多类，有大龙团、小龙团、贡新銙、试新銙、密云龙、瑞云祥龙等等，花色品种多样，尺寸大小也不同。特别是漕臣郑可简始创的“银线水芽”，只取茶芽中心嫩条一缕，用珍器贮清泉渍之，光明莹洁若银线，制成方寸茶饼，有小龙蜿蜒其上，号“龙团胜雪”贡茶，极尽精美。同为福建路转运使，前有宰相丁谓制大团茶（8 个重 1 斤），后有书法家、茶学家蔡襄制小龙团（20 多个重 1 斤），在茶饼表面印上龙凤花纹，不仅供饮用，还是赏心悦目的艺术品，对北苑贡茶的大发展起着非常重要的推动作用。

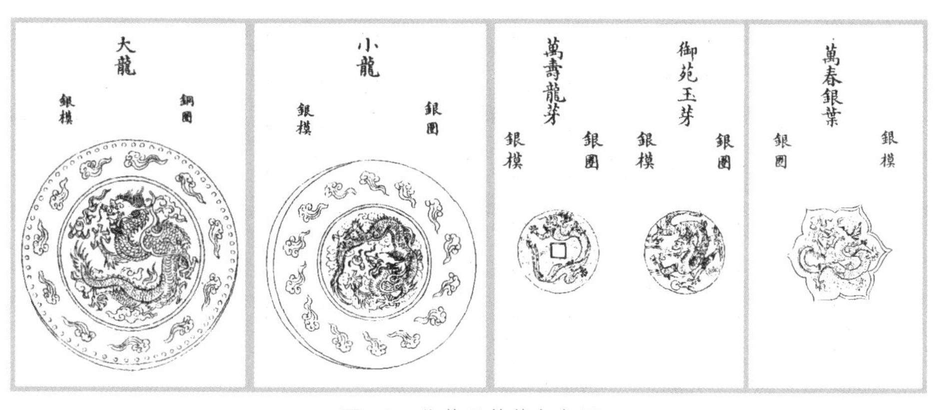

图 42　北苑贡茶花色各异

宋代团饼茶的制作非常烦琐，据宋代赵汝砺《北苑别录》介绍，基本过程是：采茶、拣茶、蒸茶、洗茶、榨茶、搓揉、再榨茶再搓揉反复数次，研茶、压模（造茶）、焙茶、过沸汤、再焙茶过沸汤反复数次、烟焙、过汤出色、晾干。采茶要在天亮前太阳升起时开始，茶人们在凤凰山打鼓亭集合领牌，用指尖采摘；拣茶就是把小芽、中芽、紫芽、白合、乌蒂分类制作，比如选出形如鹰爪小芽造“龙团盛雪”和“白茶”；然后将茶芽反复清洗蒸之去青草味，过熟色黄而味淡，不熟色青而沉淀；蒸熟的茶芽淋水数次。冷却后包布小榨水分，大榨去膏（茶汁），反复直到不出茶汁为止，去掉苦涩味，这叫榨茶；榨过的茶叶置陶盆中用椎木研之，边加水边研直至水干茶熟，这是研茶；研好的茶膏装放进有龙团花纹的圈（模）中，固定造銙压制成形，再取出团饼茶摊在竹席上晾干；烈火上焙再过沸水洗浴 6 ~ 15 次，文火烟焙数日，火候要适当，火的大小和焙烤次数要按銙的厚薄而定；焙干之饼茶再经过沸水过汤出色，置于密室，以扇急扇之，则色泽自然光莹。

图 43　宋代制茶

宋徽宗对茶饼的质量也非常重视，关于鉴辨他提出了三条标准：一是以色辨，茶饼“色莹彻而不驳”，色泽莹润没有瑕疵；二是以质辨，茶饼“缜绎而不浮”“举之凝结”，即质地缜密而不松散，拿在手里有一定重量；三是以声辨，“碾之则铿然”，即茶饼的质地坚密和干燥。达到这三条标准的“可验其为真品也”。

2. 日铸岭茶

就在福建的北苑贡茶如此贵压众茶，而独占鳌头之际，浙江日铸岭的散茶，却似一股来自山野的清芬之风，稍稍吹散了一点奢靡竞贵的北苑茶之皇气，让人顿感天然的清新而心旷神怡。显然，从加工工艺来看，团茶或片茶都须又捣又研又压，还要加米汤等物，焙后还须碾碎成粉末，极损茶真。而散茶则或采下即炒，或即蒸而晒干、焙干，能保持较多的天然本色。加上由于采摘频繁，人气浸污，北苑茶又渐渐步顾渚茶之后尘，茶品质下降，异香不再，只能添加龙脑助香，并用油膏来涂亮茶饼面，以仿初期优质茶丰腴油亮的状态，所以苏东坡有“膏油首面新”之句。宋代崇尚茶白，以白为贵，而浙江散茶“日铸茶”芽长毫白密，故有“雪芽”之称而成为名品。那么，“日铸茶”究竟好在什么地方而获得“江南第一”的殊荣呢？北宋杨龄《杨公笔录》云：“会稽日铸山，茶品冠江浙。山，去县几百里，有上灶、下灶，盖越王铸剑之地。世传越王铸剑，他处皆不成，至此一日而铸成，故谓之‘日铸’。或云‘日注’，非也！山有寺，其泉甘美，尤宜茶。山顶谓之油车，茶尤奇，所收绝少，其真者，芽长寸余，自有麝气。”说的是会稽山是越王铸成宝剑之地，有王气也有古意，是个吉祥之地。而且它北临东海，东傍四明山，苍苍郁郁，峰峦起伏，绵延不绝，广袤横亘数县。气候温和，溪流纵横，青山绿水，十分秀丽，晋代人都称“千岩竞秀，万壑争流”，苍松翠竹中，茶生石壁、涧边，分外鲜绿茂盛，所以日铸岭上的“日铸茶”有麝之香气，品质也自然优异。当然，除了日铸茶，还有龙溪、雨前、雨后等大约十一等，主要是出自淮南归州、江南荆湖一带的蒸青绿茶，而“日铸茶”倒应该算是炒青绿茶，因为陆游在他的《安国院试茶》里有说：“……日铸则越茶矣，不团不饼，而曰炒青。”虽然炒青绿茶的最早记载出现在唐代刘禹锡的《西山兰若试茶歌》里，但正式出现“炒青”这个专业名词倒是出自宋代越人了。

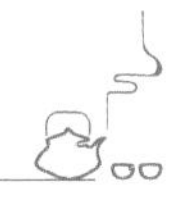

另外，正因为“龙团凤饼”进贡的时候，常常加入一种叫“龙脑”的香料，以增茶香，宋代算是首次出现了花茶的雏形。蔡襄在《茶录》中说：“茶有真香，而入贡者微以龙脑和膏，欲助其香。”龙脑是一种常绿乔木，又名龙脑香，产于闽广一带，它的花朵香芬浓郁，和树干中的树膏结成一种莹白如冰的结晶体，俗称“冰片”，这种加了冰片的龙凤香饼茶，虽然同以后的花茶制法不同，但在茶叶中和以香料以益茶香，意义与花茶是差不多的。民间制作的花茶不加香料，而是在烹煮时加入香草，方法不同但都是以花增加茶香，慢慢地，人们在实践中发现其他香味的花朵晒干后也可以焙茶增加香味，最早用的就是茉莉花。南宋施岳《步月·茉莉》词中注释说：“茉莉，岭表所产……此花四月开，直至桂花时尚有芬芳味，古人用此花焙茶。”南宋赵希鹄在《凋燮类编》一书中说到“以花拌茶”，指出木樨、茉莉、玫瑰、蔷薇、兰蕙、橘花、栀子、木香、梅花“皆可作茶”，他还介绍了莲花茶、木樨花茶的制法。

宋代还有所谓的“白茶”，但那是指从偶尔发现的白叶茶树采摘而成的茶，不是加工制成的白茶，宋徽宗在他写的《大观茶论》中描述这种白茶说：“白茶自为一种，与常茶不同。其条敷阐，其叶莹薄，崖林之间，偶然生出，虽非人力所可致。有者不过四五家，生者不过一二株，所造止于二三銙而已。芽英不多，尤难蒸焙，汤火一失，则已变而为常品。须制造精微，运度得宜，则表里昭彻，如玉之在璞，它无以伦也。浅焙亦有之，但品不及。”也许是因为宋代茶艺以白为贵，宋徽宗对白茶评价才会格外高吧，当时在建瓯东溪就有白叶茶树 14 株，由于白茶稀少珍贵，在宋朝称为重要的贡茶，被称之为“瑞云翔龙”“龙团胜雪”“雪芽”的团饼茶，就是白茶类的贡茶。

3. 双井茶

宋代散茶中的名茶除了日铸、紫笋、阳羡，江西双井茶也被并列“皆绝品也”（《宋史·食货志》）。早在唐代，江西就已经是名茶产区，唐代张途在《祁门县新修温门溪记》记载：“山多而水少，水清而地沃，山且植茗，高下无遗土，千里之内，业于茶者七八矣。”赣东北、皖南、浙西及闽北一带是核心产茶地区。双井茶所在地是江西修水县南溪，正好是宋代大诗人暨书法家黄庭坚的故乡，村子江边石崖形成的钓鱼台下就有两口井，石崖上镌刻着黄庭坚手书的“双井”二字。茶园坐落在钓鱼台畔，依山傍水，土质肥厚，时有云雾，气候湿润，双井茶采于清明、谷雨前，生长的茶芽肥壮，形如凤爪，柔嫩多毫，10 斤鲜叶才能制出 1 两。黄庭坚对家乡的双井茶十分推崇，作《双井茶送子瞻》诗赞美：“我家江南摘云腴，落硙霏霏雪不如。”他还发挥自己的书法特长，将诗写成书帖供人鉴赏使得双井茶知名度大大提高之后，双井茶被列为朝廷贡茶。他还将精制的双井茶送给好友欧阳修，欧阳修称赞“双井白芽”“为草茶第一”（草茶即散茶）。

宋代以后，对茶的特性和贮藏方法有了更深入的研究。蔡襄在《茶录》中说：“茶宜蒻叶而畏香药，喜温燥而忌湿冷，故收藏之家，以蒻叶封裹入焙中，两三日一次，用火常如人体温，温则御湿润，若火多则茶焦不可食。”宋徽宗在《大观茶论》中做出了更加细致严谨的分析：“焙数则首面干而香减……失焙则杂色剥而味散。……焙用熟火置炉中，以静灰拥合七分，露火三分……探手炉中，火气虽热而不至逼人手者为良，时以手援茶体，虽甚热而无害，欲其火力通彻茶体耳。或曰焙火如人体温，但能燥茶皮肤而已，内之余润未尽，则复蒸暍矣。焙毕，即以用久漆竹器中缄藏之，阴润勿开，如此终年再焙，色常如新。”意思是：焙茶是极有讲究的。如果茶烘烤的次数多了，茶饼表面就显得干燥，香气锐减；若烘烤不足，又茶色驳杂，香味散尽。因此须在新芽初生时，即加以烘烤，除去水陆风湿之气。烘烤时要在炉子里放上熟火，用死灰掩盖七分火，露出三分火，这三分露火也要用轻灰稀疏地覆盖起来。过了许久就将焙篓放在炉上，用来逼散篓中的潮气，然后把茶芽均匀地摆列在焙篓里，一定要让焙篓的每一个角落都能烘到，避免有的茶因被遮蔽而烘烤不完全。焙得正到火候时就赶快把露火全部用死灰覆盖起来。用火的多少根据焙篓的大小增减。把手伸到焙炉中，以火气虽热却不至于烫手为宜，焙茶时要常常用手摸一摸茶芽。芽温即使很热也没有什么妨害，要让那火力把茶芽整体都烘烤得透彻才好。有人说，焙火的热度如果只达到人的体温，只能使茶表皮干燥罢了。而茶体内的湿润之气并未烘尽，那就再烘烤一次。茶焙完之后，就密土封在用了很久的竹制漆器中保存起来。天阴潮湿的时候不可开封，到年终再焙一次，茶色依然如新。

（二）器

唐人煎茶饮茶的用具很复杂，一般生活考究的人家都要备20多件全套的碾茶、泡茶、饮茶器具，普通民众喝一次茶很不容易。到了宋代，人们普遍把团饼茶碾碎、过筛后放到茶盏里冲饮，茶具也相应发生了变化。蔡襄在《茶录》中专门有“器论”列举了茶焙、茶笼、茶碾、茶盏、茶筅等十种茶具，而南宋有一位嗜茶如命的审安老人，把点茶茶具画了图形，为每一件茶具起一个官名，以让这些没有生命的大小“茶官”为他这个饮茶“皇帝”服务，于是戏称为“十二先生”。

韦鸿胪：茶笼，烘具兼贮具。姓韦因质地竹制，取名文鼎表示器物的形制。官名鸿胪谐音“烘炉”，是秦汉时掌管接待宾客的礼仪之官。

木待制：碎茶工具，姓木是材质，由槌、杵、臼组成，槌似锤子，杵为一头粗一头细的木棍，用以承受槌的打击以捣碎茶饼，臼是木头雕成的，中部凹下，盛放饼茶，使用时，饼茶放在臼底部，杵在其上，然后用槌击杵，使饼茶破碎。官名“待制”原意是轮流当值的顾问。

金法曹：茶碾，碎茶用具。姓金因质地，法曹示意茶碾，郡县属官。茶碾以银质的为最好，其次是熟铁的。生铁的茶碾如果没有经过掏练锤磨而制成，缝隙和中间的坑坑点点处就会夹杂着黑铁屑，会严重地损害茶的色泽。凡是制作茶碾时，槽要做得又深又陡，碾压时槽底才有准，茶叶才会集中在槽里。轮要又利又薄，运行在槽中就不会刮出声响。

石转运：茶磨，碎茶用具。姓石因质地，名凿齿，字遄转运形行，都表示器物形制、运作特征。唐代转运使经理米粮、钱币、物资的转运，宋代掌管军需、督察地方官吏。

胡员外：水瓢，取水用具。姓胡谐音葫芦，号贮月仙翁，示意器物形制及特征，取自苏轼“大瓢贮月归春瓮，小勺分江入夜瓶”。

罗枢密：即罗合，筛茶用具。姓“罗”示意筛网为罗绢质地，“枢密”谐音疏密，寓意筛网形制。唐代枢密使掌中枢机密，宋代负责军国要政。罗要又细又紧，才能使绢底不被泥糊住，保持常透气，罗茶时要既轻又平，不怕罗多次，这样茶的细末几乎不会损耗。

宗从事：系“茶帚”，洁具。姓“宗”谐音“棕”，指质地，名子弗，字不遗，号扫云溪友，指职责。“从事”是汉代刺史的左官，在宋代被废除。

漆雕秘阁：系“茶托”，与杯盏配合使用。“漆雕”示意质地，名承之，示明茶托承接茶盏的功能。“秘阁”为官署名，是藏经史御典之地，宋代也有“直秘阁”的官职，所以有双重含义，表示功能和重要性。

陶宝文：为“茶碗”，饮具。姓陶是质地，名去越，字自厚，指产地建窑及其产品兔毫盏，“宝文”寓意文学之官。盏底一定要稍深并且微宽，底深茶就是适合立发而容易泡出味，宽就可以在用筅旋转搅动茶叶时不妨碍用力击拂。然而必须根据茶叶的多少来决定所用茶盏的大小。茶盏高茶叶少就会遮盖住茶的颜色，茶多盏小就会使水不足以沏开茶。

汤提点：即“汤瓶”，烹茶用具。姓“汤”指热水，名发新，字一鸣，说明点茶后茶显色，点茶出水时呜呜有声。“提点”指提而点茶的功能，“提点”系官名，是宋代设各路提点刑狱公事。汤瓶适合用金银来铸造。它的大小规格，只有按需要来裁定。斟茶恰当不恰当，只是取决于茶壶口和嘴的大小和形状罢了。壶嘴的口稍微大些并且曲度直一些，那么倒茶水时力量集中水不会散开。壶嘴的末端要圆小而尖削，那么倒起茶来就会有节制而不滴漏。因沏茶的开水注入茶壶时很集中并且倒出时又快又有节制，不滴漏，所以茶水表层的粥面就不会被破坏。

竺副帅：系“茶筅”，点茶用具。姓“竺”喻指质地为竹制，名善调，字希点，号雪涛公子，意指茶筅的功能，为汤提点服务和调拂茶汤沫饽的形象。“副帅”示意茶筅在茶具中的地位和职称。茶筅用老竹子做最好，它的主干要厚重，竹帚要稀疏有力，根部要粗壮而末梢一定要细，应像剑脊般的形状。大概茶筅本身厚重，就能在使用它时有力量和容易运用。筅尖端稀而苍劲如同剑锋，用来搅拌和击打茶饼时，即使击打用力很猛也不会产生浮沫。

司职方：为“茶巾”，洁具。姓司谐音丝，意指丝织的方形巾，号洁斋居士，意指洁具。官名“职方”比喻其职能，掌征讨、镇戍等事宜。

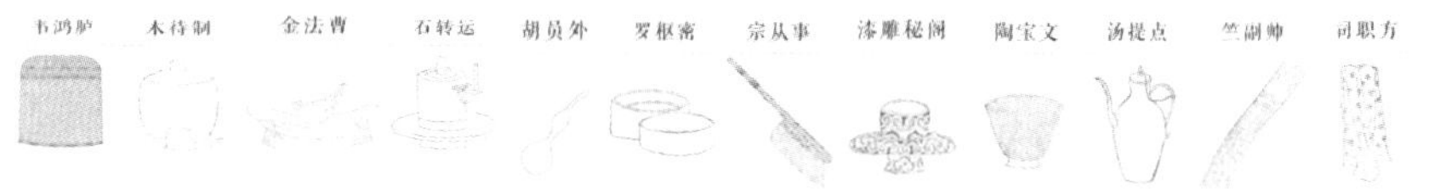

图 44　南宋审安老人《茶具图赞》“十二先生”

从唐代开始人们饮茶就尊尚瓷器。到了宋代，全国形成了官窑、越窑、汝窑、

定窑、钧窑五大名窑，各自烧制不同的瓷器，官窑北宋时在河南开封，南宋时在浙江临安（今杭州）；越窑在浙江余姚一带，延续唐代风格，以烧制青瓷茶碗、茶壶、茶盘著称；汝窑在河南汝州；定窑有北定河北曲阳和南定江西景德镇；钧窑在河南禹县神垕镇，生产的“钧红小茶壶”极具代表性。此外还有河北磁州窑、浙江龙泉的哥窑弟窑、江西的吉州窑生产的茶具都出类拔萃，而独树一帜的福建建窑黑瓷茶盏，我们在后面详谈。

青瓷在唐代风靡盛行，积淀了深厚的文化与纯熟的工艺，所以宋代名窑的青瓷作品名佳品多。比如汝窑起始于盛唐时期，而在宋代位居五大名窑之首，在中国陶瓷史上素有“汝窑为魁”之称，瓷器作品造型古朴大方，以名贵玛瑙为釉，色泽独特，有“玛瑙为釉古相传”的赞誉，它土质细润，坯体如胴体，其釉厚而声如磬，明亮而不刺目。器表呈蝉翼纹细小开片，有“梨皮、蟹爪、芝麻花”之特点，被世人称为“似玉、非玉、而胜玉”。汝瓷始烧于唐朝中期，盛名于北宋，在我国陶瓷史上占有显著的地位，北宋后期宋金战乱不息，兴盛前后不过二十余年，所以弥足珍贵。再比如龙泉窑开创于三国两晋，在宋代中期发展到鼎盛时期，形成了有自身特色的梅子青、粉青釉龙泉青瓷，生产茶碗、茶壶、茶托等等，以它们造型古朴幽雅、瓷质坚硬细腻、釉层丰富、色泽青莹柔和而闻名全国，蜚声海外，特别是造瓷艺人章生一、章生二兄弟两人的“哥窑”和“弟窑”，继承越窑特色又有发展创新，哥窑胎薄质坚，釉层饱满，色泽静穆；弟窑造型优美，胎骨厚实，釉色青翠，成为龙泉青瓷中的两颗明珠。

图 45　汝窑茶盏托（大英博物馆藏）

除了青瓷继续风行，白瓷也开始异军突起。景德镇在唐代原名昌南镇，即使生产的白瓷有“假玉器”的盛名：“白如玉、薄如纸、明如镜、声如磬”，但因为唐人崇尚“青则宜茶”而始终不够耀眼，到了北宋景德元年，真宗赵恒下令，在浮梁县昌南镇建办御窑，并因为年号而改名为景德镇。当时景德镇生产的瓷器，质薄光润，白里泛青，雅致悦目，而且已经开始有多彩施釉和各种彩绘，彭器资在《送许屯田诗》中这样评价：“浮梁巧烧瓷，颜色比琼玖。”

宋代还兴起了青白盏茶具，以景德镇窑为代表，其釉色介于青与白之间，白中泛青，青中显白，故名。青白瓷茶具中制作最精良的为盏托或称托盏，又称茶托子，由托和盏两部分组成，下面为茶托，上面放置茶盏，青白瓷所拥有的如玉般的品质迎合了宋代士大夫阶层的审美需求，制式小巧柔美，风姿绰约，显现出宋代统治阶层克制自持、温文尔雅的性格特征，而且硬度、薄度和透明度都达到了现代硬瓷度水准。正因为这样的工艺积淀，到了元代成功烧制了青花瓷，白地蓝花，具有中国传统水墨画的明净、素雅之感，从此闻名于世，不仅为国内所共珍，而且还远销海外。青花瓷茶具淡雅滋润，被日本的“茶汤之祖”村田珠光格外喜爱，所以后来便把青花瓷茶具又戏名为“珠光青瓷”。

图 46　元代青花花卉纹托盏（首都博物馆藏）

宋代流行“点茶”，所以饮茶由过去用碗改为用盏，方便击拂，盏托使用也更加普遍，而且制作较之唐代更为精细多姿。盏是一种小型茶碗，上大足小，

胎体厚重，保温性好，有黑釉、酱釉、青釉、青白釉及白釉多种。其中以黑釉最为盛行，因为宋代斗茶之风盛行，黑色茶盏与白色茶沫强烈反差，最便于衬托观察茶沫颜色，而青瓷茶碗的翠色就无法反映“白”的色泽，从而黑釉茶盏受到了斗茶者们的欢迎。黑瓷茶具釉料中氧化铁的含量在5%以上，商周时出现原始黑瓷，东汉时上虞窑烧制的黑瓷施釉厚薄均匀，釉色有黑、黑褐等数种。宋代烧制黑瓷茶具最著名的有建安窑和吉州窑，其中建安窑烧制的兔毫纹、油滴斑、曜变斑等茶碗，因为釉料配方独特，含铁量高，烧制保温时间长，釉中析出大量氧化铁结晶，成品显示出流光溢彩的特殊花纹，绚烂而雅观，为斗茶行家所珍爱。蔡襄在《茶录》中就精辟地阐述道：“茶色白，宜黑盏。建安所造者绀黑，纹如兔毫，其坯微厚，熁之久热难冷，最为要用。出他处者，或薄或色紫，皆不及也。其青白盏，斗试家自不用。”建窑生产的黑瓷兔毫茶盏，有一批在底足处刻“供御”或“进琖”等字样，就是专供宫廷斗茶用的黑瓷茶盏，由于皇室推崇，各地仿制建窑黑瓷茶具的有很多，浙江余姚、德清也生产一种漆黑光亮、美观实用的黑釉瓷茶具，最流行的是一种壶嘴为鸡头状的鸡头茶壶，日本东京国立博物馆至今仍藏有的一件“天鸡壶”的国宝茶具就是从中国传过去的，来中国取佛的日本昭明禅师从浙江天目山径山寺回国时候，带去一件“兔毫天目”的黑瓷茶盏，后被视为日本国宝。

图47　藤田世传蓝兔毫天目茶盏配14世纪黑漆嵌螺钿盏托

除了瓷器，紫砂茶具在宋时已开始崭露头角，最早的文字记载见于北宋诗人梅尧臣的《答宣城张主簿遗鸦山茶次其韵》：“雪贮双砂罂，诗琢无玉瑕。”还有《依韵和杜相公谢蔡君谟寄茶诗》：“小石冷泉留早味，紫泥新品泛春华。”欧阳修也有诗写道：“喜共紫瓯吟且酌，羡君潇洒有余清。”最早的紫砂茶具出自何人之手，已无从考查，但据传，苏轼择居宜兴蜀山讲学的时候，非常讲究饮茶，为便于外出时饮茶，他设计了一种提梁式的紫砂壶，烹茶审味，所谓松风竹炉，提壶相应，追求一种雅趣。蜀山原名独山，四面环水，是宜兴紫砂陶的发源地，苏轼居住宜兴时，爱其风景似蜀，因而改名蜀山。后代制壶艺人为纪念这位大文学家，就将他设计的提梁式紫砂壶称为“东坡壶”。

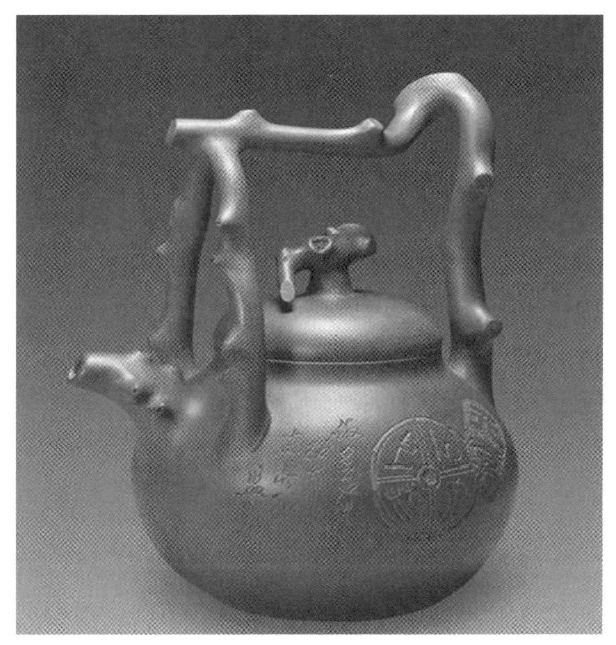

图 48　东坡提梁壶

（三）水

宋人同样崇尚泉水对茶品发挥的重要性。宋代文学家曾巩就写诗赞誉济南七十二泉之首的趵突泉：“一派遥从玉水分，暗来都洒历山尘。滋荣冬茹温常早，润泽春茶味更真……”泉水多源于山岩壑谷，经过沙石岩土的过滤，清澈

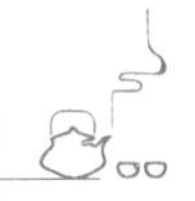

如镜，洁净甘美，同时吸收了二氧化碳，并在二氧化碳的作用下，溶解了钠、钾、钙、镁、铝等六七十种元素，使水质营养丰富，格外甘洌。有的隐蔽在绿荫深处，有的潜藏在森森深水中，也有的沿着岩壑潺潺流淌，叮咚作响，正如苏东坡对杭州冷泉就做过这样生动俏皮的赞誉："灵隐前，天竺后，两涧春淙一灵鹫，不知水从何处来，跳波赴壑如奔雷。"

但还有不少的宋人，与陆羽对选水等级的要求不同，他们认为水的出处不一定重要，只需活、清、轻就好。唐庚《斗茶记》记载："水不问江井，要之贵活。"认为水需有源有流，不是静止的死水。除此以外，水还要甘而洌，蔡襄《茶录》中说："水泉不甘，能损茶味。"宋徽宗《大观茶论》也指出："水以清轻甘洁为美。"也就是水澄不混浊，水的质地轻，干净卫生无污染，还有入口甜美不咸不苦。宋代也用雪水烹茶，辛弃疾在词《六幺令》中就有"细写茶经煮香雪"的描写。

同样，宋人对水与火的配合艺术也极其重视。蔡襄在《茶录》中谈道："候汤最难，未熟则沫浮，过熟则茶沉，前世谓之蟹眼者，过熟汤也，沉瓶中煮之不可辨，故曰候汤最难。"他认为煮茶的温度和时间都要掌握得当，火太大或太小都不宜烹茶。宋徽宗赵佶在《大观茶论》中云："凡用汤以鱼目蟹眼连绎迸跃为度，过老则以少新水投之，就火顷刻而后用。"意思是水不能煮得太老，气泡要像鱼目蟹眼一样接连不断地迸跳冒起来才恰到好处，如水开的时间过长，就把少量的新水加进去，在火上烧一小会儿再用。

唐末宋初人苏廙写了一本冷门书《十六汤品》，该书首标"汤者，茶之司命，若名茶而滥汤，则与凡末调矣"，意思是"掌握茶生杀予夺大权的是汤（开水）"，可谓至理名言。该书上承陆羽，下启蔡襄，将水在茶艺中的重要作用分析得淋漓尽致，是一本"候汤大作"。苏廙说"煎以老嫩者凡三品……注以缓急言者凡三品……以器标者共五品……以薪论者共五品"，也即是煎茶汤的时间要适中，根据开水滚沸情况可分三品，以不老不嫩的"得一汤"为最佳；冲泡缓急不当以致影响茶汤汤品好坏的也有三品，即中汤、断脉汤和大壮汤，次三品为冲注点茶时的水流速度，以不缓不急的"中汤"为妙，只有提高注汤技巧，连续不断，才得有好茶；注水器皿对茶汤品质也有影响，苏廙认为金银最佳，但因价格昂贵不能广用，石器为佳，瓷器为宜，铜铁铅锡腥苦且涩，陶器为败，据此分为五品，即：金银茶具叫“富贵汤”，用石料茶具叫“碧玉汤”，用瓷茶具叫“压一汤”，用铜锡茶具叫“缠口汤”，用陶茶具叫“减价汤”；最后五品为煮汤之薪与火，以烟熏为忌，以木炭为上，燃料优劣也以致影响茶汤汤品好坏，即法律汤、一面汤、宵人汤、贼汤和大魔汤，共计十六汤品。

（四）技

无论是蔡襄的一汤点茶法，还是徽宗的七汤点茶法，基本程式可分为 9 个步骤：

炙茶：如果茶经过一些年份，那色香味都会变陈，所以要将团茶先放在干净的容器中用沸水中浇淋，刮去膏油再用茶钤夹住团茶以微火炙干，如果是当年新茶则不需要烤。

碾茶：炙烤好的茶用纸密裹捶碎，然后入碾碾碎，还要用磨磨成粉。

罗（筛）茶：用罗筛去末，因为煎茶用茶末，点茶要用茶粉。

候汤（烧水）：用形如古鼎的风炉，或者火盆或其他炉灶来生火，用汤瓶来煮水。汤瓶细口、长流、有柄，瓶小易候汤，且点茶注汤准确。凡是沏茶用的开水，以水开后沸腾起泡，好像接连不断迸跳出鱼蟹眼睛般的水珠程度为好。（“汤以蟹眼鱼目连绎迸跃为度”《大观茶论》）。《茶录》还云：“候汤最难，未熟则沫浮，过熟则茶沉”，意思是水烧合适的程度是最难把控的，水如果没有烧开，茶粉不能充分溶解，与水分离；水如果烧开过久，茶粉又会黏稠，与水裹挟。

熁盏（烘茶盏）：点茶前先熁盏，用火烤盏或用沸水烫盏，盏冷则茶沫不浮。

调膏：用茶匙抄茶入盏，先注水少许调令均匀，称之为“调膏”。

注水：接着再量茶受汤，就是根据茶粉的量决定注水的多少。茶少汤多则云脚散，汤少茶多则粥面聚。沏茶的开水注入茶壶时要集中而且倒出时又快又有节制、不滴漏，这样茶水表层的粥面才不会被破坏。

击拂：边注汤边用茶筅“击拂”，击拂之后能看到茶面色鲜白，乳雾汹涌，周回凝洁，像软玉琼冻一般。

奉茶：点茶一般在茶盏里直接点，不加任何佐料，直接持盏饮用，如人多，也可以在大茶瓯中点好茶，再分到小茶盏里品饮。

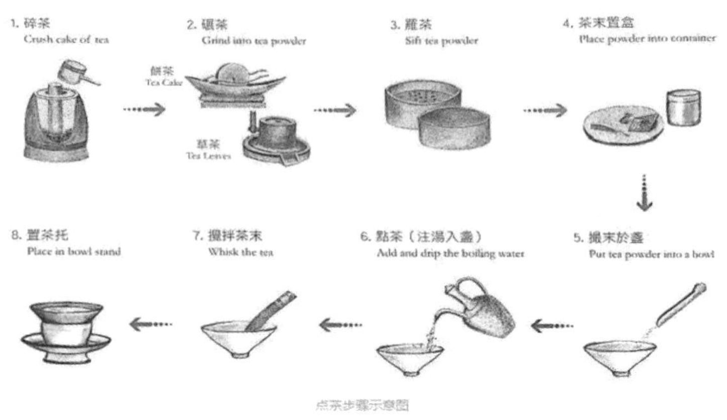

图 49　宋代点茶

蔡襄是北宋名臣，书法家、文学家、茶学家，在当时的茶业领域属于泰斗级的人物，他在《茶录》自序中写道："昔陆羽《茶经》，不第建安之品；丁谓《茶图》，独论采造之本，至于烹试，曾未有闻。臣辄条数事，简而易明，勒成二篇，名曰《茶录》。"突出了蔡襄"补前人不足，完善创新"的独到眼光，建安茶的烹试方法在这著作中就有精到的论述。蔡襄不但讲究水质，注重汤品，还注意到点茶过程中，茶盏冷热和注汤程序产生的影响："熁盏：凡欲点茶，先须熁盏令热，冷则茶不浮。"意思是，点茶前先将茶盏烤热（熁盏），然后"点茶：茶少汤多则云脚散，汤少茶多则粥面聚。钞茶一钱七，先注汤（少许），调令极匀，又添注（汤），入（匙）环迴击拂，汤上盏可四分则止"。此篇一出，点茶成为两宋饮茶的时尚主流。不过，当时的点茶技法有蔡襄的"一汤点茶法"和赵佶的"七汤点茶法"两个流派。宋徽宗很赞赏蔡襄的很多见解，但在《大观茶论》中专门批评了"静面点""一发点"不得要领的点茶法，内行地阐述了正确的点茶方法、手势和感觉："点茶不一。调膏继刻，以汤注之，手重筅轻，（茶面）无粟文蟹目者，谓之'静面点'。盖击拂无力，茶不发立，水乳未浃，又复增汤，色泽不尽，英华沦散，茶无立作矣；有随汤击拂，手筅俱重，粟文泛泛。谓之‘一发点’。盖用汤已故，指腕不圆，粥面未凝，茶力已尽，云雾虽泛，水脚易生。妙于此者，量茶受汤，调如融胶，环注盏畔，勿使侵茶，势不欲猛，先须搅动茶膏，渐加击拂，手轻筅重，指绕腕旋，上下透彻，如酵蘖之起面，疏星皎月，粲然而生，则茶之根本立矣。第二汤自茶面注之，周回一线，急注急止，茶面不动，击拂既力，色泽渐开，珠玑磊落。三汤多寡如前，击拂渐贵轻匀。周环旋复，表里洞彻，粟文蟹眼，泛结杂起，茶之色十已得其六七。四汤尚啬，筅欲转稍宽而勿速。其真精华彩，既已焕然，轻云渐生。五汤乃可稍纵，筅欲轻匀而透达，如发立未尽，则击以作之。发立已过，则拂以敛之。结浚霭，结凝雪，茶色尽矣。六汤以观立作，乳点勃然，则以筅着居，缓绕拂动而已。七汤以分轻清重浊，相稀稠得中，可欲则止。乳雾汹涌，溢盏而起，周回凝而不动，谓之咬盏，宜均其轻清浮合者饮之。《桐君录》曰：‘茗有饽，饮之宜人’。虽多不为过也。”意思是：点茶的方法不尽相同，但都要先往茶盏中的茶末加少许的水，搅动调和成像溶胶一样的茶膏，过了片刻，然后把沸水注入茶盏用筅搅拌。如果手重筅轻，茶汤中没有出现粟纹、蟹眼形状的汤花，这叫作“静面点”。大概因为击拂不用力，茶不能立即生发，沸水和茶膏还没有融合又再增添沸水，这样，茶的色泽还没有完全焕发出来，茶末的英华层层散开，茶就不能及时泡开了；有的随着沸水注入，不断地击拂茶汤，手笔都用力较重，这时茶面上漂浮着立纹，这叫作“一发点”。兴许因为水调得太久，指腕搅动得不够娴熟连贯，茶面不能像粥面一样凝结而有光泽，而茶的力道已完全散尽，茶面虽然泛起了云雾，可容易生出水脚。而深谙点茶奥妙的人，就会根据茶末的多少注入沸水，将茶膏调得像融化的胶汁。第一次注水，他们环绕茶盏的边沿往里加，不让沸水直冲茶末。要想使注入的沸水力势不太猛，就要用筅先搅动茶膏，再渐渐加力击拂。手的动作轻，筅的力度重，手指绕着手腕旋转，将茶汤上下搅拌得透彻，就像发酵的酵母在面上慢慢发起一样。汤花有的像稀疏的星星，有的像皎洁的圆月，光彩灿烂地从茶面上生发出来，这样茶叶的根本味道和颜色就发出来了。第二次开水从茶面上加进去，周转着浇成一条线。很快地倒水沏茶，很快地端上，茶水的表面不动。击拂得非常有力，茶叶的颜色逐渐地泡开，泡沫像珠玑一般在水中堆积。第三次加水要多，像先

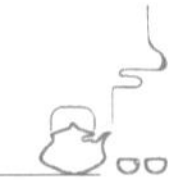

前一样击拂，逐渐地把握好击拂得又轻又匀，四周环绕着旋转搅拌，杯盏里的茶看着里外都清爽透彻，粟纹、蟹眼都在茶中结成并夹杂着泛起，茶的颜色十成已经得到六七成了。第四次加开水要少，筅要搅动的幅度大而且不能快，这时茶的清香的真味和好看的色彩就完全焕发出来，云雾也逐渐生成。第五次加开水可以倒得稍快些，筅要搅动得又轻又匀，十分透彻，如果茶叶还没有完全发立，就用力击拂使它发透彻。第六次加水，发立已过，就拂动着把茶叶收敛到一块，茶面上乳点突出并凝结，就用筅箸缓慢地拂动它即可。第七次沏开水来区分轻清重浊，茶汤稀稠得当，就可以停止搅动。这时的茶乳好像云雾汹涌，泡沫腾起溢出杯盏，在杯盏的四周回旋不动，这就叫作“咬盏”。把轻清浮合的茶水喝了是非常有益的。桐君在《茶录》中说：“茶汤上有一层浓厚的浮沫，喝了它对人很有益，即使多喝也不过为量。”

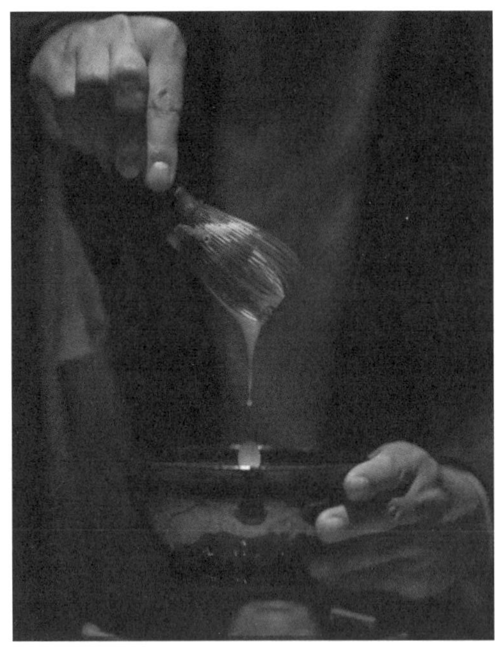

图 50　点茶击拂

以文人治国的宋代，文化倾向于精美绮丽，所谓“宁可小巧，不可粗糙”，正是宋代风格。点茶既有宋徽宗如此精到细致的倡导，一班文雅名士便也追风尚好，更在点茶功夫上发展出格外高超精妙的技艺——北宋称“茶百戏”，南宋称“分茶”。五代宋初的《清异录》托名陶穀所撰，书中就有《生成盏》一则载：“沙门福全生于金乡，长于茶海，能注汤幻字成一句诗，并点四瓯泛乎汤表…檀越日造门求观汤戏，福泉曾有诗咏道：‘生成盏里水丹青，巧画功夫学不成。欲笑虚名陆鸿渐，煎茶赢得好名声。’……近世有下汤运匕，别施妙诀，使汤纹水脉成物象者，禽兽虫鱼花草之属，纤巧如画但须臾即就散灭，此茶之变也，时人谓之‘茶百戏’。……馔茶而幻出物象于汤面者，茶匠通神之艺也。”说到有个福全和尚，向茶盏（瓯）内注汤并用茶匙搅拌幻出物象。如果同时点四盏（瓯）茶，他可以在每碗写一句诗，成一首绝句。福全在茶汤中写诗的本领远近知名，引来了大批观众，都要看他显示茶汤写诗的绝技。福全不无自得地吟诗道“生成盏里水丹青，巧画功夫学不成，欲笑当时陆鸿渐，煎茶赢得好名声”，其自视手段高超，竟连“茶圣”陆羽都敢取笑了。不过这高深的分茶技巧确实有些精妙，它通过汤瓶在茶盏中注水，“别施妙诀”让茶汤变幻出各种图案，汤水波纹变幻莫测，美轮美奂，然后又立刻消散，给人变幻莫测的感觉。

南宋著名诗人杨万里就曾在胡铨（号澹庵）家中观赏到这种奇景，并在《澹庵坐上观显上人分茶》诗中描述：“蒸水老禅弄泉手，隆兴元春新玉爪。二者相遭兔瓯面，怪怪奇奇真善幻。纷如擘絮行太空，影落寒江能万变。银瓶首下仍尻高，注汤作字势嫖姚。”“老禅”是指显上人，“隆兴”是宋孝宗的年号，“元春新玉爪”指初春的新茶，“二者”指注汤入碗和玉爪在碗中的动作，“兔瓯”指“兔毫盏”是黑釉盏中的极品。这首诗就是说显上人弄来好泉，在银瓶中煮出佳汤，然后将新茶放入兔毫盏中，让银瓶“首下尻高”地“注汤作字”点茶，要在注汤过程中，用击拂拨弄，使激发在茶汤表面的茶沫幻化成各种文字的形状，以及山水、草木、花鸟、虫鱼等等各种图案，时而像层层叠叠碎絮散落太空，时而像忽隐忽现的倒影蜿蜒寒江，虚虚实实，忽隐忽现，各种物像变幻莫测。应当说分茶茶艺有着相当的随意性，它要根据注汤的先期过程中，茶汤中水与茶的融合状态，再加击拂拨弄成与之相近的文字及花鸟虫鱼等图案，很像现在的吹墨画，先将墨汁倒在宣纸上，然后根据纸上之墨态，依形就势吹弄而成，而分茶的随意性比吹墨画要大，倒墨是可以由吹画人自己适当控制的，而注汤

本身就是一种技术、经验与随机性相结合的活，“点茶”固难，“分茶”则更难！作为一项极难掌握的神奇技艺，“分茶”茶艺得到了宋代文人士大夫们的推崇，并成为他们雅致闲适生活方式中的一项闲情活动。著名诗人陆游就曾有“晴窗细乳戏分茶”的诗句，作为当时最时尚的雅玩！

（五）境

宋代饮茶成为高雅享受，饮茶的环境比唐代更加考究。文人墨客重于情，选择在风景秀丽、环境宜人、装饰典雅的场所进行；宫廷茶宴表现皇家恩施，通常在金碧辉煌的皇宫中举行；寺院茶宴重在礼法教育，布置庄严肃穆、细节严谨；而老百姓们趣玩，选择的场所也要在精致雅洁的室内，或者花木扶疏的庭院。从不同的茶画中我们可以领略一番宋人品茶的不同意境。有的选择专业的茶坊或茶楼，比如《清明上河图》中，人们坐于茶肆，虽立于街道，却也蕴带着市井间的优雅，因为茶肆里学着酒楼内挂字画的风俗，室内“张挂名人字画”，供人消遣欣赏，同时还增添插鲜花、焚烟香的布置，十分考究。《梦粱录》就记录了“今杭城茶肆亦……插四时花，挂名人画，装点门面”；有的将日常生活也装点得如诗如画，比如《宋人人物图》中，画中儒士坐于家中榻上，一旁的侍童正在倒茶，儒士身后屏风所绘《汀洲芦雁图》和在其上独具匠心的悬挂儒士头部写真肖像画轴，有力地表现出宋时文人的情趣，儒士正前方放置层岩状花几架一具，花篮中鲜艳的花朵正在怒放，整个画面呈现出素雅、简约、井井有条的风格，呈现了宋人雅致生活的“四事”或“四艺”，《梦粱录》还记录了：“烧香点茶，挂画插花，四般闲事，不宜累家。”此四艺者通过嗅觉、味觉、触觉与视觉品味，将品茗的日常生活提升到艺术境界；而赵佶以及宫廷画家共同创作的绢本设色画《文会图》是一幅宝贵的“以图证史”的宋代茶事图，他描绘了当时文人雅集室外合宴的情形，表现了宋代将茶与酒、花、香、琴、馔相结合的情景，园林中老柳古槐，铺陈巨案，绿草如茵，雕栏环绕，树木扶疏，九名文士围着坐在桌子的周围，树下立谈的二人，另外有童仆侍从者九人，人物姿态生动有致。赵佶一生爱茶，常在宫廷以茶宴请群臣、文人，有时兴至还亲自动手烹茗、斗茶取乐，即使是尊为皇帝，品茗环境的选择更多也倾心于自然山水，享受幽雅避世的心境。

图 51　清明上河图（局部）

图 52　宋人人物图

（六）礼

唐代的茶宴、茶会还是多存在于皇室贵族、豪门名仕、僧家诗客之间，他们赋诗言志，作画抒情，除了表达友情，更多的是对世俗生活的超越和对高妙玄远境界的追求，因此与茶者之间的礼总有一种"雅人深致"的意味，并且随性洒脱，不拘形迹。到了宋代，宫廷、文人、寺院、市井各类茶宴即使风格有别，却真正成为上至王公贵族下到平民百姓日常生活中重要的部分，不再是超越境界的代表，而是充满了世俗生活的审美和人文气息，宋代的茶艺之礼具备了更多的烟火气，并且细致而讲究。

宋时只要是举行茶宴，整个过程以品茗为主，烧水、冲沏、器具、啜饮，都要按照严谨的规定进行，即使是在寺院也是要求众僧人团团围坐，住持按照既定的程序冲沏香茗，依次递给大家品饮，冲茶、递接、加水、品饮，僧人赞美茶的色、香、味，论说道德修身，议事叙景，都按照佛教礼仪进行。如果是非正式的茶会，人们也会有献茶、奉茶、待茶、会茶、茶罢等具体步骤。吴自牧的《梦粱录》卷十八"民俗"条说："或有新搬移来居止之人，则邻人争借动事，遗献汤茶，指引买卖之类，则见睦邻之义……甚者出力与之扶持，亦睦邻之道。""献茶"意味着准则是客来敬茶，比如《陈巡检梅岭失妻记》中"只见长老相迎申阳公入方丈，叙礼毕，分位而坐。行者献茶"；"奉茶"是端茶敬客的意义，如《简帖和尚》中"开茶坊的王二拿着茶盏，进前唱喏奉茶"，多用于茶坊茶博士服务顾客之时；"待茶"是请客人喝茶，如《五戒禅师私红莲记》中"佛印到厅前问讯，学士起身叙礼，邀坐待茶"；"会茶"是会聚饮茶的意思，如《赵旭遇仁宗传》中"店对过有座茶坊，与店中朋友同会茶之间，赵旭见案上有诗牌，遂取笔去那粉壁上写下词一首"。宋代士子常常聚会饮茶，先举起托碗至胸前，向在座者和主人表示敬意，慢慢品啜，然后吟诗作对进行文娱活动；除了敬茶，人物相见叙礼之后，交谈之前，往往要加上一句"茶罢"，如《五戒禅师私红莲记》中，明悟禅师要借诗劝诫五戒禅师，先写"茶罢，明悟禅师道"，"茶罢"后才继续谈话内容。

茶宴的盛行，贡茶的发达，促进了宋时品茗艺术的发展，斗茶应运而生。上至皇室，下至民间，"点茶茶艺"斗茶成风，众人皆以能得到茶之绝品为求，

"北苑将期献天子，林下雄豪先斗美……斗茶味兮轻醍醐，斗茶香兮薄兰芷"，范仲淹的《斗茶歌》就入木三分地描绘了当时斗茶的情形。嗜茶者们，往往相约三五知己，或于精致雅洁的室内，或在花木扶疏的庭院，献出各自所藏精制茶品，轮流品尝，决出名次，以分高低。但无论是在精致的茶肆，还是临街就道或临江之处，普通人的斗茶都保持着优雅的举止，怡然的神情，相比于唐人，宋人的礼能够雅俗相融，也更内敛、更文艺。

（七）韵

苏轼精通烹茶，也深懂其中的奥妙和乐趣，他在《汲江煎茶》一诗中对如何选水、烹煮有非常生动具体的描写。诗云："活水还须活火烹，自临钓石汲深清。大瓢贮月归春瓮，小杓分江入夜瓶。雪乳已翻煎处脚，松风忽作泻时声。枯肠未易禁三碗，卧听荒城长短更。"诗中字字句句耐人寻味，比如第二句七字就有五意：水清，是深处汲取的；石下之水，没有泥土；石是钓石，非寻常之石；苏轼自汲，不遣仆人。第三句中"贮月"和第四句中"分江"四字尤妙，形容水之极其清美。再有《试院煎茶》诗（煎茶歌），对煎茶时的水泡、水声也形容得惟妙惟肖："蟹眼已过鱼眼生，飕飕欲作松风鸣，蒙茸出磨细珠落，眩转绕瓯飞雪轻……"这些不朽的佳篇，增添了茶的韵味。

与唐皇室在茶器上斗奇制胜相映成趣的是宋皇室在茶饼上的斗精争异，不仅产生了"龙团凤饼"这样完善高贵的艺术品，对茶汤的鉴赏也比唐代有了大进步。蔡襄在《茶录》中指出："色，茶色贵白……以青白胜黄白。香，茶有真香……味，茶味主于甘滑。"宋徽宗的《大观茶论》将茶汤的"滋味"放在第一："味，夫茶以味为上；香、甘、重、滑为味之全……香，茶有真香，非龙麝可拟……色，点茶之色，以纯为上真。……视其面色鲜白，着盏无水痕为绝佳"。宋代用沸水注入盛有茶末的盏（碗）中调匀击拂产生沫饽鉴赏饮用，不再崇尚茶色青绿而推崇茶色白，加上观赏白沫的黑瓷茶盏（茶瓯）应运而生，与软玉琼冻般的融凝茶汤相映生辉。宋徽宗赵佶在《大观茶论》中说："盏茶贵青黑，玉毫条达者为上，取其焕发茶采色也。"茶品在宋代人眼里的珍奇程度，已完全进入精神境界了。"斗茶"将宋代饮茶的技术和艺术推向了极致，

斗茶茶品，以新为贵，斗茶用水，以活为贵。不光比试谁的茶又白又好，还要比试点茶技艺，技艺越高超的茶汤水痕越少，融凝如琼冻的程度也越佳越持久。丁谓在《咏茶》中赞美："碾细香尘起，烹新玉乳凝。"形容点茶之前茶末的精细与清香，点茶之后茶汤白如玉、凝如乳的美丽。宋徽宗更加沉醉痴迷，他在《宫词》中说道："兔毫连盏烹云液，能解红颜入醉乡。"意思是兔毫盏烹建溪上好的茶饼，香云缭绕，能使在旁的美人都陶醉进入梦乡。

图 53　黑瓷茶盏与白乳茶汤

宋徽宗赵佶虽是一个在治国理政方面能力平平的君主，却是北宋非常杰出的绘画大师之一，是旷古绝今的"瘦金体"书法大师，还是一个技艺非凡的品茶大师。他与宫廷画家共同创作的绢本设色画《文会图》，就是描绘的文人学者会集宴饮吃茶赋诗的盛大画面，园林中绿草如茵，雕栏环绕，树木扶疏，九名文士围着坐在桌子的周围，树下立谈的二人，另外有童仆侍从者九人，人物姿态生动有致，还呈现出对家具、服饰、发式、茶事器具等事物的细节描绘。

赵佶一生爱茶，常在宫廷以茶宴请群臣、文人，有时兴至还亲自动手烹茗、斗茶取乐，他作为大宋王朝的君主，骨子里却是一个地道的向往自由、追求自适的文人，以皇帝之尊写下了《茶论》二十篇，后人称之为《大观茶论》。宋代的“龙团凤饼点茶茶艺”在《文会图》中以写实笔法展示出了宋代的茶实，不以酒而以茶、以文为尚的豪迈诗情，也正如宋徽宗在《大观茶论》中所言：“中澹闲洁，韵高致静。则非遑遽之时可得而好尚矣”“缙绅之士，韦布之流，沐浴膏泽，熏陶德化，盛以雅尚相推，从事茗饮，故近岁以来，采择之精，制作之工，品第之胜，烹点之妙，莫不盛造其极。”意思是品茶时内心淡泊纯合，气质高雅、仪态宁静，这不是那种举止慌乱、手足无措的人能够消受得起的情趣。

图 54　宋徽宗《文会图》（局部）

宋朝时期，官宦、富商和平民都沐浴着茶汤的恩泽，受到道德教化的熏陶，社会风行高雅时尚，享受茶的品饮和艺术美感。因此采制越发精益求精，茶品越发精致绝伦，烹水点茶的妙用与心得都达到了自古以来空前的极境。宋徽宗把品茶视为“盛世之清尚”，是以“顺天之时，地之宜”的天人合一的思维模式为前提，道者的入静清明、僧人的参禅悟道、醇儒的以茶修德，都被整合进文人茶道中，是一种茶饮仪式的流程，更是一种精神的聚会，一种生命的感召，一种审美趣味的释放。和谐唯美的整体氛围，使一切都走向宁静淡泊，成就洁净与高雅的沉淀、精致幽雅的审美享受。

如果说唐代的茶艺是奔放热情、色调热烈、雍容大雅，那宋代的茶艺便是静谧内敛、色调淡雅、精致细腻。点茶可以把一款茶的特征展示得淋漓尽致，给了文人雅士在一盏茶汤里面有了丰富的想象和创作空间，是宋代审美情怀发展到极致一种体现。

二、宋代茶文化

（一）茶俗

1. 北苑贡茶登峰造极

茶艺兴于唐，盛于宋，翻开宋朝的茶文献，满纸飘荡的几乎都是北苑茶的芳香，宋代的茶和茶学几乎就是北苑茶的天下。北苑茶是宋代的贡茶，贡茶制度起源于西周，专供皇宫享用，历史上曾经有过三大贡茶产地，包括唐代顾渚山贡茶院（唐代宗大历五年至明洪武八年即770年至1375年，共605年历史。今江苏长兴、宜兴边境一带）；宋代建州北苑御茶园（今福建建欧境内）；元代武夷山四曲御茶园（元大德六年至明万历四十五年，即1302年至1577年，共275年）。

我们都已经知道，贡茶院从唐代的江浙一带南移到了宋代的福建一带，因为更温暖适宜的气候保证了茶叶在清明前进贡到汴京，北苑贡茶被称为“龙焙”，为了与平民们的茶饮区分，制饼图案上采用龙凤等皇家图腾，所以又称龙凤团茶或龙团凤饼。《宣和北苑贡茶录》记载："太平兴国初，特制龙凤模，遣使即北苑造团茶，以别庶饮，龙凤茶盖始于此。"丁谓发明的"大龙团"（8 片一斤，每片 79.12 克）让北苑茶誉满京华，号为珍品；而蔡襄创制"小龙团"（20 片一斤，每片 31.65 克），改进了茶品花色、制作工艺及包装方式，小巧玲珑、纹饰精美、品质卓绝，工艺的精巧和造价都令人咋舌，从此北苑茶一步登天，驰名全国，被誉为历史上最名贵的贡茶。"小龙团"因为制作复杂、产量稀少，口味上乘，皇宫中的大臣和妃子们，也很少能分到，即使有也是很少的一点点，所以这种茶有钱也买不到，以至王公将相都有"黄金可得，龙团难求"的感叹。茶屡屡被作为赏赐之物，这是宋代君臣关系中的特有现象，其中，面上饰有龙纹的团茶专供皇上及赐执政亲王、长公主；而皇族、学士、将帅皆得凤纹团茶；另有京铤、的乳团茶赐舍人、近臣；白乳团茶赐馆阁，北宋诗人王禹偁写的"样标龙凤号题新，赐得还因作近臣"这一句即指此。

第一个赐龙团的是宋仁宗赵祯。他在位时间长，手下名臣极多，比如范仲淹、包拯、欧阳修等。赵祯对小龙团茶也极为钟爱，就算是宰相之臣也不轻易赏赐，只有在每年南郊祭天地的大礼中，中书省和枢密院两府中共八个大臣，才共赐一饼。当时蔡襄造的小龙团以二十饼为一斤（16 两 633 克），每份仅有二钱重，赏茶犹如秤金，尤为珍贵！被赏赐大臣将这一点点黄金般的茶带回家后，还不舍得品饮，都当作传家之宝珍藏着，偶尔有贵客嘉宾临门，仅拿出观赏一阵子，便算是极大的礼遇了。在有幸得到小龙团茶赏赐的大臣中，欧阳修算是一个十分幸运的人，因为他得到的赏赐是完完整整的一饼小龙团茶。在家中时常拿茶观赏，每次都令他涕泣不已。宋人唐庚对欧阳修的举动不以为然，批评道，放了好几年，还有什么可值得品味的？其实，这种批评是有失公允的，欧阳修鞠躬尽瘁二十余年，方有贡茶一饼之赐，这茶对他而言，已经完全不是口腹之事了，而是其一生忠君爱国、任劳任怨的品性，所以他见茶如见一生，多为感激而涕泣。

第二个赐龙团的是宋哲宗时期的太皇太后。据说苏东坡在做翰林学士时，曾得到太皇太后赏赐的"密云龙"。苏轼把这名茶珍藏起来，唯有最得意的门生来到家中，才舍得拿出来一同共享，东坡说喝了这茶之后顿觉两腋生风浑身凉爽，仿佛进入仙境。只有"苏门四学士"黄庭坚、秦观、晁补之和张耒才有

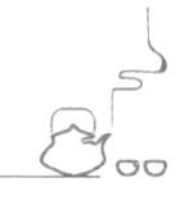

这个待遇。不过苏轼爱才心切，也有例外，有一天，苏轼又叫侍妾朝云取出密云龙，煎水烹茶。苏轼家人以为一定又是四学士来了，但发现来客却是廖明略。由此可知，苏轼对廖明略也是格外器重。

第三是这种以赐茶寓示朝廷对臣下的恩泽，不仅表现在权臣身上，还惠及众多，甚至包括了将士、役兵和外国使节。南宋时曾有北方使者到京都临安（今杭州），皇帝先赐龙茶一斤（装在30两的银盒内）。次日，茶酒后入余杭门，皇帝又赐龙茶银盒如前。又二日，紫宸殿见毕，赐茶酒宴于垂拱殿，并又赐茶、酒、名果、衣物、绫绢、金银等丰盛物品。使者行前数日，又赐龙凤茶（装金银盒中）。宋朝嗜茶成风，达到鼎盛，可见一斑！苏轼写五言律诗《怡然以垂云新茶见饷，报以大龙团，仍戏作小诗》："妙供来香积，珍烹具大官。拣芽分雀舌，赐茗出龙团。晓日云庵暖，春风浴殿寒。聊将试道眼，莫作两般看。"就是描述了皇帝赏赐龙团茶的盛况，极言龙团茶的珍贵。

2. 茶宴阐扬光大

（1）宫廷茶宴

宋代的茶宴之风更为盛行，这与皇室嗜茶密切相关，特别是宋徽宗赵佶，这位北宋第八位皇帝，被历史评价为"失败的皇帝，成功的艺术家"，他在文化和艺术上造诣很高，诗画双绝，书法上独创"瘦金体"，对茶艺更是颇为精通，以皇帝之尊写了《茶论》二十篇，后人称之为《大观茶论》（写于大观年间），御笔撰茶著，这在历代帝王中是绝无仅有的。

如果说文人墨客茶宴重于"情"，选择在风景秀丽、环境宜人、装饰典雅的场所进行，那么在官场尤其是宫廷茶宴，通常在金碧辉煌的皇宫中举行，权作皇帝对群臣的一种恩施，所以气氛肃穆庄严，礼节严格。权臣蔡京在《延福宫曲宴记》中记载了宋徽宗亲自烹茶赐宴群臣的情况："宣和二年（公元1120年）十二月癸巳，召宰执亲王等曲宴于延福宫……上命近侍取茶具，亲手注汤击拂，少顷白乳浮盏面，如疏星淡月，顾群臣曰，此自布茶，饮毕皆首谢。"而且，在宫廷盛宴请客时，有时还会加上一种特殊的"绣茶"，可以说是一种原始生食茶的富丽版，就是将各种瓜果类叠至尺余高，并雕鸾刻凤，缀红点绿，民间称为“高茶”，这样一道茶往往要价值数金之多。直到南宋御宴也还颇行此风，如绍兴二十一年十月，宋高宗去清河郡王张俊家，进御宴中的第一道茶就是绣茶：“绣花高汀一行八果垒：香圆、真柑、石榴、枨子、鹅梨、乳梨、榠楂、花木瓜。”在茶宴中还会使用专门的“御茶床”，就是规格为皇帝使用的大茶几，《梦粱录》中记录了度宗的生日茶宴：“翰林司排办供御茶床上珠花看果，并供细果，及平章、宰执、亲王、使相高坐果桌上第看果……供进茶、酒器皿等。于殿上东北角陈设……御厨制造宴殿食味，并御茶床上看食、看菜、匙箸、盐碟、醋樽……”无论哪一种茶宴，都要求茶需明前贡茗，水要清泉玉液，器用名贵器皿，茶宴进行时，先由近侍施礼布茶，在皇上带领下，群臣举杯闻香品味，赞茶感恩，直至相互庆贺，都以品茗贯穿始终，整个茶宴仪式，大致分为迎送、庆贺、叙谊、观景等内容。

（2）寺院茶宴

我国的名山寺院早就有煎茶敬客的习惯，到了宋代，举办茶宴坐谈佛经，已成为寺院不可缺少的活动，最著名的便是“径山茶宴”。杭州余杭的径山山势峭拔，山径幽深，在唐代宗时期就创建了“径山禅寺”。到了南宋，因为京都在杭州，所以古刹梵宫林立，佛像万尊，一时高僧云集，声名远播，不但四方僧侣来拜，大批日僧也慕名而来，宋孝宗赵昚曾御书赐额“径山兴圣万寿禅寺”，自宋代至元代，一直有“江南禅林之冠”的誉称。当时径山寺香火不绝，僧侣多达千人，不但国内四方僧侣云集，日本禅僧也纷纷冒险渡海，慕名而至。径山寺所在地是著名的茶区，这里泉清茗香，饮茶之风很盛，经常举行茶宴。

径山禅寺的茶宴奉行着《百丈清规》的茶礼，《百丈清规》是唐代高僧怀海主持编著，因为他之前一直居住在江西百丈山终老，所以又称“百丈禅师”。当时佛门本着“自心即佛”的理念，形成了舒心随意的风气，为了整肃法门，怀海主持参考大小乘的各种清规戒律和中国传统的诸多理法规范，再结合禅的宗旨创立了《百丈清规》，包括禅寺的布局、僧堂的结构、起居法则、不同场合的礼仪，非常细致明确，其中每每有不同的茶礼出现在不同的场合，因此之后《百丈清规》和茶礼便在许多禅寺中渐渐流传开来。

图 55　径山茶宴

在寺内举行丧事、圣节、国忌日、佛诞日、达摩忌日、百丈忌日等各种庆典节会或日常禅礼中，都会穿插上茶、献茶、供茶等繁缛而隆重的茶礼，而且名目繁多，比如“受嗣法人煎点”“专使特为新命煎点”“山门管待新命并专使新命辞众人上堂茶汤”“专使特为受请人煎点”“受请人辞众升座茶汤”“山门特为新命茶汤”“受两序勤旧煎点”“堂司特为新旧侍者汤茶”“方丈特为新首座茶”“新首座特为后堂大众茶”“主持垂访头首点茶”“两序交代茶”“入寮、出寮茶”“头首就僧堂点茶”“方丈特为新挂塔茶”“赴茶汤”，等等。我们以祝贺新任住持的“山门特为新命茶汤”为例：首先要将茶汤榜张僧堂前上下间，库司再发请帖，然后备柈袱火烛，向方丈拜请，施礼禀云：“斋退就云堂点茶，特为伏望慈悲隆重。”呈毕请状，随后令客头请两序勤旧大众光伴挂“点茶汤牌”报众，僧堂内铺设住持位。闻长板鸣，知事入堂持香展拜，巡堂一周后请茶，并特为住持祝贺。斋退，鸣鼓集众，知事向住持人揖礼，住持入堂，归位揖坐。知事烧香一炷，向住持揖香，然后从圣僧（已成圣果的高僧）后转归中间，向众僧问讯，立行茶遍；僧携茶瓶出，往住持前揖茶，退身。知事从圣僧后右出，炷香展三拜，引全班至住持前展三礼，送出住持，复归堂烧香，上下问讯，收盏，退座。其后汤礼与茶礼同。茶宴进行时，先由主持亲自调茶，以表敬意，尔后命近侍一一奉献给赴宴僧客品饮，这便是献茶，僧客接茶后，先打开碗盖闻香，再举碗观色，接着才是启口“啧，啧”尝味。一旦茶过三巡，便开始评论茶品，称赞主人品德，随后的话题便是诵佛论经，谈事叙谊，整个过程中，冲茶、递接、加水、品饮等都按教义严格进行，不得有丝毫怠慢，极为讲究。

由上述简短的描述中，已可看出禅寺之茶礼，即便是日常小礼都一丝不苟，庄严肃穆，彬彬有礼，而若遇到特大节日或重大庆典等活动时，则务须举行盛大茶礼，可以想见茶鼓擂响，梵乐奏起，茶礼开始时，这一整套宋代的寺院点茶法细腻精致又威仪规整地展开，这也深深折服了来宋学禅的日僧们。

3. 斗茶精妙绝伦

北苑贡茶万众仰慕，在每年春季的新茶制成后，茶农、茶客以及地方官吏们就要聚在一起品茗辨茶，以便选出优质茶作为贡茶呈送给皇上。这种比较新茶优良次劣的活动后来沿袭成习，比赛的内容逐渐扩大，包括了斗茶品、斗茶令、茶百戏，被称作“斗茶”。

斗茶起源于唐代建州，却兴盛于宋。在《云仙杂记》的《记事珠》中有记载：“建人谓斗茶为茗战。”斗茶包括比试茶、水、器的优异和斗茶者技艺的高低，最后的茶品主要就看汤色和汤花。汤色以纯白为胜，青白、灰白、黄白为负。因为茶汤纯白，表明采茶肥嫩，制作恰到好处；而颜色偏青、泛灰或者泛黄、泛红要么采摘不及时，要么工艺火候不对。汤花即指汤面泛起的泡沫，汤花持续时间越久，露出的水痕越晚，就算胜利。这就要看碾研茶粉是否细腻，点茶、点汤、击拂是否都恰到好处，这样的话，汤花就匀细，可以紧咬盏沿，久聚不散，这种最佳效果名曰“咬盏”。所以斗茶发展到后来，就主要比试谁的茶汤水痕更少，软玉琼冻的状态更持久。蔡襄《茶录》曰：“视其（茶汤）面色鲜白，著盏无水痕为佳。故较胜负之说，曰：‘相去一水、两水。’”这种极其细微高难度的竞技确实让人难以企及，所以北宋晁补之感慨道：“建安一水去两水，相较岂如泾与渭。”渐渐的，斗茶又转为民间的“茶赌赛”风气，十分注重点茶的技艺，一水、两水大为计较，而茶的香醇与否，不再是主要的关注点。那些斗茶癖好者，就每每随身携带一应点茶器物，于路边林中，数人相聚便开斗，唯以“赢得珠玑满斗归”为乐。此风盛行，世人不论贫富，如痴如醉，穷日尽夜地斗茶，北宋苏辙所谓的“闽

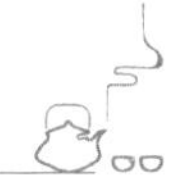

中茶品天下高，倾身茶事不知劳”，正是这种状况的写照。

图 56　元代赵孟頫《斗茶图》

上起皇帝，下至士大夫，无不好此，除了主角斗茶，还有很多人争相围观，像现代看一场球赛一样热闹。由此，范仲淹作了《和章岷从事斗茶歌》，以生动的笔触描述了宋代斗茶的盛况，最为脍炙人口，影响深远。

年年春自东南来，建溪先暖水微开。溪边奇茗冠天下，武夷仙人从古栽。新雷昨夜发何处，家家嬉笑穿云去。露芽错落一番荣，缀玉含珠散嘉树。终朝采掇未盈谵，唯求精粹不敢贪。研膏焙乳有雅制，方中圭兮圆中蟾。北苑将期献天子，林下雄豪先斗美。鼎磨云外首山铜，瓶携江上中冷水。黄金碾畔绿尘飞，碧玉瓯中翠涛起。斗茶味兮轻醍醐，斗茶香兮薄兰芷。其间品第胡能欺，十目视而十手指。胜若登仙不可梦，输同降将无穷耻。呼嗟天产石上英，论功不愧阶前蓂。众人之浊我可清，千日之醉我可醒。屈原试与招魂魄，刘伶却得闻雷霆。卢仝敢不歌，陆羽须作经。森然万象中，焉知无茶星。商山丈人休茹芝，首阳先生休采薇。长安酒价减百万，成都药市无光辉。不如仙山一啜好，泠然便欲乘风飞。君莫羡花间女郎只斗草，赢得珠玑满斗归。

范仲淹的这首诗分为四部分，他赞扬了建溪茶名冠天下，描绘了茶农们家家欢乐采摘嫩芽。还给我们呈现了斗茶的热闹场面。最后通过历代名人的典故，抒发饮茶使人遁入仙境的奇妙感受。不过，值得一提的是，关于斗茶的茶色，范仲淹在《斗茶歌》中描述的“黄金碾畔绿尘飞，碧玉瓯中翠涛起”，被茶专家蔡襄作了纠正。南宋后期陈鹄所撰的《耆旧续闻》有记录：“范文正公茶诗云：‘黄金碾畔绿尘飞，碧玉瓯中翠涛起。’蔡君谟谓公曰：‘今茶绝品者甚白，翠绿乃下者尔，欲改为玉尘飞、素涛起’。”这也说明了茶尚白、盏宜黑、斗色斗浮的宋代斗茶审美特征，在宋代社会全面流行开来的时间是在蔡襄《茶录》广为流传之后。

南宋著名宫廷画家刘松年的《斗茶图卷》有文献记载却不知真迹下落，但元代书画家赵孟頫的《斗茶图》同样逼真的重现了宋元斗茶那满满的生活气息。画面有四个人物，身边放着几副盛有茶具店茶担。左前一人，足穿草鞋，一手持茶杯，一手提茶桶，坦胸露臂，似在夸耀自己的茶质优美。身后一人双袖卷起，一手持杯，一手提壶，正将茶汤注入杯中。右旁边站立两人，双目凝视，似在倾听对方介绍茶汤的特色，准备还击，人物生动，布局严谨。看图中人物模样，不似文人墨客，而像走街串巷的“货郎”，这正说明当时斗茶已经深入民间。

4. 客来敬茶遍天下

“宾主设礼，非茶不交”，到了宋代，客来敬茶的风俗已经达到“今世俗，客至则啜茶……此俗遍天下”的地步（朱彧《萍洲可谈》）。普通民众还会直接借茶来互相请托，互致问候，据吴自牧《梦粱录》记载：杭州人在每月初一或十五，互相提着茶瓶，在街坊邻居中挨家挨户“点茶”，茶成了人们联络感情的工具。正如南宋诗人杜耒创作的一首七言绝句《寒夜》“寒夜客来茶当酒，竹炉汤沸火初红。寻常一样窗前月，才有梅花便不同”，就是描写客人寒夜来访，主人点火烧茶招待客人，清新淡雅而又韵味无穷的情形；黄庭坚的词也记

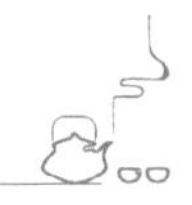

载了烹茶留客的至雅真情："烹茶留客驻金鞍，月斜窗外山。"南宋首都临安（今杭州）还发展了一些特别的以茶待客的习俗，每年立夏之日，家家各烹新茶，并配以诸色细果，馈送亲友比邻，以增进邻里之间的和睦相处，叫作"七家茶"，这种习俗在今日杭州郊区农村还保留着。

客来敬茶除了当面进行的礼俗，客在外地也可敬茶，选用以茶赠友，有利于摆脱世俗金钱至上的困扰，同时彰显友情的高洁无瑕而不容玷污之意，这种习俗从唐代一直持续了下来，王安石有《寄茶与平甫》诗："碧月团团堕九天，封题寄与洛中仙。楼试水宜频啜，金谷看花莫漫煎。"字里行间就充分表达了寄茶给外地兄弟分享香茗滋味的心情。苏轼为了寄茶给他的友人周安孺，写了长达120句的长诗《寄周安孺茶》，是他咏茶的第一长诗。这一寄茶给亲友的古代习俗，至今在产茶地区依然存在，它寄托了客在他乡，不忘敬茶的怀念和祝愿。

5. 茶馆精彩纷呈

如果说唐朝卖茶水店铺还只是为路人和过往商贾歇脚解渴的，那么到了宋代由于市井兴盛起来，茶肆、茶坊借饮茶而演化出了众多功能，茶馆开始兴盛与繁荣。以宋代生活为背景的古典小说《水浒传》中就有王婆开茶坊的描写，宋代茶坊的名称比较别致，比如"八才子""纯乐""珍珠""宛家室""二与二""三与三"等，都能引人入胜，在茶坊内，常以芬芳鲜花装饰，招徕顾客。

汴京城是北宋皇朝的政治、经济、文化中心，又是北方的交通要道，所以这里的茶坊鳞次栉比，处处皆是，在皇宫附近的朱雀门外街巷南面的道路东西两旁，"皆居民或茶坊，街心市井，至夜尤盛"。（《东京梦华录》）在潘楼东街巷，东面是称为"从行裹角"的十字大街，到处都是专业茶坊，有五更天开业的"鬼市子"，也有专供仕女夜游吃茶的夜市茶坊，正如北宋大画家张择端的《清明上河图》描绘的京城汴京那座大拱桥横跨两岸，南端临河的茶馆，赶集的人饮茶歇息、闲谈眺望，商业活动的繁荣与宋代茶馆兴盛交相辉映。

在南宋首都临安（今杭州），作为经济生活重要标志之一的茶馆更是有盛无衰。最早是"茶担"，据范祖述的《杭俗遗风》记述："杭州之有茶司一行，最为便当，每担一副，有锡炉二张，其杯箸、调羹、瓢托、茶盅、茶船、茶碗……

等件，无不足用。”这样的流动茶摊也一应俱全，方便给老百姓在劳动往返的空隙喝上一碗热气腾腾的茶汤。南宋时，杭州以商业发达著称天下，那时茶坊林立，有的大茶坊陈设讲究，挂名人书画，插四时鲜花，冬天兼卖擂茶或盐豉汤，暑天兼卖梅花酒，并用鼓乐吹梅花酒曲，可称为现代的音乐茶室的模板，《梦粱录·茶肆》就有“今杭城茶肆亦……插四时花，挂名人画，装点门面”的描述；有的茶坊，为都人子弟聚会学习乐器或唱叫之地，吹吹打打，歌声贯耳；有的茶坊，是诸行业会聚的场所，一切做经纪的、谋职业的、接生意的、雇请工匠的，都在这里洽谈。当时杭州的清河坊、狮子巷一带，著名的茶坊有“清乐”“八仙”等家，茶客盈门，生意兴隆，来坊饮茶的人都是当时权贵，既作为交际之处，又是品茶休息之所。而且，那时候杭州富家宴会时，还设有专供茶事的人，被称为“茶博士”，后来茶坊、茶肆、茶室中“提茶瓶”接待茶客的烹茶人都统称为“茶博士”。在“山外青山楼外楼，西湖歌舞几时休”的杭州城，在充满三教九流的茶坊里，五颜六色，光怪陆离，无奇不有，它是南宋皇朝“避寇南迁”后的经济发展结果，也是生活奢靡的真实写照。

6. 以茶为礼论婚嫁

唐贞观十五年，文成公主入藏嫁松赞干布，带去茶叶并开创了西藏饮茶之风，这是茶以礼品的形式参与婚姻关系的最早记载，到了宋代，以茶入婚俗的现象普及到了民间。宋代吴自牧在《梦粱录》中就谈到杭城婚嫁中以茶为礼的风俗：“丰富之家，以珠翠、首饰、金器、销金裙褶，及缎匹、茶饼，加以双羊牵送。”宋朝是我国理学最兴盛的时期，元朝统治也推崇理学为“国是”，崇尚“存天理，灭人欲”，强调“从一而终”的伦理道德观念，茶在婚俗中原来的物质意义被赋予了道德意义。古人由于受到科学技术水平的限制，一般认为茶树不宜移植，大多采取茶籽直播种茶的方法，道学家因此把“从一而终”的道德伦理也移植到茶与婚姻的关系上，民间男女订婚要以茶为礼，订婚的各个阶段要以茶来命名，女方接受男方聘礼，叫“下茶”“定茶”“受茶”或“吃茶”。

当然，不管封建道德如何异化茶的自然含义，男女青年们仍然以他们自己的道德标准，给茶与爱情赋予忠贞纯洁的含义，以茶的清纯芬芳来象征真诚的爱情。举行婚礼时，要行“三道茶”仪式，第一杯是白果茶，第二杯是莲子、枣子茶，第三杯是清茶。新郎新娘接第一道茶以后，深深作揖，然后向嘴唇一触，即由家人收去；喝第二道茶礼节相同；喝第三道茶需作揖，后即可饮入口。

7. 茶诗前赴后继

到了宋代，文人学士烹泉煮茗，竞相吟咏，出现了更多的茶诗、茶歌，还有用“词”这种当时新兴的文学形式对茶大相赞美。大诗人苏东坡就有一首《西江月》的茶词：“龙焙今年绝品，谷帘自古珍泉。雪芽双井散神仙。苗裔来从北苑。汤发云腴酽白，盏浮花乳轻圆。人间谁敢更争妍。斗取红窗粉面。”对双井茶叶和谷帘泉水做了尽情地赞美，他在《次韵曹辅寄壑源试焙新茶》的诗里，直接将佳茗比喻为佳人，更引起了人们对佳茗的向往，诗云：“仙山灵草湿行云，洗遍香肌粉未匀。明月来投玉川子，清风吹破武林春。要知冰雪心肠好，不是膏油首面新。戏作小诗君勿笑，从来佳茗似佳人。”欧阳修的七言古诗《双井茶》，不仅诗意盎然，而且寓意深湛：“西江水清江石老，石上生茶如凤爪。穷腊不寒春气早，双井芽生先百草。白毛囊以红碧纱，十斤茶养一两芽。长安富贵五侯家，一啜犹须三日夸。宝云日注非不精，争新弃旧世人情。岂知君子有常德，至宝不随时变易。君不见建溪龙凤团，不改旧时香味色。”黄庭坚也嗜饮茶，工诗词，细啜低吟，有茶诗茶词多篇，其中一首调寄品令的《茶词》，是一篇绝妙的佳作，它能道人之不能言，尤以最后数句，读后犹如口含橄榄，回味不绝：“凤舞团团饼。恨分破、教孤零。金渠体净，只轮慢碾，玉尘光莹。汤响松风，早减了二分酒病。味浓香永，醉乡路，成佳境。恰如灯下故人，万里归来对影。口不能言，心下快活自省。”南宋爱国诗人陆游，出生在茶乡山阴（今浙江绍兴），是个著名的茶客，喜尝各地名茶，对茶有特殊感情，因此以茶为题材的诗篇之多可为历代诗人之冠。陆游在《郊蜀人煎茶戏作长句》吟咏：“午枕初回梦蝶床，红丝小硙破旗枪。正须山石龙头鼎，一试风炉蟹眼汤。岩电已能开倦眼，春雷不许殷枯肠。饭囊酒瓮纷纷是，谁赏蒙山紫笱香。”又在《夜汲井水煮茶》中感叹：“病起罢观书，袖手清夜永。四邻悄无语，灯火正凄冷。山童亦睡熟，汲水自煎茗，锵然辘轳声，百尺鸣古井，肺腑凛清寒，毛骨亦苏省。归来月满廊，惜踏疏梅影。”与陆游同列“南宋四家”的诗人杨万里，作诗构思新巧，语言通俗，自成一家，他有一首《舟泊吴江》的茶诗，描写渔家汲取江水煮茶的乐趣，诗云：“江湖便是老生涯，佳处何妨且泊家。自汲松江桥下水，垂虹亭上试新茶。”在他抑郁不得志时，常常饮茶消闷，所以他在诗中吟道：“迟日何缘似个长，睡乡未苦怯茶枪。春风解恼诗人鼻，非叶非花只是香。”

（二）茶道：“茶禅一味”

茶禅一味是指的茶与佛教有不解之缘，两者之间存在相互联系、相互推动的辩证关系。早在汉晋时期，佛教就提倡坐禅，因为饮茶可以提神醒脑，驱除睡魔，有利于清心修行，东晋有高僧单道开、怀信“饮茶修行”，唐代有从谂“吃茶去”。到了宋代，僧人释道原也在《景德传灯录》汇总记载，有人问“如何是和尚家风？”师曰：“饭后三碗茶。”可见饮茶一直是禅僧生活中不可或缺的重要内容，“禅茶一味”这个说法也就早有渊源了。茶之有功于佛教，是因为茶充分发挥了它的药理作用，佛教徒嗜茶，种茶、育茶、采茶、制茶，创制了许多名茶，还形成了饮茶的礼仪，促进了茶叶和茶文化的发展，所以佛教和茶的文化史一直都交融汇流在一条大河之中。不过，正式明确提出“茶禅一味”这个说法确实是在宋代。

南宋明州（今宁波）惠安院主持释义绍邀请佛画师周季常、林庭珪用 10 年绘制了 100 幅《五百罗汉图》，专门描绘寺院僧人的生活场景，包括赵宅传法、罗汉训虎、天女飞升、焚香、插花、点茶、挂画等等内容，生动写实，栩栩如生地记录了当时明州佛教文化的盛况。话说这《五百罗汉图》可大有来历，据传唐天佑元年的中元节，宁波东钱湖青山顶有十六罗汉显现，而同时期在天台石梁，也有五百罗汉显现，两处惊人地相似，罗汉信仰便在明州兴起。所以这 100 幅《五百罗汉图》就是为了纪念这两地罗汉显灵的灵异。

其中，点茶图《尝茶聚义》和备茶图《禅茶一味》就是反映罗汉们吃茶的场景。《禅茶一味》画面共有八名人物，五名罗汉，三名侍者。五名罗汉在等待吃茶。画面左侧的侍者站立山泉边，左手用竹制水勺接山泉水，右手持汤瓶。画面右下角的侍者站立回头看另一名侍者打水，左手拿着炭夹，右手拿着羽制风扇，

脚前放着火炉和炭筐。坐在地上的侍者正在用茶碾碾茶，身体左边放着碎茶用的木待制，身体前的茶盘内放有茶合、茶帚、茶罗、水勺等制茶末的用具。总的来说，这幅画描绘了侍者为罗汉们点茶之前的准备工作。从图画中可以看出，点茶在僧人的日常生活中扮演着重要的角色，而图画的主题“禅茶一味”，有茶合、茶帚、茶罗、水勺等制茶末的用具。总的来说，这幅画描绘了侍者为罗汉们点茶之前的准备工作。从图画中可以看出，点茶在僧人的日常生活中扮演着重要的角色，而图画的主题“禅茶一味”，已明确地从哲学意义上把茶与佛教联结融合。

图 57　禅茶一味

真正以禅宗的观念和思辨来品味茶的无穷奥妙，来自于宋代高僧圆悟克勤，他首次正式完整地提出“茶禅一味”，并挥毫书写，圆悟克勤的“茶禅一味”得益于他一段特别的禅修经历。

北宋政和年间，圆悟克勤禅师在三峡沿江游玩时，听说丞相张无尽寓居在荆南，此人的禅学造诣十分精深，颇为有名。所以圆悟克勤专门停船拜见。两人在一起商讨《华严经》的要义时，圆悟克勤的谈论，时而玄远空灵，时而平实贴近。张无尽非常赞赏："美哉之论，岂易得闻乎？"称赞他的观点和论述难得一见。就以尊师的礼节邀请圆悟克勤住持夹山灵泉禅院，禅院位于现今的湖南石门县。这个夹山境地，是一个"猿抱子归青嶂岭，鸟衔花落碧岩泉"的妙境，是唐、五代禅宗中最富有代表性和典范意义的禅宗境界，又称为"碧岩"。圆悟克勤从此住持夹山，潜心著述，还悟出了茶学和佛学都尊崇的大道概念"茶禅一味"。佛教中的"禅"意为"静虑""修心"，主张僧侣静修悟道；而茶具有提神助消化、静心禁欲的功效，是佛家修行的助功大德。逐渐地，禅林吃茶还形成了礼仪和行法。"禅茶一味"的根本在于悟，因茶悟禅，因茶悟心。茶，品人生浮沉，有苦有甜；禅，悟涅槃境界，不生不灭。品茶也好，参禅也好，都离不了一份平和清净的心境。如果心乱，品茶没有味道；如果心散，参禅没有结果，茶心禅心，心心相印。无论是物质的相融，还是精神境界的提升，茶文化与禅文化都有了共通之处，从而产生了"一味"之说。圆悟克勤不仅在夹山灵泉禅院悟出了"茶禅一味"，还写下了传世之作《碧岩录》，被誉为"禅门第一书"。待到南宋末年，圆悟禅师的《碧岩录》和"茶禅一味"墨宝被日本高僧荣西禅师带回日本，成为日本佛教临济宗和日本茶道的开山祖师，对禅宗文化在日本的普及发展起到了举足轻重的作用。据中国茶禅学会专家考证，夹山就是"茶禅""茶道"的正宗源头。

茶与禅本是两种文化，在它们各自漫长的历史发展中发生接触，并逐渐相互影响、相互渗透，最终形成新的"禅茶文化"。如果说，禅和茶结缘是在汉晋时期，高度发展是在唐代，那它的完善和鼎盛则就是在宋代。"茶禅一味"的含义在不同历史发展阶段，不同的国家都有不同的侧重。比如在日本，强调的是茶人如何在茶艺中体验禅悦。他们把茶作为入禅的技艺，使之成为独立的艺术，从而形成了"茶道"；而在中国，强调的不仅是在吃茶中保持禅悦，还要统摄生活的方方面面，有种"平常心是道、道不用修"的意境。所以，这也许是我们国家一直没有正式"茶道"之说的原因，因为大道无形，真正意义上

的“茶禅一味”已经无时无刻无处不在了。

（三）茶疗：“吃茶更养生”

茶疗在宋代更加成熟，和唐代一样，茶疗的方法从单方发展为单方、复方并用。茶痴皇帝宋徽宗对此颇有研究，在《圣济总录》里记载：用茶末煎水，调姜末饮服，可以治疗霍乱烦闷。茶疗服用的方法也由原来单一的煮饮法发展多种形式。被称为“世界法医学鼻祖”的宋朝宋慈在《洗冤录》里就有经验方：用腊面茶为末，先以甘草汤洗后贴之，能治阴囊生疮。因为更加重视和发展茶疗，宋代朝廷专门组织名家编著官方的医学巨著《太平圣惠方》《和剂局方》《普济方》中，都有对药茶的茶疗进行专篇介绍，比如《太平圣惠方》卷 97，“药茶诸方”一节就列茶疗方八首，治疗头痛、伤寒、烦躁、小便不通，等等。

值得特别提出的是，宋朝在唐朝“煎茶法”的基础上创新出了“点茶法”，用茶和吃茶的方式已经有所不同，比如《洗冤录》里提到的“腊面茶”就是宋代点茶法煎点时使用的团饼茶。所以，除了以药茶疗养，我们说宋朝“吃茶更养生”一定有它特别之处！我们先来看看宋人是如何吃茶的吧！

图 58　“沫饽”茶汤精华

宋朝的茶饼都要经过碾磨和过筛成粉，越细越好，使茶和水接触的表面积尽可能增加，让茶叶中的水浸物快速析出。因此，当茶粉的细度达到沸水冲入瞬间析出水浸出物时，简洁的“注汤击拂”便成乳成花了。这种点茶时表面的白色泡沫，我们称之为“沫饽”，细而轻的叫花、薄而密的叫沫、厚而绵的叫饽。陆羽《茶经五之煮》：“凡酌置诸碗，令沫饽均。沫饽，汤之华也。华之薄者曰沫，厚者曰饽，细轻者曰花。”意思是白厚细密的泡沫是茶汤的精华。

宋代的点茶主要吃的就是茶汤精华“沫饽”。日本“茶祖”荣西禅师，因为亲身体验了宋代吃茶风俗，专门撰写《吃茶养生记》赞赏茶的药物性能。这个“沫饽”就是茶汤的起泡物质，主要成分是茶皂素、蛋白质、氨基酸、茶多酚等，其中茶皂素为主要起泡物质。茶皂素的清苦与蛋白质、氨基酸、茶多酚的鲜爽清香一起构成了茶汤沫饽清爽滑润的特点，沫饽洁白、细腻、丰富，且“咬盏”持久，是一种比啤酒泡沫更为优良可口的健康饮品。茶汤沫饽有健康养生作用。因为茶皂素对多种引发皮肤病的真菌类和大肠杆菌有一定抑制作用，比如疱疹病毒等。茶皂素还具有较好的抗渗漏与抗炎作用，促进激素分泌，可用于调节血糖，降低胆固醇，预防心脑血管疾病，化痰止咳等，有着不错的药用价值。

在北宋文坛上，与茶叶结缘的人不可悉数，但没有一位能像苏轼那样对品茶、烹茶、种茶均在行，苏轼吃茶、爱茶，就是基于他深知茶的功用。茶，助诗思，战睡魔，延年益寿，是他生活中不可或缺之物。苏轼在杭州任通判的时候，有一天以病告假，独游湖上净慈、南屏、惠昭、小昭庆等寺庙，晚上又到孤山去拜见了惠勤禅师，当天便先后吃了七碗浓茶，颇觉身轻体爽，病也不治而愈了，便兴致勃勃作出这篇七言绝句：“示病维摩元不病，在家灵运已忘家。何须魏帝一丸药，且尽卢仝七碗茶。”苏轼把自己比作维摩菩萨，又比作谢康乐，并说吃了茶，就不用像魏文帝曹丕那样寻求长生不老之药了。

吃茶更养生，除了茶汤精华“沫饽”，还有一个重要原因，就是“吃茶”能把茶叶的全部营养成分和药效成分都吃进身体里。因为茶叶的营养包括水溶性和脂溶性两部分，后者不溶于水，即使用沸水冲泡也难以被吸收利用，始终会残留在茶叶中。

茶叶中的脂溶性营养主要有蛋白质、多糖、酯类、维生素 E、胡萝卜素、膳

食纤维、矿物质、叶绿素，等等。蛋白质可以为我们提供营养，但茶叶中 98% 的蛋白质却不溶于水，存在于茶渣内；茶叶中的多糖不易溶于水，比如纤维素、半纤维素、淀粉和木质素，但它们却是健身的膳食纤维。茶叶中的维生素 A、维生素 D、维生素 E 和维生素 K 不溶于水，但维生素 E 有抗老化作用，维生素 A 有促进生长繁殖，维持骨骼、上皮组织、视力和黏膜上皮正常分泌的生理功能；维生素 D 还可以促进小肠黏膜细胞对钙和磷的吸收；茶叶中的类脂类物质包括脂肪、磷脂、甘油酯等，不溶于水，而是存在于茶树体的原生质中，对进入细胞的物质渗透起着调节作用。叶绿素、叶黄素、胡萝卜素等都不溶于水，但叶绿素促进造血、提供维生素、解毒、抗病等；胡萝卜素有助于维持皮肤黏膜层的完整性，防止皮肤干燥粗糙，促进生长发育。

如果用喝茶的方法养生，干茶中约只有 35% ~ 45%的物质能溶于沸水，宋人将茶叶制成超微细粉，调膏食用，这种“吃茶”的方法，正好弥补这一缺陷。只可惜宋代之后，废团饼茶兴散茶，冲泡法大兴，人们已经不再关注茶汤沫饽了，也不能再把茶物尽其用，点茶技艺一时间成为绝响，吃茶养生作用也打了折扣。

（四）茶传播：“宋茶的日韩风”

在唐宋盛世，日韩在很多方面被我们深刻地影响着。宋元时期，我国对外贸易的港口增加到八九处，市舶司的职能进一步扩大。广州、泉州通南洋诸国，明州有日本、高丽船舶往来，那时的陶瓷和茶叶已成为主要出口商品了。日本的茶道、韩国的茶礼著称于世，但逐本溯源，都来自中国。

日语茶的读音“お茶”“o qia”正是吴越土语“喝茶”的发音；日本民间嗜好的大麦茶、茶粥，更是来自中国远古部落的遗风流俗；公元 814 年最早记录了日本模仿唐朝的饮茶之风。在公元 3 ~ 6 世纪魏晋南北朝时期，中国的饮茶文化就已传至韩国。唐朝时，新罗国出访使臣金大廉带回了茶树，种在智异山的断俗寺和华严寺，从此开始朝鲜半岛的饮茶推广。

宋朝茶事的鼎盛，正好促进了日韩茶文化精髓部分的发展，日本的茶道、韩国的茶礼由此而生。

1."日本茶祖"荣西禅师

荣西禅师将中国的禅文化传入日本，成为"临济宗"的初祖；他也将中国的茶文化传入日本，被誉为"日本的茶祖"。

荣西生于公元1141年，是最澄的后世弟子。他28岁那年入宋，特意去朝拜天台山，在"石梁"处向罗汉献茶。荣西在47岁的时候，再次入宋登天台山，拜"虚庵怀敞"为师，学禅之余还考察茶事。50岁的荣西终于得到了临济宗的单传心印，获赠袈裟作为附法的信衣从宁波乘船回国。由于受天台茶文化浸染，荣西认为禅宗行事时，茶礼是不可缺少的，特别是茶对坐禅修行有不眠的效用，决心在日本发展茶叶生产，所以他不但将种茶、制茶和点茶的方法技术带了回去，和最澄一样也把天台茶籽带回日本。

荣西归国从最西端的九州平户岛登陆起，就一路播撒茶籽，到京都后又将茶籽送给拇尾高山寺的明惠上人，这些地方后来都成了日本古老的茶园。拇尾茶更是被人们称为"本茶"，其他地方的茶则一概被称为"非茶"。

荣西在日本茶史上的卓著功绩并非仅此一项，据日本武家记录史《吾妻镜》记载，建保二年（1214年），镰仓幕府第三代将军源实朝在家宴上喝醉后，一夜不解。直到第二天，仍周身不适。荣西得知将军因醉酒得病，为之献茶一盏，同时献上他晚年所著的《吃茶养生记》，书中称茶是"圣药""万灵长寿剂"，将军饮茶后，顿觉体轻神爽，对《吃茶养生记》一书也大加赞赏，从此日本再度兴起了新的饮茶之风。

2."日本茶道"之源

继荣西禅师之后，明惠上人也积极鼓吹饮茶，当时日本寺院中已有饮茶"十德"的宣传，说明茶在精神上的功效。南宋开庆元年（1259年），日本的圣一禅师、大应禅师（南浦、昭明）来宋学禅，嗣法于径山寺"虚堂智愚"禅师，他们在径山寺住了五年。临回国时，就学得了"清规茶礼"，并且还得到一套临别赠物的台子式"末茶道具"。首先是用四根同长的木棍与两块长方形的木板分为上下相杵接而成的茶几台子，其下面那块木板的底直接触地，板面上可置放茶器等，上面那块木板形成台面是制茶汤的操作台，据载，当时茶台子涂的是黑

漆，因为宋时尚白，故风行使用黑釉茶盏，以衬托色白之茶；然后是黑釉茶盏，即日本称“天目茶碗”者，据日本平凡社《世界百科大辞典》载：“天目为黑色及柿色铁质釉彩陶瓷茶碗的统和……此类茶碗系禅僧修行地——浙江省天目山寺院日常使用，故称天目。”又《西天目山志》云：“天目盏又名天目木叶盏，是天目山寺院招待贵宾的茶具。”天目古盏一直在日本被推崇为茶道圣物，至今仍有三只作为国宝珍藏在日本博物馆中；接下来，配合“天目盏”必须有红漆雕花木茶托，在南宋审安老人的《十二茶具图赞》里被称为“漆雕秘阁”；另外还有“汤提点”汤瓶（或称水注），在《清规》茶礼中常有“瓶出”的字样就是它，以及被戏称为“竺副帅”的“竹茶筅”，在碗中搅荡调匀点好茶的，现在唯在日本茶道中使用。如此可推知，台子、天目茶盏、茶托、汤瓶、茶筅、末茶、盛末茶之具以及煮水的炭炉与炭等南宋“十二茶具”，均为径山茶礼等必需器物，径山茶礼用宋代点茶也就可明确了。他们将此连同七部茶典一起带回了日本，在传播禅学的同时也传播了“清规茶礼”。据日本《类聚名物考》记载：“南浦、昭明到余杭径山寺浊虚堂传其法而归，时文永四年。”又说：“茶道之起，在正元中筑前崇福寺开山南浦、昭明由宋传入。”日本的《续试听草》和《本朝高僧传》都说：南浦、昭明由宋归国，把“茶台子”“茶道具”带回崇福寺。后来茶礼和台子式末茶道具又一同传给了京都大德寺，约200年后，径山茶礼又传至“日本茶道”的开山者村田珠光，对日本茶道礼法的形成产生了极大作用，所以径山寺也是日本茶道界认祖归宗的重要圣地。

日本茶道占据日本茶礼法的主流，至今隆盛之极。所谓的茶道叫作“茶之汤”，其饮用方法就是由宋代饮茶法蜕变而来，还保持中国蒸青“碾茶”的生产特点，生产高级的“抹茶”，方法是将茶叶（鲜叶）蒸热后，稍加揉捻，直接烘干，再用机械搓成粉末，拣去茶梗制成，因此保持了茶叶本来的真香、真味、真色，饮之清香味醇，色泽翠绿艳丽，日本举行“茶道”仪式时，就是采用这种方式制作的高级抹茶。

3. 高丽王朝的茶礼时代

如果说日本是以茶道为显著特征的话，那么韩国则是以茶礼而闻名。

公元3世纪到6世纪是中国的魏晋南北朝时期，这个时期道教和佛教盛行，饮茶风气也在上层社会和道观寺庙兴起，韩国的饮茶文化就是在这个时期由中国传入。至少在5世纪，浙江天台就已经有不少来自朝鲜半岛的留学僧，比如新罗僧“玄光”在学佛之际，拜天台宗第三祖慧思，密受《法华安乐行门》，他在学佛之际，学得“丹丘茶道”，并带回国内。在南朝陈末至隋初，高句丽僧波若也来到天台，在佛陇山向智顗求法，修行了16年。统一新罗时代，来天台的新罗僧更多了，而天台山又是“茶道”的发源地之一，有程式讲究的敬茶礼仪，因此来天台修道学法的新罗僧、高句丽僧以及后来的高丽僧得以将中国的“茶道”和“茶礼”一同学习传回国内，还带回中国的茶籽。关于茶树究竟是何时开始在韩国种植，并没有一致的说法，但可以肯定的是不会迟于公元6世纪，茶树最早是种植在山上的寺庙道观中，所以同中国一样，韩国的饮茶文化也是先在道观寺庙和上层社会中被提倡和推崇的。

到了高丽时代，韩国饮茶文化发展到了鼎盛时期，普及社会各个阶层，文人阶层更是以嗜茶为好，社会上还出现了供应茶叶为职能的专门机构“茶房”，专门种茶的“茶村”。高丽王朝和宋朝保持着频繁的交流和联系，两国经常派出使节团互访，宋朝使臣出访都会带上了茶叶和瓷茶具。高丽时代的制茶法和饮茶法都带着宋朝的风格，比如点茶用“龙团胜雪”，碾磨成茶末投入茶碗，倒入开水用茶筅搅拌形成乳花后饮用；用煮（煎）茶法饮用双角龙茶及龙团凤饼，把茶叶放进石锅里熬煮，然后舀在碗里喝；以泡茶法饮用叶茶类，茶叶不再研磨，直接放入茶碗中，用开水冲泡饮用。

茶礼中的设茶设汤（药汤），也遍布王宫和百姓的日常生活。金明培在他的《茶道学》中用“贡人、贡神、贡佛”的礼仪来定义“茶礼”，“贡”就是供奉、献祭。高丽茶礼分为宗庙茶礼、佛教茶礼、官府茶礼和模仿“朱熹家礼”的冠婚丧祭茶礼。茶礼的过程，从迎客、环境、茶室陈设、书画、茶具造型与排列、投茶、注茶、点茶、喝茶到茶点等，都有严格的规矩和程序，力求给人以清静、悠闲、高雅、文明之感。比如韩国最高层次的“五行茶礼”就是用来祭扫炎帝神农氏，行祭时要设置祭坛，在白色帐篷里挑8只绘有鲜艳花卉的屏风，正中挂着用汉文繁体书写“茶圣炎帝神农氏神位”的条幅，因为是国家级进茶仪式，入场顺

序严谨有序，一次参与者多达50余人。茶礼主祭人会进行题为“天、地、人、和”合一的茶礼诗朗诵，同时还设置旗官、执事人、武士以及献香和插花的女子。

“五行茶礼行者”用置于茶盘中的茶壶、茶盅、茶碗等茶具表演沏茶，沏茶毕全体分二行站立，分别手捧青、赤、白、黑、黄各色的茶碗向炎帝神农氏神位献茶，由此可见，祭奉茶圣炎帝神农氏，更加明晰了韩国茶礼的源头来自中国的远古时代。韩国茶礼是由新罗茶礼发展而来，茶道思想也形成于新罗时代，是以“和”与“静”为茶道的精神追求，李氏朝鲜时代的草衣禅师还提出了“神体”“健灵”“中正”“相和”等茶道思想，他们还认为“茶”这个字是由草、人、木构成，人活在有着草和树木的自然中，喝一杯茶，就是喝一杯天地的精汁，所以要感恩奉献，可见韩国茶礼较多地保存了远古茶文化的风貌，富有原始的淳朴与自然。

茶文化从宋代传播到日韩，无论是茶的发音、茶树的栽培、茶事的布置，还是茶艺的演绎，都无不透露出中国宋朝茶文化的痕迹！

微视频分享：《宋代点茶茶艺》

宋代点茶茶艺

明代

茶艺与茶文化

明代茶艺与茶文化

导入：明代茶事背景

唐代的辉煌、宋代的精雅，都随着其皇朝大厦倾塌的尘土而飘远，富庶繁华烟消云散，透露出盛世已去的悲凉。明代政治、文化环境压抑，当时的文人们寄情于山水，在大自然的清新中获得心灵的复苏。文人们把自身的文化气质和艺术造诣尽情投射到茶艺中，赋予其深厚的文化底蕴和空灵清秀的艺术气息，使得茶一扫唐宋时期的富贵雕饰貌，显露出返璞归真、高洁淡雅的艺术气息。明代茶艺风格“返璞归真”，但这并不意味着茶业和茶文化相对唐宋时期来说凋零落寞，恰恰相反，因为资本主义萌芽的发展，市民经济的繁荣，明清时期反而是我国古代饮茶与茶业的鼎盛时期，因为此时制茶技术和传统茶学，在前人的基础上已经发展到相当高的水平了。茶叶的产量最能表明茶业的发展水平和饮茶普遍化的程度。据史料统计，明代洪武初年，全国茶产量约为6800万斤，嘉靖年间能产12 730万斤，如此大的产量，不仅足够全民普及，还成为中国与边疆贸易和西方贸易中主要物产之一。明代政府采取积极对外政策，曾七次派遣郑和下西洋，遍历东南亚、阿拉伯半岛，直达非洲东岸，加强与他们的经济联系，茶叶输出更为繁盛，就是在此期间，西欧各国各色人士从中国转运茶叶，在本国推广饮茶和中国茶文化。

宋代后期制茶工艺的转制，散茶已开始大量流行，所以在明代已经全民普及。散茶的兴起和普遍饮用，就是明代茶叶生产与饮用的主要特色。明太祖朱元璋下诏“罢造龙团，惟采茶芽以进”之后，散茶正式兴盛起来，最早是蒸青，即用蒸焙的方式制茶，慢慢又出现了在锅里炒制茶叶的炒青，这些工艺不仅推广了芽茶和叶茶，也成为中国传统茶的经典工艺，至今是高档名茶的技术要诀，所以当时的名茶也是前所未有的多。宋代散名茶只有日注、双井、顾渚等几种，

明代黄一正《事物绀珠》记录的名茶就有仙人掌茶、阳羡茶、六安茶、日铸茶等97种之多，不仅江浙和东南沿海产茶，从云南到今山东的莱阳都形成茶叶产地和代表性的名茶。

明代最有代表性的茶艺方式就是龙井类的细嫩名茶撮泡法和长兴罗岕类的高香大叶茶的壶泡法，都是沸水注汤直接饮用，追求茶的“真香本味”。所以唐宋模式的茶具也不再适用了，茶盏由黑釉瓷变成了白瓷和青花瓷的茶碗和茶盏，目的是更好地衬托茶的色彩。明朝后期，茶壶也被更广泛地应用于百姓茶饮生活中，最为突出就要数宜兴的紫砂壶，紫砂壶透气性好，耐高温，冲泡的茶汤色香味俱佳。典雅清丽的茶瓯和古朴凝重的紫砂壶正好迎合了当时社会所追求的质朴、自然、温厚、闲雅等的精神需要。

明朝的传统茶学也达到了高峰，一方面是茶书的撰写，据不完全统计，唐宋元代750年撰刊的茶书是32种，明清552年就共有66种，其中明朝一代的茶书就占中国古代全部茶书的一半，茶书不仅是中国古代茶叶发展的史料和茶文化的集萃，也是当时茶业发展水平的标志。另一方面是生产技术的成就，比如制茶技术取得突破，茶树栽培的发展从直播丛栽到育苗移栽，茶园管理技术提出了土地平整、耕作施肥、立体种植，等等。所以，除秦岭、淮河以北因气候原因不适应种茶外，许多前代原本不产茶的州县皆引进茶种、种植茶树，茶树的种植区域遍布长江南北、闽广岭南各地。

明朝叶茶独兴于世，还产生了绿茶以外的茶类发展，比如黑茶、花茶、红茶和黄茶等，虽然花茶发明是在宋代，来源于龙凤团茶掺龙脑的工艺，后来有了茉莉花茶，但大力发展则在明代。唐代饮茶讲究茶器，宋代饮茶讲究茶品，而明代对品茗场所的选择和环境的构筑，给予了异乎寻常的重视，徐渭《徐文长秘集》中说：“茶宜精舍，云林，竹灶，幽人雅士，寒宵兀坐，松月下，花鸟间，清白石，绿鲜苍苔，素手汲泉，红妆扫雪，船头吹火，竹里飘烟。”陆树声也认为，适合饮茶的场所需要“凉台净室、明窗曲几、僧寮道院、松风竹月”，只有这样才能营造出淡雅、高洁、韵清、气静的茶艺意境。直到现在许多人都照着明人描述的境界安排茗事，茶馆的设置中常见人为的茂林修竹、小桥画舫等等都依照这样的风格。

启发：

布衣逆袭的明太祖朱元璋出身贫寒，深知茶农疾苦，上任后彻底改茶饼为散茶，把我国唐宋炙烤煮泡饼茶法改革为直接冲泡散条茶“一沦而啜”法，开创了我国千年茗饮之宗，客观上推动了明代茶艺“返璞归真”风格的形成。因为茶叶简洁自然，茶具纯朴清丽，茶汤真香本味，茶境雅致静逸，你是否能从明代茶学和茶艺中找到很多我们熟悉的味道？

一、明代瀹茶茶艺

“品真：茶有真乎？曰：有。为香、为色、为味，是本来之真也！抖擞精神，病魔敛迹，曰：真香。清馥逼人，侵入肌髓，曰：新香。恬淡自得，无臭可伦，曰：清香。论干葩，则色如霜脸芷荷；论酾汤，则色如蕉盛新露，始终唯一，虽久不渝，是为嘉耳！丹黄昏暗，均非可以言佳。甘润为至味，淡清为常味，苦涩味斯下矣。乃茶中着料、盏中投果，譬如玉貌加脂，蛾眉施黛，翻为本色累也。”明人程用宾在《茶录》中称赞休宁松萝茶品质上乘，同时冲泡原香真味方为奥妙，呈现了明代人们把茶艺的关注中心落在茶的本真上。

既是因为唐宋以来团饼茶制作工艺烦琐，煮饮费事，不能适应人们越来越普及的饮茶需求，也是因为团饼茶制作中不断冲洗、不断压榨，夺去了茶的真味原香。所以，不经过蒸青、榨汁而直接烘焙或炒制的散茶盛行于明代，人们饮茶时不再需要将茶叶碾成细末，只需要用茶瓯或茶壶直接用沸水冲泡就可以了。

（一）茶

明代散茶最开始是以蒸青的方式为主，即用蒸焙的方式制茶，保持茶叶原有的香味。最早的蒸青工艺由元代农学家王祯在《农书》中记载：“采讫，以甑微蒸，生熟得所。蒸已，用筐箔薄摊，乘湿揉之，入焙，匀布火，焙令干，勿使焦，编竹为焙，裹蒻复之，以收火气。”简单地说，就是将新采的鲜茶叶用甑蒸焙后，摊平碾揉，再用匀火烘干，即为蒸青。

图 59　蒸青绿茶

后来的工艺普遍改蒸青为炒青，即在锅中炒制茶叶，发挥茶叶的馥郁美味。炒青茶其实最早在唐代已经出现，刘禹锡在《西山兰若试茶歌》里写道："斯须炒成满室香，便酌砌下金沙水。"就是说采下的嫩芽叶，经过炒制满室生香。经过不断发展，炒青制法在明代日趋完善。张源《茶录》、许次纾《茶疏》和罗廪《茶解》等茶书里都有详细记载，比如罗廪在《茶解》中说："炒茶铛宜热；焙铛宜温。凡炒止可一握，候铛微炙手，置茶铛中札札有声，急手炒匀。出之箕上，薄摊用扇扇冷，略加揉。再略炒，人文火铛焙干，色如翡翠。若出铛不扇，不免变色……"简单说来，就是用锅炒杀青，但不能用新铁锅，因为新铁锅有铁腥味，烧锅的柴只能用树枝，不能烧干叶。一锅炒的茶叶容量不能多，炒时先用文火（小火），再用武火（大火），但不能炒焦，概括说就是杀青、揉捻、复炒、烘焙至干。

图 60　炒青绿茶

明代自从炒青绿茶盛行之后，制茶工艺突飞猛进，各地产生不少各具特色的炒青绿茶，如徽州的松萝，杭州的龙井，嵊县的珠茶，六安的瓜片、屯绿等97种之多，名目繁多，名震遐迩。明朝叶茶独兴于世，还促进和推动了其他茶类的发展，除绿茶外，黑茶、黄茶、红茶和白茶也在明代正式出现并且全面发展。

比如黄茶，在明代许次纾的《茶疏》中有记录："顾彼山中不善制法……未及出釜，业已枯焦，讵堪用哉。兼以竹造巨笱，乘热便贮，虽有绿枝紫笋，辄就萎黄，仅供下食，奚堪品斗？"意思是说，当时在交通和信息都比较闭塞的山里，大家不擅长做茶，于是就自己琢磨，用烙饼的平底锅当作杀青用的锅，但是因为缺乏经验，茶叶常常炒焦了，于是人们用竹筐赶紧把它储存起来，结果一会儿又萎黄了，最后茶叶品相不好，就只有把它当作次品来用。鲜茶叶在杀青过程中，火候掌握不好，或温度低，或杀青时间过长，或杀青后没有及时摊凉及时揉捻，或揉捻后没有及时烘干炒干，或堆积过久，或贮藏不当，都会使茶叶变黄，所以是先有绿茶再有黄茶。出乎意料的是，这种偏黄的茶倒是比绿茶更温和更甜，慢慢地，这种独特的"闷黄"工艺被固定下来，形成了黄汤黄叶的黄茶。所以，是先有绿茶再有黄茶。

图61　黄茶（君山银针）

再如黑茶，也是由绿茶演变而来。它又被称为番茶或边销茶，主要是因为

销往边疆的少数民族地区而得名，在唐代茶叶就开始作为商品销往西藏，路途遥远，风吹雨打日晒，雨天茶叶被闷湿，天晴又被晒干，这种干、湿互变的过程就导致茶叶在微生物的作用下发酵了，于是便产生了品质完全不同于起运时候的茶，到了人们手上已经发酵成深褐绿色，内质“水味红浓”，有陈香味，而且吃完特别解油腻，这种特殊品质风味的茶慢慢就成为边疆人民的消费习惯，所以黑茶也被人称为“马背上的茶”。到了明代，随着明王朝和北方少数民族茶马贸易的发展和边疆民族对黑茶的需求，四川、湖南等地受实践启发，干脆就生产用大量绿茶在低火温下，湿坯长时间堆积渥成黑色的黑茶。嘉靖三年（1524年）御史陈讲疏正式记载了黑茶的产生：“商茶低伪，悉征黑茶……每十斤蒸晒一篦，送至茶司，官商对分，官茶易马，商茶给卖。”为了便于运输、交易和收藏，需要加工成紧压茶，最先使用这种方法将晒青茶蒸压成型，然后包装运销西北的是四川。当然黑茶也有在内地销的，《明会典·茶课》崇祯十五年（1642年）记载，当时四川生产的黑茶和黄茶，蒸压成长方形的篾包茶，每包重 7 斤，销往陕西汉中一带，汉中不产茶，民众生活又离不开茶，因此从四川用马驮装黑茶和少量黄茶，从栈道运到汉中“约略充数”，以满足当地民众饮茶的需要。后来，湖南安化生产的黑茶因为滋味醇和厚重，质高价廉，产量又大，赢得了边疆少数民族的喜爱，政府把安化黑茶变为官茶，多运销北方边疆换马。

图 62　湖南安化黑茶

白茶也叫日晒茶，其实早在周朝甚至更早的时候就已经出现，但最早的文字记录在明代，田艺蘅《煮泉小品》里写道：“茶者以火作者为次，生晒者为上，亦更近自然，且断烟火气耳。况作人手器不洁，火候失宜。皆能损其香色也。生晒茶瀹之瀹瓯中，则旗枪舒畅，青翠鲜明，尤为可爱。”记载的就是制作白茶的工艺，其是用绿色芽叶不炒不揉做成，他觉得，茶用锅炒的是次品，而用生晒制干的才是最好，因为自然天成，茶叶营养可以被原汁原味地保留下来。值得一提的是，宋代所谓的白茶是指从白叶茶树采摘而制的茶，不是真正意义上的经过加工制成的白茶。这种以日光曝晒、不损香色的生晒茶，即白茶。明代孙大绶著《茶谱外集》也说：“茶有宜以日晒者，青翠香洁，胜于火炒。”

图 63　晒干白茶（白牡丹）

关于红茶，明代嘉靖三十年（1556 年），葡萄牙传教士克鲁兹来中国传播天主教，1560 年前后回国，写了一本有关茶叶的书。其中说：“凡上等人家皆以茶敬客。此物味略苦，呈红色，可以治病。”这种红茶汤可能就是红茶。而明确记载生产红茶的第一个品种，是从福建崇安桐木关的小种红茶开始的，刘靖在《片刻余闲集》（1732 年）中正式记述，“山之第九曲尽处有星村镇，为行家萃聚。外有本省邵武、江西广信等处所产之茶，黑色红汤，土名江西乌，皆私售与星村各行”，这里的山指武夷山，所记的红茶就是福建崇安县星村桐木关的“正山小种”红茶。据说在明代的时候，有一次军队来到这个偏远的山

野小村，当地人为了看热闹忘记把采摘下来的鲜叶及时杀青，结果到了第二天，茶叶全部氧化了，颜色变黄变褐，可是直接丢了损失又太大，所以村里人赶紧用松柴熏烟把它焙干，再请闽商尽量帮忙远销到海外去，因为本地人肯定不会喝这样奇怪的黑黑的茶。意想不到的是，欧洲人却特别喜欢这种汤色红艳明亮、滋味甘甜的茶。这种红茶具有特殊的松烟香，是用松柴燃烧熏烟焙干时，茶叶吸收松烟而形成的香味，外观呈黑色，但汤色红艳明亮，滋味甘甜，从那时起，红茶便开始风靡世界。

图 64　红茶（正山小种）

另外，花茶早在宋代已经出现，因为北宋龙团凤饼就有掺加龙脑的工艺，南宋又发明茉莉鲜花窨制的技术，但花茶的真正兴盛发展还是在明代，明代顾元庆在《茶谱》“花茶诸法”一节中继承了南宋花茶制法，对用鲜花窨茶已有比较详尽的叙述，他提到橙皮、莲花、木樨、茉莉、玫瑰、蔷薇、兰蕙、橘花、栀子、木香、梅花“皆可作茶”。制作花茶时，具体制法是：“诸花开时，摘其半含半放蕊之香气全者，量其茶叶多少，摘花为茶。”制作花茶时，花量要适中，制茶时去掉枝蒂和尘垢虫蚁，在瓷罐中装一层茶，再装一层花，放满后，用纸箬扎紧，放在锅中用沸水蒸煮，然后取出冷却，再倒出用纸封裹，放在火上焙干，即可饮用。制莲花茶时，“于日未出时，将半含莲花拨开，放细茶一撮纳满蕊中，以麻略扎，令其经宿；次早摘花倾出，用建纸包茶焙干。……如此者数次，取其焙干收用，不胜香美”。明代钱椿年在《茶谱》中也提到大致相同的花茶花料品种和制法，他十分强调花量要适中，“花多则太香而脱茶韵，花少则不香而不尽美”。此外，程荣在1592年写的《茶谱》中也有关于窨制花茶的类似叙述，这说明明代花茶的制作已经相当普及了。

图65　茉莉花茶

唐宋时期的紫笋茶，制成饼茶或龙团茶，明初改以茶芽作贡茶，成为条形散茶，有紫笋、旗芽、雀舌等品种，时人把紫笋茶比作流霞山仙酒，饮之令人陶醉且清醒。明末清初紫笋茶逐步消失，顾渚山的茶园荒芜凋零，直到20世纪70年代长兴县等地才挖掘创新，重新培育这一名茶。

1. 径山茶

径山茶到了明代依然享誉民间，人们到径山寺游览进香，不仅饱览径山的美景，还要品尝清香可口的径山茶。明代田汝成《西湖游览志》称：“西北南北诸山旁邑皆产茶，而龙井、径山尤驰誉也。”由于径山茶宴的影响，人们对径山茶的记忆总是与之不可分割，明代王洪、王畿、王澍、王沂《夜坐径山松源楼联句》：“高灯喜雨坐僧楼，共语茶杯意更幽。万丈龙潭飞瀑倒，五峰鹤树湿云收。碑含御制侵苔碧，径启昙花拂曙秋。还拟凌霄好风月，海门东望大江流。”山堂夜坐，

汲泉煮茗，芳香四溢，清芬满怀，就是对“径山茶宴”的生动写照。

2. 龙井茶

龙井茶是后起之秀，更因为“龙井茶，虎跑水”西湖双绝闻名中外，但就时间而言比不上顾渚紫笋、蒙顶茶等唐代名茶，它是宋代才形成的。宋代杭州上天竺香林洞的香林茶、宝云洞的宝云茶和下天竺白云峰的白云茶，是龙井茶的前身。正式形成“龙井茶”的茶名是在明代，以于若瀛《弗告堂集》中的《龙井茶》一诗开始。与唐寅并称为“明四家”的著名画家沈周在《书〈岕茶别论〉后》写道：“昔人咏梅花云：香中别有韵，清格不知寒。为岕茶足当之，若闽之清源、武夷，吴之天池、虎丘，武林之龙井，新安之松萝，匡庐之云雾，其名虽大噪，不能与岕相抗也。”沈周极赞岕茶而稍抑制他茶，此正值明代前期，罢贡龙团茶后，有一大批散茶名品涌现，龙井茶就为其中之一。明代屠隆著《茶笺》介绍龙井产茶的情况：“龙井不过十数亩，外此有茶，似皆不及。大抵开天龙泓美泉，水灵特生佳茗，以副之耳。山中仅有一二家，炒法正精。近有山僧焙者亦炒。”

图 66　绿茶（龙井）

龙井为泉名，古称龙泓，位于1700多年前的老龙井寺左侧，相传明正德年间掘井时，井底掘出一块大石状如游龙而故名。真正的龙井茶仅产于杭州西湖旁天竺山东南面一片隆起如龙脊样的山上（人称“白沙”地）、周围一带分狮峰、龙井、梅家坞、虎跑、云栖、灵隐等几处小片产区，这里依湖面江（钱塘江），山中还有龙泓、九溪等溪流潺湲，林木幽深，云雾缭绕。气候温和，雨量充沛。春茶季节，细雨蒙蒙，土壤为沙质，正符合陆羽《茶经》所说“砾者上”的条件，优越的自然条件和优良品种的结合，再加上茶人辛勤劳动和采制技术的不断创新，才保证了龙井茶世代不衰的优越品质。龙井茶以“色翠、香郁、味醇、形美”四绝著称，其干茶以扁平光滑，叶色翠绿透黄者为佳。冲泡得当，芽叶宛如兰花初绽，茶汤清澄，馨香幽馥，滋味鲜醇回甘，经泡数杯而香甘不减，令品者叫绝。龙井茶不仅揽湖山之胜，展林壑之秀，还须细采精炒，一斤特级龙井茶约有三万六千多个芽，真可谓是芸天地人文之精华也！到了明代中期，龙井茶的名气实在太大了，因此以假乱真的现象也出现了，一方面龙井茶无特异之气，不像日铸茶有特殊麝气，另一方面扁炒青的形状可以用雀舌、鸟嘴、片甲等各种混淆，直到现在不仅浙江的茶好以“龙井”名之，连福建、云南等地的茶叶也托名“龙井”，都只是借用它的芳名罢了。

3. 虎丘茶

产于苏州虎丘山的虎丘茶曾享有盛誉，明代地理学家王士性在《广志绎》中曾说：“虎丘天池茶，今为海内第一。”明代屠隆写的《考槃余事》也说虎丘茶“最号精绝，为天下冠”。还说这种名茶，产量很少，大都被权势之家所垄断，平民百姓是买不到的。虎丘茶的历史可追溯到唐代，唐代诗人张籍是苏州人，举家迁虎丘山，饮过虎丘茶，写有“紫芽连白蕊，初向岭头生。自看家人摘，寻常触露行”（《茶岭》）的诗句。虎丘茶如此有名，为什么陆羽《茶经》只提“苏州洞庭山下”产茶，而未提虎丘茶呢？陈鉴的解释是由于陆羽到江南时，虎丘茶名气还不是很大，又为豪家独占，常人不易得的缘故。

4. 松萝茶

松萝茶也是明代出现的名茶，产于安徽休宁北乡松萝山，又名新安松萝、徽州松萝、琊源松萝，松萝茶的制法不同一般，据说是一个叫大方的苏州虎丘寺僧人用焙制虎丘茶的方法制成的，虎丘茶失传了，而这种“旧亦无闻”的松萝茶却

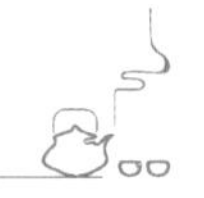

从此“见嗜于天下”（明代冯时可《滇行纪略》），明代罗禀的《茶解》也说这种茶很难焙制，因为它的茶叶尖太嫩，而蒂又太老。松萝茶有消食奇效，相传明神宗时，休宁一带流行伤寒痢疾，松萝山让福寺方丈给来烧香拜佛者每人一包松萝茶，服后两三天即愈。古医书《本经蓬源》就说：“徽州松萝，专于化食。”

到了明代，有关茶叶贮存方面的记载尤多，如冯梦祯在《快雪堂漫录》中记载：“实茶大瓮，底置箬，封固倒放，则过夏不黄，以其气不外泄也。”屠隆《茶笺》也说：“藏茶新净磁坛，近有以夹口锡器贮茶者，更燥更密，盖磁坛犹有微罅透风，不如锡者坚固也”，指出以锡代磁，贮茶效果更好，说明当时已开始用锡器贮茶。元代农学家王祯在《农书》中也提到了茶叶的保存：“茶性畏湿，故宜弱。收藏者必以蒻笼，剪蒻杂贮之，则久而不绝。”还有高濂的《遵生八笺》、顾元庆的《茶谱》等等都讲到了茶的贮藏方法。

（二）器

瀹饮法的革新自然也影响到茶具的变革，唐、宋时的炙茶、碾茶、罗茶、煮茶器具成了多余之物，一些新的茶具品种脱颖而出。明代茶具虽然在数量上有所精简，但并不简陋，还有特定的要求，同样讲究章法、规格，注重质地，甚至制作工艺的改进，也比唐宋时有很大进步，特别体现在藏茶、洗茶、烹水和饮茶等器具形式上。

茶罂（笼）：藏茶器具，又叫贮茶器具，明代条形散茶的饮用成了新风尚，但易于接触空气受潮，因此对茶叶的贮藏显得尤为重要。藏茶器具，有瓷或陶制作成的罂，也有竹叶编制成的篓（笼）。

茶洗：洗茶之说在宋代就有（蔡襄《茶录》），即涤去茶中的尘垢和冷气，但专业的洗茶茶具还是始见于明代，当时有紫砂陶洗，形若扁壶，中间有隔层带着篦子一样的孔眼。用竹箸夹着茶叶在茶洗里用不是非常烫的水反复涤荡，滤干少顷后，再用沸水注冲。

茶炉：生火烧水的器具，炉以铜炉和竹炉最为时尚。明代前期茶炉在茶具中占有重要地位，被比喻为“竹节君”，表示材质也有深刻寓意，而储茶的笼、烧水的瓶、盛炭的竹篮、储水的瓷缸、收放茶具的方箱和收储茶叶的盒等“茶具六事”被认为是茶炉分封的侍从，特别是竹茶炉被文人们视作雅物。明代后期茶壶和茶盏的风行才削弱了茶炉的重要位置。

汤瓶（茶铫）：煮水器，明人认为汤瓶宜小，否则水在瓶中过久口味不佳。屠隆《茶说》认为材质方面瓷制最好，不影响茶味且廉价易办，铜、铁、铅瓶则有腥味导致水有涩味，砂器会渗水、有土气且易冷易馊，金银虽好，但价钱昂贵。但张源《茶录》、许次纾《茶疏》和罗禀《茶解》都认为锡质最宜受火力，水沸腾迅速，有利于茶的品质，无异味也廉价易得。

茶盏（瓯）：直接用来饮茶的容器。明人用盏以小为佳，这样不易流失热量，尤喜白釉小盏，直口尖底，成鸡心形，俗称“鸡心杯”，便于观察茶汤和茶叶在水中的舒展变化。明人也认为口腹深的茶盏绝妙，因为茶色漂浮香气也不易逸散，另外青花瓷茶盏也较为流行，都以景德镇窑瓷为佳。

茶壶（注）：壶是从煮水器中分离出来的专用茶具。以茶壶泡茶，饮用时茶水还需从壶再倒入盏，明代最为崇尚紫砂或瓷制的小茶壶，认为形小可以聚香、保味。

茶梜：竹制的夹子，末端头偏尖似筷子，用来将茶壶中已泡过的茶渣夹出。

明代流行散茶，茶叶是与现在绿茶相似的芽茶，茶汤的颜色又从宋代的“白”变成明代的“黄白”，于是白瓷、青花瓷盛行，屠隆的《考槃余事》说“茶盏，莹白如玉，可试茶色”，许次纾的《茶疏》也述“其在今日，纯白为佳”。朱元璋下令在景德镇设立专门工场（即“御器厂”）制造皇室茶礼所需的整套茶具，从此成为全国制瓷中心，“浮梁景德镇民已陶为业，聚佣至万余人”。南京出土的永乐白瓷暗花小执壶，造型圆浑，通体刻有牡丹纹饰，釉色莹润，是永乐年间典型的白瓷风格的代表作品。到了宣德年间还生产一种白釉茶盏，《博物要览》称这种白盏“光莹如玉，内有绝细暗花”，是当时富贵人家最爱用的茶具。景德镇在生产青花瓷的基础上，又先后创造了各种彩瓷，产品造型小巧，胎质细腻，彩色鲜丽，画意生动，在明代嘉靖、万历年间被视同拱璧，十分名贵。刘侗、于奕正著的《帝京景物略》一书中有“成杯一双，值十万钱”之说，由于景德镇名瓷声播海外，加上成化、正德至嘉靖年间海外贸易发达，瓷器大批出口，故而国际上称中国为“瓷器之国”就是从此时开始的。

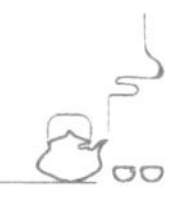

图 67　青花螭龙纹白瓷茶盅（中国茶叶博物馆藏）

龙泉青瓷茶具以它造型古朴典雅，瓷质坚硬细腻，釉层丰厚，色泽青莹柔和而蜚声中外，西方人纷纷慕名而来，十六世纪末期，当龙泉青瓷初次出现在法国市场时，一度轰动整个法兰西，人们赞叹不已，简直找不到合适的词汇来赞美它，后来他们只好用当时风靡欧洲的名剧《牧羊女》中女主角雪拉同的美丽青袍相比拟，从此以后，欧洲文献中“雪拉同”便成为龙泉青瓷的代名词。世界所有的博物馆几乎都藏有龙泉青瓷，仅土耳其伊斯坦布尔博物馆就藏有 1000 多件，日本东京还有专楼珍藏龙泉青瓷。

图 68　龙泉龙纹碗（台北故宫博物院藏）

明中期以后又出现了用瓷茶壶和紫砂茶壶的风尚。

宜兴产陶的历史可以追溯到石器时代，而宜兴紫砂茶具又早在北宋已初露锋芒，成为在各种名瓷之外别树一帜的茶具。它是一种介于陶和瓷之间的精细茶器，具有特殊的双气孔结构，气孔微细密度高，透气性极佳却不渗漏，能吸附茶汁蕴蓄茶味，使用年代越久，色泽越加光润，泡出来的茶汤也越加醇郁芳馨。而且，紫砂壶冷热急变性能好，冬天注沸水不会胀裂，传热慢又不烫手，具有良好的保温功能，贮茶不变色，夏日泡茶不易变馊，最能充分展现明代冲泡散茶的色、香、味之美，正如明代文震亨《长物志》记载："壶以砂者为上，盖既不夺香，又无熟汤气。"再加上它简洁大方、淳朴古雅的文化韵味更迎合了当时社会所追求的平淡、质朴、自然、温厚等精神需要，因此，寸柄之壶，盈握之杯，往往被人视若珍宝，贵如金玉。紫砂茶具坯质致密坚硬和所用的原料有关，其所用原料包括紫泥、绿泥和红泥，统称紫砂泥，它们从矿层开采后是生泥，要露天风化，松散粉碎再捏炼成熟泥供制坯用。紫泥是紫砂茶具的主要泥料，外观紫色或紫红色带有浅绿色斑点，绿泥和红泥较嫩，不独自成陶，作为涂料和装饰使紫砂陶器皿颜色更多彩。紫砂泥若掺入粗砂、钢砂烧成后珠粒隐现产生特殊的质感。

茶叶泡在壶中，人们不再注意茶汤和茶具的色泽，而转向茶壶造型的"雅趣"和茶汤的滋味了，因此，各种质地的名壶层见迭出，明代嘉靖、万历年间，先后出现了多位卓越匠师。首先应该是供春，明正德年间（1506—1521 年）的制壶匠师，据明代周高起的《阳羡名壶系》记载，供春跟随主人去金沙寺读书，金沙寺僧酷爱饮茶，取当地产的紫砂细泥捏成圆坯，安上盖、柄、嘴放在窑中焙烧，供春暗中仿照老僧学会制壶技术，供春就以寺旁的银杏树树身为形，制成树瘿壶，从此扬名天下。

图 69　供春树瘿壶（中国历史博物馆藏）

他制的壶品造型新颖精巧，质地薄而坚实，《阳羡茗壶系》赞誉“栗色暗暗如古今铁……胜于金玉”，张岱在《陶庵梦忆》中也说：“宜春罐以供春为上……直跻商彝周鼎之列而毫无愧色。”人们把供春壶与古代祭祀的鼎和尊相媲美，形容其与极其珍贵的古董一般。明万历年间，号称“四大家”的董翰、赵梁、元畅、时朋制作紫砂茶具各具特色，董以文巧著称，赵、元、时以古拙见长，后来又出现了李养心善作小圆壶，因为排行老四，人称“小圆壶李四老官”。再后来又有了“三大妙手”，指时大彬和他的两位高足李仲芳和徐友泉。最值得一提的是时朋的儿子时大彬，号少山，曾师从供春学得了全部精髓。时大彬刚开始模仿供春，后来因为与当时著名的文人王士贞、陈继儒等人交往，受到文人美学的熏陶，突破了师傅的樊篱而改制小壶，别具一格，点缀在精舍几案之上，更加符合饮茶品茗的美学趣味，被时人推崇为“千奇万状信手出”“宫中艳说大彬壶”。时大彬制作的调砂提梁大壶呈紫黑色，杂砂钢土，泛出星星白点，犹如夜空中的繁星，壶身上小下大，形体稳定，是古朴雄浑的精品，除此之外，他的传世作品还有竺帽壶、朱砂大方壶等。紫砂壶因兼有物质和文化双重价值，一直到现在，也是品茗者使用、赏玩和收藏的艺术品。

图 70　时大彬僧帽壶（香港茶具文物馆藏）

（三）水

明朝泡茶更容易体现水对茶的影响，所以张源在《茶录》中分析得甚为详细："山顶泉清而轻，山下泉清而重，石中泉清而甘，砂中泉清而洌，土中泉清而白。流于黄石为佳，泻出青石无用。流动者愈于安静，负阴者胜于向阳。真源无味，真水无香。"泉水固然好，其他水也未必差，许次纾渡黄河时，想汲水煮茶，怕河水浑浊影响茶味，船夫告诉他，只要用明矾沉淀，水质一样清甜，结果水质确实清而甘甜，并不比惠山泉水差，于是他在《茶疏》中有说"黄河之水，来自天上，浊者土色也，澄之既净，香味自发"。另外，有些好井水也是比较理想的泡茶用水，比如北京故宫博物院文华殿东传心殿内有一口名叫"大庖井"的名井，水质甘美，曾是皇宫里重要的饮水来源，明代焦竑的《玉堂丛语》就有记载："黄谏尝作京师泉品：郊原玉泉第一，京城文华殿东大庖井第二。"当然对于井水的选择和使用，明人还有更多深入的研究，比如高叔嗣在《煎茶七类》中就说："井取多汲者，汲多则水活，然须旋汲旋煮，汲久宿贮，味减鲜洌。"意思是，汲取井水要找人们使用频繁的那类井，这样的井水才是活水，但汲取回来不能放置过久，最好趁新鲜时泡茶饮用。

明代田艺蘅则可谓是宋徽宗的知音，认为烹茶之水不必过于拘泥，他专门著作了《煮泉小品》用十个部分分门别类，详细具体的阐述了各类水的特性，即"源泉""石流""清寒""甘香""宜茶""灵水""异泉""江水""井水""绪谈"，而并没有排列所谓第一、第二的等次。他说"清，朗也，静也，澄水之貌"，把"清明不淆"的水称为"灵水"，烹茶水尤其要清洁透明无杂色，否则难以显出茶性；他说"泉不流者，食之有害""泉悬出为沃，暴溜曰瀑，皆不可食"，和陆羽的见解同样，他认为激流瀑布之水不宜茶，因为气盛而脉涌，缺乏中和醇厚之气，与茶之中和之旨不符。水之洌意为寒、冷，田艺蘅认为更加难得，"泉不难于清，而难于寒"，寒冷的水尤其以雪水为佳，这一点他非常推崇，可能是因为古人认为水"不寒则烦躁，而味必啬"，"啬"的意思就是"涩"。但如果是长期滞留在阴寒山潭中的"死水"，即使寒冷也不能饮用，"其濑峻流驶而清、岩奥阴积而寒者，亦非佳品"。

同样的，水要烧得恰到好处，才利于在水质最佳情况下泡茶，明代屠隆《考

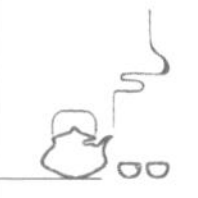

檠余事》中说：要防止水烧得“老”或“嫩”，“老与嫩，皆非也”，水没有烧沸，谓之嫩，水溶物不能浸出，香气不足；水烧过头，溶于水中的气体不断逸出，泡出的茶汤缺乏鲜爽味。许次纾也在《茶疏》中指出：“水一入铫，便须急煮，候有松声，即去盖，以消息其老嫩。蟹眼之后，水有微涛，是为当时。大涛鼎沸，旋至无声，是为过时。过则汤老而香散，决不堪用。”他还说“火，必以坚木炭为上”。和古人同理，他认为燃烧物性能要好，火力大而持久，茶汤才会鲜活；如果有烟则会污染茶汤，因为茶吸附性强，有了杂味便失去了真香本味的天然纯洁。

明代茶家在水的保管方面作出巨大贡献，由于古代交通不便，为避免取泉之路遥远，有失原味。明人想出“以石养水”的方法来保持山泉的品质，在明代茶书中屡有提及。如《煮泉小品》：“移水取石子置瓶中，虽养其味，亦可澄水，令之不淆。”可见，投石其中既能养水味，又能澄清水中杂质，一举两得。许次纾提出“密封法”，即用大瓮、挈瓶贮水，贮水时要密封严实，“厚箬泥固，用时旋开”。而张源认为贮水的关键不在于密封保质，而在于让水吸收天地之灵气，故而又有了“覆纱法”：将贮水瓮置于阴庭中，不必密封，仅“覆以纱帛”，使所贮之水“承星露之气”，则神气可常存。

（四）技

散茶直接冲泡法又称“瀹饮法”或“冲泡法”，明人朱舜水在解释瀹茶之“瀹”字的含义时说：“瀹者，泡也。入半汤入茶，又加汤注满为瀹。”

明人瀹茶的步骤主要有择茶、洗茶、候汤、硖盏、投茶、注汤、饮茶等，由于壶的使用在明代已经较为普遍，明代茶书中对使用茶壶泡茶的方法有较多论述。根据张源的《茶录》大致如下：

备器：主要有茶炉、茶注（铫）、茶壶、茶盏、茶夹等。值得一提的是，明人泡茶特别讲究茶具洁燥，所以无论是每日清早还是每次冲泡前，都用泉水洗涤茶壶和茶盏，并擦拭干净。

择水：选择寒洌、缓流的泉水，过滤沉淀的江河湖水，雨露雪水，用“石洗法”或“炭洗法”提高水质。

候汤：等到茶炉炉火通红才把煮水器（茶注、茶铫）放上去，开始摇扇，摇时要又快又轻，等到水有声音就加重力量，不能停顿。辨别水烧好的程度非常重要，因为明代泡茶法用散茶叶，不用碾成茶末，所以水老比水嫩为好，也即是水要纯熟。可以通过三大辨十五小辨来辨别水的纯熟度，分别是形辨、声辨、气辨。形为内辨，看水的形态如虾眼、蟹眼、鱼眼、连珠，直至腾波鼓浪才是纯熟；声为外辨，如初声、始声、振声、骤声，直至无声才是纯熟；气为捷辨，如气浮一缕二缕、三缕四缕、缕乱不分、氤氲乱绕，直至气直冲贯，才是纯熟。

洗茶：茶在冲泡时前一般都要用热水洗涤，去除陈放中的尘垢冷气，能更好发挥茶性，茶味更鲜美，但千万不能用沸水，否则茶的香气滋味会散逸流失，非常可惜。

泡茶：等到烧水纯熟（前面已论述）的时候便提起来，先注入少许到茶壶中祛荡冷气，倾出。然后根据茶壶的大小确定投茶的数量，其中注水与投茶的先后顺序有上中下三种方式：先茶后汤，被称为下投；注入半壶汤下茶，再注满，被称为中投；先注汤再投茶，被称为上投。而茶与水的融合要与时节相宜，因为夏天空气热烈容易舒展，冬天空气冷凝不易舒展，春秋空气温和半开半闭，故而，冬天下投先茶后水，夏天上投先水后茶，春秋中投水半入茶。

酌茶：一壶茶汤常配四只左右的茶杯（盏），茶叶只能重复冲泡二三次。杯、盏以雪白为上，蓝白次之。

啜饮：冲泡茶叶的时间不能太短，否则茶味、茶韵不能完全呈现。而冲泡好的茶汤却又不能耽搁太久，以免香气散失，滋味钝化，最好是现泡现饮。

根据明代所用的茶具之不同，瀹饮法又可分为“撮泡法”与“壶泡法”。

所谓“撮泡法”，即把茶叶放入茶盏、茶碗或茶杯中，直接用沸水冲泡饮用。撮泡法开始于南宋或元代，在南宋画家刘松年《茗园赌市图》中的人物就是左手持盏，右手拿汤瓶，直接在盏中注汤泡茶。杯盏泡茶可能是浙江杭州一带人的发明，田艺蘅是钱塘人（今杭州），在《煮泉小品》中记载的白茶工艺：“芽茶以火作者为次……生晒茶瀹之瓯中，则枪旗舒畅，青翠鲜明，方为可爱。”重点说的就是生晒的芽茶泡在茶瓯中的瀹茶法。同为钱塘人的陈师也有《茶考》言：“杭俗烹茶，用细茗置茶瓯，以沸汤点之，名为撮泡”，可见明代时杭

州的泡茶法其实就是当地古老的土俗茶泡法，至今余杭等地的“咸茶”就是如此，说明可能早在唐宋就已存在。这种撮泡法也开了后世用杯、盏冲泡茶的先河。

所谓“壶泡法”即量壶投茶，即把茶叶放入茶壶，用沸水冲泡再分到茶盏中饮用。壶泡法应该形成于明朝中期，因它的兴起与宜兴紫砂壶的兴起同步，所以很可能是苏吴一带人的发明。

这种散茶直接冲泡法最大的特点是注水即饮，汤渣分离，看似简单，但其中蕴有微妙。因为散茶种类繁多，形态大小不一；蒸青、炒青、烘青制作工艺差异，茶品不同，茶性也不同，只有高超的技艺，才能充分顺应茶性，泡出茶叶原味真香。

投茶顺序在程用宾《茶录》的《投交》有条曰：“汤茶协交，与时偕宜。茶先汤后，曰早交。汤半茶入，茶入汤足，曰中交。汤先茶后，曰晚交。交茶，冬早夏晚，中交行于春秋”，意思是茶与水的融合要与时节相宜，先投茶再注水称为早交，先注水一半投茶再注满水称为中交，先注水再投茶称为晚交。夏天空气热烈容易舒展，冬天空气冷凝不易舒展，春秋空气温和半开半闭，故而，冬天先茶后水，夏天先水后茶，春秋水半入茶。

投茶流程在张源《茶录》有言：“探汤纯熟，便取起。先注少许壶中，祛荡冷气倾出，然后投茶。茶多寡宜酌，不可过失中正，茶重则味苦香沉，水胜则色清气寡。”张源认为水要彻底烧开，在泡茶前温壶有利于提高茶性，为了更好地发挥茶味，要严格把控投茶量，茶多则味苦香沉，水多则色清气寡，而且倾出茶汤的时机不可太早，否则不能充分发挥茶韵，饮用茶汤也不可太迟，否则茶香挥发不能尽享其美，这些都是传承至今的泡茶秘籍。

茶水比例诀窍在许次纾《茶疏》中有记载：“先握茶手中，俟汤既入壶，随手投茶汤。从盖覆定。三呼吸时，次满倾盂内，重投壶内，用以动荡香韵，兼色不沉滞。”“茶注宜小，不宜甚大。小则香气氤氲，大则易散漫……容水半升者，量茶五分，其余以是增减。”他总结在壶泡法时，汤入壶后再投茶壶内，稍等片刻将茶倒入茶盏，又重新投汤入壶内摇荡，再稍等片刻倾出饮用。冲泡的时间以呼吸三下为准，茶与水的比例以五分比半升为宜等等之类，以便茶香更扬，茶色不沉。

（五）境

明人对环境要求甚高，他们注重在优雅的意境中去享受品茗雅趣，讲究情景交融，追求人与自然、人与环境的和谐，以表达远离尘俗、悠闲自在的精神追求。明代文学家、戏曲家屠隆，在《茶说》中写道：“茶寮，搆一斗室相傍山斋，内设茶具，教一童子专主茶役，以供长日清谈，寒宵兀坐，幽人首务，不可少废者。”这是第一次把饮茶环境纳入茶事之中。慢慢地，越来越多的茶学家、文学家通过茶书、诗歌、绘画大量描绘饮茶环境。

明代饮茶环境有茶寮，有山斋亭馆，有僧寮道院，有自然山水。陆树声的《茶寮记》就描述了他自己设计的茶寮以及在茶寮中的饮茶生活，“园居敞小寮于啸轩埤垣之西。中设茶灶，凡瓢汲罂注、濯拂之具咸庀……客至，则茶烟隐隐起竹外”，茶寮中的茶具有茶灶、茶瓢、茶罂和茶注等。茶寮饮茶，多以达到超凡脱俗、隐逸避世的目的。

陆树声《茶寮记》之《五茶候》列举了在山斋亭馆中饮茶的情形：“凉台静室，明窗曲几，僧寮道院；松风竹月，晏坐行吟，清谭把卷……”山斋亭馆一般处于山野郊外，周边往往有花草、树木和流水等，多体现文人们自然、清净、超脱的追求。

陈师《茶考》记载了他自己在僧寺用茶壶、茶瓯饮茶：“予每至山寺，有解事僧烹茶如吴中，置磁壶二小瓯于案，全不用果奉客，随意啜之，可谓知味而雅致者矣。”饮茶的佛寺道观一般处于远离尘俗的山野之中，适应了文人们对清幽环境的追求。

朱权《茶谱》曰：“虽然，会茶而立器具，不过延客款话而已，大抵亦有其说焉……或会于泉石之间，或处于松竹之下，或对皓月清风，或坐明窗静牖，乃与客清谈款话，探虚玄而参造化，清心神而出尘表。”饮茶的自然山水之境，为了追寻自然山水之美，多追求山、石、松、竹、烟、泉、云、风、鹤，最好选择在清静的山林，俭朴的柴房，周边伴有清溪、松涛，无喧闹嘈杂之声。

明代出现文坛凋敝萧条而文人山水画却空前发达的状况，在一百多幅明代茶画中，画面为文人在山水自然中烹茶饮茶的就有42幅。文徵明的《惠山茶会图》描绘了明代茶会的情景。茶会的地点山岩突兀，杂树成荫，树丛有井亭，岩边

置竹鉡。两位高士，坐于井亭之中，一人观卷，一人赏卷。亭外，两个童子正在侍奉茶炉。远望曲径通幽处，又有两位高士倚石对谈，似在走走停停。画中，苍松翠柏遮天，群石环绕水沸声，松间风声，虫鸣鸟叫声，呼之欲出。唐寅的《事茗图》画一青山环抱、溪流围绕的小村，参天古松下茅屋数椽，屋中一人置茗若有所待，小桥上有一老翁依仗缓行，后随抱琴小童，似若应约而来，细看侧屋，则有一人正精心烹茗，画面清幽静谧，人物传神，流水有声，静中含动。唐寅还在画外题诗一首："日长何所事，茗碗自赍持；料得南窗下，清风满鬓丝。"明代文人与画家，他们以茶言志，以茶寄情，寄兴山水以吐郁，放情茶事而忘忧，向我们展示了一幅幅淡雅、高洁、韵清、气静的茶艺意境。

图 71　唐寅《事茗图》

（六）礼

明代文人的饮茶之礼比唐宋更细致，且讲究人数和人品。张源《茶录》指出"饮茶以客少为贵，客众则喧，喧则雅趣乏矣"。陆树声在《茶寮记》中认为须择"清癯韵士"为茶侣，或言只有"翰卿墨客、缁流羽士、逸老散人、轩冕之徒"，有文采、善言辩、能见微知著，且赤诚坦露，无拘无束的人才是第一重要的，与这样的人会茶，才能成就性灵相感之大美。许次纾在《茶疏》中专门设置了一个章节"论客"："宾朋杂沓，止堪交错觥筹；乍会泛交，仅须常品酬乍。惟素心同调，彼此畅适，清言雄辩，脱略形骸，始可呼童篝火，酌水点汤。"他将客人分为三类，酒肉朋友只需美酒佳肴，泛泛之交就用家常饭菜招待，而知心会意的好友可以上敞开心扉，促膝长谈，这才值得喊上小童泡上香茶，享受品饮的趣味。

明代文学家、画家陈继儒《岩栖幽事》所载皆山居琐事，比如移花接木以及焚香点茶之类，他说："一人得神，二人得趣，三人得味，七八人是施茶。"意思是一个人捧一把紫砂壶，一边沉思一边慢饮，饮者饮得出神，旁观者也感到一种意趣，这是品茶的神韵；和一知己在一起，一边饮着芳香的浓茶，一边促膝长谈，比一个人更添情趣；两人交流无缝对接总会有疲乏的时候，三个人围坐品茶与谈心就可以有间隔，也才有空隙慢慢品味茶中的滋味；至于七八人一起饮茶，在座者斟大杯，喝满口只能高谈阔论，无法静心体会，享受不了雅韵。明人不喜欢唐宋的茶宴之风，太过隆重热闹，他们认为，品茶的最高境界是独饮，其次是二三知交，在不同的环境之中，每个人都有着不同的状态，感受着不同的乐趣。

（七）韵

明代品茗的艺术没有唐代的雍容，宋代的精雅，而是展现出淳朴自然的清逸之风。茶饮不再强调茶汤的泡沫，而追求茶叶的形美和茶汤的本味真香，极大可能地追寻来自山林一尘不染的飘逸清幽。茶汤的颜色又从宋代的"白"变成明代的黄白，于是黑色的茶盏又变成了白瓷、青花瓷，幽致雅洁。明代屠隆《考槃余事》说："莹白如玉，可试茶色。"说的就是景德镇的白瓷盏"白如玉、声如磬、薄如纸、明如镜"，不仅自身造型精巧，质地细腻，还能衬托茶形的婀娜多姿，茶色的五彩缤纷。

明代赏茶的方式精益求精、别具一格，要求茶汤不能一饮而尽，要慢慢啜咽，细细体味，等到津液甘甜舌头潮湿，才得到了茶的真味。而且最好的是清白纯粹的品饮，如果混合了其他茶果，就会削夺茶的真香。正如陆树声在《茶寮记》"尝茶"一则写道："茶入口，先灌漱，须徐咽。俟甘津潮舌，则得真味。杂他果，则香味俱夺。"罗禀在《茶解》中更是把品茶之韵刻画得细致入微，"茶须色、香、味三美具备。色以白为上，青绿次之，黄为下。香如兰为上，如蚕豆花次之，以甘为上，苦涩斯下矣。茶色贵白。白而味觉甘鲜，香气扑鼻，乃为精品。盖茶之精者，淡固白，浓亦白，初泼白，久贮亦白。味足而色白，其香自溢，三者得则俱得也。"意思是品茶之享受在于色、香、味三美具备，白色最好，青绿次之，黄稍差；兰香为上，蚕豆花次之；味道以甘为上，苦涩为下。如果

茶汤色白、甘鲜、香浓便是三者合一的精品。

许次纾将泡茶的技艺和品茶之美完美结合起来，在《茶疏》中云："一壶之茶，只堪再巡。初巡鲜美，再则甘醇，三巡意欲尽矣。余尝与冯开之戏论茶候，以初巡为亭亭袅袅十三余，再巡为碧玉破瓜年，三巡以来，绿叶成阴矣。开之大以为然。"

徐𤊹在明代万历年间，与曹学佺主盟闽中词坛，被称为"兴公诗派"。品茶的神韵对他而言，是生活美学的核心枢纽，他撰写《茗谭》云："品茶最是清事，若无好香在炉，遂乏一段幽趣；焚香雅有逸韵，若无名茶浮碗，终少一番胜缘。是故茶、香两相为用，缺一不可。飨清福者，能有几人？王佛大常言，三日不饮酒，觉形神不复相亲。余谓一日不饮茶，不独形神不亲，且语言亦觉无味矣。"意思是品茶才最是清雅的美事，如果炉上没有好香，就少了一段幽趣，如果没有好茶品尝，就少了一番善缘，所以茶与香缺一不可。王佛大常说三天不喝酒，就觉得魂不守舍，我倒觉得一天不喝茶，不仅仅是魂不附体，连交流都觉得没有意思了。

> 杭俗喜于盂中撮点，故贵极细。理烦散郁，未可遽非。吴淞人极贵吾乡龙井，肯以重价购雨前细者……茶瓯：纯白为佳，兼贵于小，定窑最贵，不易得矣。宣、成、嘉靖，俱有名窑。往时龚春茶壶，近日时（大）彬所制，大为时人宝惜。士人登山临水，必命壶觞，乃茗碗薰炉。置而不问，是徒游豪举，未托素交也。小斋之外别置茶寮，高燥明爽，勿令闭塞。壁边列置两炉……寮前置一几，以顿茶注、茶盂，为临时供具。别置一几，以顿他器。……心手闲适、听歌拍曲、鼓琴看画、夜深共语、明窗净几、风和日丽、茂林修竹、荷亭避暑、小院焚香、清幽道观、名泉怪石、小桥画舫……宜辍：作字、观剧、发书柬、大雨雪、长筵大席、翻阅卷帙、人事忙迫……不宜用：恶水、敝器、铜匙、铜铫、木桶、柴薪、粗童、恶婢、不洁巾帨、各色果实香药。不宜近：阴室、厨房、市喧、小儿啼、野性人、童奴相斗、酷热斋舍。

茶、水、器、技、境、礼、韵，显然到了明代，茶艺的内容越发圆满，许次纾代表着明代文人极尽茶艺的雅趣意蕴、细腻精到，整个品茗过程中涉及的几乎每一个细节都讲究到极致，选用雨前龙井，去登山临水，要么是定窑白瓷典雅清丽，要么是供春与大彬宝壶古朴凝重、拙奇韵清，用撮点或壶泡的古法享受蕴香醇味。然而这样远远不够，明人还要在情趣、环境、友人等诸多条件上讲究，极尽品茶的身心逸致，放下繁杂的俗事，平静内心的浮躁，置身于幽谧静雅的环境，与淡泊智慧的高士幽人共饮，这才能真正的放浪形骸、心灵复苏，享受淡雅、高洁、韵清、气静的茶艺意境。“石枕月侵蕉叶梦，竹炉风软落花烟”，如此幽静无尘的禅意境界，虽为明代著名书画家松江陈继儒所言，又岂不是明代文人和茶人们共同的悠逸之梦怀？

当唐代的辉煌，宋代的精雅，都随着皇朝大厦倾塌的尘土而飘远，明代的茶艺似乎更加的返璞归真，清幽静气，他们以清新雅致、甘芳鲜爽的茶叶为媒介，在茶叶饮用方式和饮茶风俗史上进行了一次重大革命，“开千古茗饮之宗”，注重“择茶”“择侣”“择器”，以及讲究品茗环境和品茶的方式，通过独特的品饮活动，追求简朴、自然、闲适、清雅的韵味，使自古以来的茶艺内容更加丰富圆满和细致，使中国特色的茶艺日臻完善，把品茶生活艺术化的追求提升到了一个前代所没有达到的高度。

二、明代茶文化

（一）茶俗

明代由于散茶的流行，饮茶方式从点茶法演变为更加简洁的瀹茶法，普及程度前所未有。明代藏书家、茶学家顾元庆在他的《茶谱》中写道：“人饮真茶，能止渴消食，除痰少睡，利水道，明目益思，除烦去腻，人故不可一日无茶。”顾元庆当时作为名臣王鏊的妹夫，又博学多才，处世为人依然旷达率真，虽然隐居在荒凉寂寞的阳山大石坞，却常常引得钦慕的名流云集。他的这段描述折射出两层明代的茶事现象：一是追求茶叶的清饮，回归茶叶之本色，与明代文人的精神气质暗暗相合；二是茶叶作为防病养生的佳品，被平民百姓喜爱到不可分离的地步。

1. 茶馆普及，互争雄长

到了明代，南北各地早已茶馆遍布。南京这“太祖皇帝建都的所在”，盛时

茶馆达千余家。吴敬梓《儒林外史》第二十四回描述："大街小巷，合共起来，大小酒楼有六七百座，茶社有一千余处，不论你走到哪一个僻巷里面，总有一个地方悬着灯笼卖茶，插着四时鲜花朵，烹着上好的雨水，茶社里坐满了吃茶的人。"

茶馆是一定时代和地域的产物。宋代茶馆繁荣，主要以政治、经济、文化中心的京城和交通要道、货物集散的大城巨市为著，各种排场，各类形式，为了让人们在茶肆中尽情享受茶文化的乐趣，同时利用这一场所开展各种各样最为广泛的社交活动。明代的茶馆就有一些不同，张岱《陶庵梦忆》中写道："崇祯癸酉，有好事者开茶馆，泉实玉带，茶实兰雪，汤以旋煮，无老汤。器以时涤，无秽器。其火候、汤侯亦时有天合之者。"这段记录就表明了明代的茶馆已经发展到了饱和程度，竞争激烈，店家们寄希望从专业角度另辟蹊径，讲究茶类品种、茶叶质量、泡茶用水、盛茶器具、煮茶火候，用这样的美味茶汤吸引顾客，使饮茶者流连忘返。话说张岱与这家他描绘的茶馆主人有交谊，所以专门为它取名为"露兄"，这是来自宋代书画家米芾诗句中"茶甘露有兄"的句子，还写了一篇《斗茶》挂在茶馆中，文中曰："水符递至玉泉，茗战争来兰雪。瓜子炒豆，何须瑞草桥边；桔柚杏梨，出自仲山圃内。八功德水，无过甘滑香洁清凉；七家常事，不管柴米油盐酱醋。"他大肆宣传这家茶馆的水好、茶好，而且还介绍香甜鲜嫩的茶点，突出开门 7 件事中茶事最高贵，这简直就是明代第一个为茶馆代言的商业广告雏形。也是在明代末年，面向普通人民大众的茶摊上出售的大碗茶，开始出现在北京的街头，它给以出卖劳动力为生，没有时间上茶馆消闲的劳苦大众暑天解渴提供了大众化的饮料，并从此列入三百六十行中的一个正式行业。它无须楼堂馆所，摆设简单，只需一张桌子，几条凳子，几只粗瓷碗就行了，贴近人们的生活，几百年不绝如缕。

2. 三茶六礼说婚姻

茶在我国婚俗的彩礼中，有着特殊的意义，特别在明代达到了高峰。明人郎瑛在《七修类稿》中有这样一段说明："种茶下子，不可移植，移植则不复生也，故女子受聘，谓之吃茶。又聘以茶为礼者，见其从一之义。"彩礼中的茶叶，从宋代开始已经不是像米、酒一样，作为一种日常生活用品列选，而是赋予了封建婚姻中的"从一"意义，从而作为整个婚礼或彩礼的象征，这种观念已经在明代深入人心，很多文学作品中都有反映。许次纾也在《茶流考本》中说："茶不移本，植必子生，古人结婚必以茶为礼，取其不移志之意也。"明代冯梦龙在《醒世恒言·陈多寿生死夫妻》一篇中说："从没见过好人家女子吃两家茶。"所以到了明代，婚礼茶发展成了更完整正式的"三茶六礼"，明代陈耀文《天中记》中的《仪礼·士昏礼》有记载：三茶，指订婚时的"下茶"，结婚时的"定茶"和同房时的"合茶"。六礼，指由求婚至完婚的整个结婚过程，即婚姻据以成立的纳采、问名、纳吉、纳征、请期、亲迎等六种仪式。"下茶"之前为纳采、问名等礼数，即是通媒、过帖（生辰八字、家庭状况）等事项，如果男方有意，便需卜筮问凶吉，得"吉签"称为"纳吉"，便可托媒求亲。"下茶礼"中必须有茶叶，女方"受茶"后须回礼，此后该女子就不可再许配他人了，民间谓之"已吃了茶了"，至今绍兴、鄞县等地，未婚姑娘在订婚之前，一般不会喝任何一位普通男子递来的茶水。"下茶"之后，南方一般要择日办订婚酒宴，俗称"吃安心酒"，办酒宴前，男方还须备厚礼往女家"报定"，也即"下茶"。《梦粱录》记载，南宋时杭州若丰富之家，有茶饼、珠翠首饰、金器、缎匹等物，并用双羊牵送……女家即于当日备回定礼，抽原送礼中的茶饼果物及羊、酒一半作为回定之礼。"定茶"以后到迎娶之前，男方还要择日送聘礼，俗谓"男茶女酒"，男方送给女方的礼中必须有茶，即"点锡小茶瓶若干"，女方则"点锡酒樽若干"，女方收下此礼称为"纳征"，即同意完婚，男方去问卜定日，将日期写在帖上连同催妆彩礼一起送往女家，称为"请期"。最后便是"亲迎"，也就是抬轿上女家迎娶，女方父亲在门外迎候，带女婿到祠庙拜祭祖先或者有些地方是男方摆羹饭（原始煮茶）在大门口祭门神，而后花轿才能入门。新娘迎到男方家后，就要举行"合茶"婚礼大典，即"两茶人合一"之意，充满茶图腾的意识，"女人为茶"，故在"合茶"仪式中，必须以"女茶"为象征，因此一般是新娘子从娘家带一包茶、一包米到男家，在婚礼上举行煮茶熬粥的"奉茶认亲"，即"遍奉夫家戚族"的仪式。

3. 诗文画作共吟茶

唐寅字伯虎，明代著名书画家、文学家，擅山水，工人物、花鸟，兼书法，且能诗文，与祝允明、徐祯卿、文徵明并称"吴中四才子"，与沈周、仇英、

文徵明合称“明四家”。唐伯虎嗜茶，由于终生不得志，在饮茶作画时常流露出怀才不遇、孤芳自赏的情怀，在他著名茶画《事茗图》等题诗中便可一目了然，在画面左侧，唐伯虎题了一首五言律诗：“日长何所事，茗碗自赍持。料得南窗下，清风满鬓丝。”在画家笔下，事茗者怀才不遇，空有大志，无所事事，只能从品饮事茗中寻求寄托，端坐南窗，清风徐来，啜饮一盏好茶，也属人生一大快事。作为吴县人（今苏州），唐寅对家乡名茶当然爱之尤深，他还曾作《翠峰游》（翠峰坞为洞庭东山的著名风景区）一诗记述对东山茶的热爱：“自与湖山有宿缘，倾囊刚可买吴船。纶巾布服怀茶饼，卧煮东山悟道泉。”“悟道泉”为翠峰一泉名，唐寅不仅眷恋湖山，更嗜爱饮茶，因此不惜解衣倾囊，坐船荡舟，高卧东山，用悟道泉煮东山茶，其迷恋程度，与明代杭州著名戏剧家高濂高卧龙井茶山，用虎跑水煮龙井茶“竟月尝新”相仿无异。

与唐寅等人并称“吴中四才子”“明四家”的明代著名书画家文徵明，书艺工行草，精小楷，擅绘山水、花卉、人物，多写江南湖山庭院园，亦善诗文。他不仅有两幅著名茶画《惠山茶会图》《茶具十咏图》传世，还撰写了不少茶诗。比如《煎茶》就披露了他只嗜茶而不爱酒，不与酒客往来的特点：“嫩汤自候鱼生眼，新茗还夸翠展旂。谷雨江头佳节近，惠泉山下小船归。山人纱帽笼头处，禅榻风花绕鬓飞。酒客不通尘梦醒，卧看春日下松扉。”诗人煎茶喜好嫩汤，认为应以“鱼眼”为度，并从煎茶联想到江南茶园及惠山泉水，生发出思古之幽情，提到“纱帽笼头自煎吃”的卢仝和“今日鬓丝禅榻畔，茶烟轻飏落花风”的杜牧，全诗表现了诗人嗜好饮茶、自得其乐的闲情逸致。

自诩为“几间东倒西歪屋，一个南腔北调人”的明代怪才徐渭，喜爱饮茶，敬崇卢仝，在传世不多的咏茶诗文中常常提及卢仝及化用他的“七碗茶”。徐渭一生坎坷，狂放不羁，孤傲清淡，饮茶也常常自煎独饮，他的《某伯子惠虎丘谢之》可作例证：“虎丘春茗妙烘蒸，七碗何愁不上升。青箬旧封题谷雨，紫砂新罐买宜兴。却从梅月横三弄，细搅松风炧一灯。合向吴侬彤管说，好将书上玉壶冰。”诗中写到某伯子赠给诗人做工精细，用青箬包装的虎丘春茶，诗人秉烛煎茶，吹奏《梅花三弄》助兴，用紫砂壶品饮清凉明净的香茶，仿佛古人卢仝一样两腋生风，飘然欲仙了。

（二）茶道："品韵品境品人生"

明代的茶艺可能没有唐代的辉煌，宋代的精致，但它可能是最淳朴真实，也是最饱满完整的。

1."真正开千古茗饮之宗"的朱权

推动宋代点茶到明代瀹泡法转变的关键人物就是被学者誉为"真正开千古茗饮之宗"的朱权。朱权是明太祖朱元璋第十七子，神姿秀朗，精于义学，年十四封宁，后为其兄燕王朱棣所猜疑，朱棣夺得政权后，将朱权改封南昌。从此朱权隐居南方，深自韬晦，托志释老，以茶明志，弄琴读书，不问世事。

朱权著有《茶谱》，书中多有独创。"予故取烹茶之法，末茶之具，崇新改易，自成一家。"朱权顺应明初散茶冲泡的大势，大胆对唐宋以来的传统品饮方式和茶具进行革新。整理了一套简便新颖的烹茶饮法，提倡从简行事，开清饮风气。融入其"以茶悟道"的思想，对茶道文化的交流与传播，做出了突出的贡献。

朱权还设计了一套行茶的仪式，如设案焚香，既净化空气，也是净化精神，寄寓通灵天地之意。他还创造了古来没有的"茶灶"，茶灶以藤包扎，后盛改用竹包扎，明人称为"苦节君"，寓逆境守节之意。

朱权在《茶谱》中写道："予尝举白眼而望青天，汲清泉而烹活火。自谓与天语以心志之大，符水火以副内炼之功。"他把自己的失意、自己的狷狂、自己的飘然尘外，都融进了茶事中，通过茶饮与天对话，扩充胸怀，用活火和清泉来修炼内在素质，最终达到以茶悟道的目的。他以茶表达志向和修身养性的方式，对后世影响深远。

2. 置品茶者的"人品"于第一位的陆树声

"一人品、二品泉、三烹点、四尝茶、五茶候、六茶侣、七茶勋。"明朝嘉靖年间，陆树声才高德旺，官至吏部尚书，他在《茶寮记》中，罗列煎茶七类，在他看来品茶者的"人品"是第一位的。他是一个非常有气节的人，屡次辞官，屡次被朝廷相招。一次兵部要求增加岁币，已拟照准，陆树声上疏劝止，力陈当今四方灾情严重，提出"循旧章、省奏牍、慎赏责、防壅蔽、纳谠言、崇俭德、

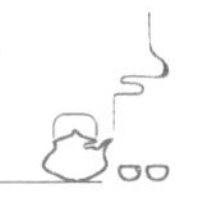

揽魁柄、别忠邪”二十四字的方策，最终得到皇帝的嘉许和采纳。但也因此得罪了太监冯保。冯保屡次宣陆树声至会极门接旨，却都是些寻常小事。陆树声知受戏弄，上疏请求退休，宁愿辞官，也不愿与弄权的中官结党。

正如品茶是一件很神圣很高雅的事情，他指出“煎茶非浪漫，要须其人与茶品相得”。也就是说人品要如茶品般清醇、清香、清纯、清雅、清正，其茶饮活动才符合真正意义上的品饮之道。《茶寮记》不仅写茶，更让我们可以看到陆树声以茶明志，茶风见人风，茶品识人品；以茶修身，以茶正身。

陆树声的茶道观念符合中国茶道精神的核心价值理念“清、敬、和、美”，用茶的生物属性来体现人与人之间互相敬重的友好关系和人对自然、规律、历史、人民的敬畏之心。

3.“隐君子”张源

在中国茶文化著作中，陆羽的《茶经》地位最高，之后便是以北宋蔡襄的《茶录》和明代张源的《茶录》。蔡襄记载宋代团茶点饮法，张源《茶录》则记载明代散茶冲泡法。对于今人而言，宋代茶法固然有其历史意义，但因点茶法的消亡，在具体的茶事实践上反不如基于蒸青、炒青绿茶的明代茶法更具指导意义。张源号称隐君子，隐于山谷间，日习诵诸子百家言。每博览之暇，汲泉煮茗，以自愉快，通过撰写《茶录》，得茶中三味，即茶自有真香，有真色，有真味。

在张源的《茶录》中，最有意思的是他别出心裁描绘了品茶的境界。他说“独啜曰神，二客曰胜，三四曰趣，五六曰泛，七八曰施”。即独自品茶能体会茶之神韵，三四人品茶能得到品茶之乐趣，五六人饮茶，只能泛泛而饮，情趣就差了。“饮茶以客少为贵，客众则喧，喧则雅趣乏矣”，如果人数过多，必会浮躁不定，喧杂不静，雅趣乏矣，因而不合品茶之道，自然也就难以成全品茶之趣。常言道：人不可无趣，与志同道合的朋友一起品茶增加人的趣味，讲究一种“契合”，如果泡出好茶，让不懂茶的人喝，无非是一种遗憾。和好友相聚泡茶，精通泡茶技艺，并鉴赏茶之色香味，体会茶汤入口“神融心醉”之感，领悟茶艺的魅力，可谓是一种高雅的境界。

4.“江南四大才子”之首唐伯虎

明代称某一领域非常有成就的人为“才子”。被誉为“江南四大才子”之首的唐伯虎，进士科考成绩虽佳，但因受舞弊案连累，进士头衔被罢黜，发往浙江任小吏。自恃清高的唐伯虎辞职回归乡里，寄情诗画，他诗书画都令人叫绝。苏州自古产茶，唐伯虎还是一位茶痴，在他看来，最惬意的生活无非是手捧一碗香茗，悠坐南窗。

他饮茶明志，不仅关于茶的诗书多，画作也多。他在《阳羡茶》一诗中云：“清明争插西河柳，谷雨初来阳羡茶。二美四难俱备足，晨鸡欢笑到昏鸦。”在另一首《翠峰游》中曰：“自与湖山有宿缘，倾囊刚可买吴船。纶巾布服怀茶饼，卧煮东山悟道泉。”还绘有《琴士图》《卢仝煎茶图》等茶画多幅。其中在《事茗图》题诗一首：“买得青山只种茶，峰前峰后摘春芽。烹煎已得前人法，蟹眼松风候自嘉。”正是唐寅这种赋性疏朗、闲情逸致生活的真实写照。

中国茶道精神包括“怡、雅、洁、静、和”，明代许次纾则十分注重饮茶时清明的环境，他在《茶疏》中提出品茶佳境的四项要求：清风照月、纸帐楮衾、竹床石枕、名花棋树，人称“品茶四友”。当然，茶室也多选在游览胜地的幽静处，闹市的茶馆通常也闹中取静，创造幽雅的环境，文人雅士对饮茶的讲究是要有意境，以便于吟诗作对，书赋畅饮。饮茶闲趣以养心养身之载体，身心沉浸在茶汤的氤氲中，让茶的品格滋养自身修为。

总的来说，明代茶文化与之前相比，多了一份空灵，少了一份世俗。明代文人茶事，充满传奇佳话，俯仰皆拾；明代茶艺风格，一改前代的奢华富丽，开始趋于自然简约。从严格意义上来讲，明代圆满了茶艺的内涵，不仅传承了茶、水、器、技的讲究，还强化了茶艺之礼，拓展了茶艺之境，升华了茶艺之韵。

（三）茶疗：“以茶疗养，身心兼备”

茶疗到了明时期已是盛行阶段，因为它应用的范围已经几乎遍及内、外、妇、儿、五官、皮肤、骨伤科及养生保健；茶疗的剂型也由原来的汤剂，发展为散剂、丸剂、冲剂等，服用方法也有了饮服、调服、和服、顿服、噙服、含漱、滴入、调敷、贴敷、搽、涂、熏，等等。

说到中国古代名医，扁鹊、孙思邈、李时珍是绕不过去的名家。扁鹊是春秋战国人士，孙思邈是盛唐名医，而李时珍则是明代医学家。李时珍以 26 年积累编写流芳百世之巨著《本草纲目》，至今影响海内外。

李时珍在《本草纲目》中对茶的药理药性有详细的论述，他首次提出饮茶要因人而异，根据不同的身体状况选择适当的饮茶方法，才能取得好的茶效，如果人体有脾胃虚弱、体寒等症状，不饮为好。李时珍最

先把茶的养生功能从文化功能剥离出来。李时珍在《本草纲目》中提到的一些观念，我们至今受益。书中引汪颖语："人好烧鹅炙博，日常不缺。人咸防其生痈，后卒不病；访知其人海夜心啜凉茶一，碗，乃知茶能解炙煿之毒也；茶苦而寒，阴中之阴，沉也降也，最能降火。火降则上清矣。"意思是茶能去火明目，解烧烤上火食物之热毒，如果我们吃了上火的食物，那么喝一碗茶汤就能去火，防止目赤，缓解身体上火带来的眼睛疼痛干涩。现在大家都知道吃完火锅烤肉要喝一杯凉茶清火，以此保护我们的肠胃，这个理论依据就是来自于此。李时珍还提到饮茶能护齿。《本草纲目》引苏轼语曰："唯饮食后浓茶漱口，且苦能坚齿消蠹，深得饮茶之妙。"他发现茶有护齿的功效，这一观点在当时非常先进，而现代医学事实证明茶叶中含有碘和氟化物，碘有防治甲状腺功能亢进的作用，而氟化物是人体骨骼、牙齿、毛发、指甲的构成成分，氟化物与牙齿主要成分氢氧磷灰石接触后，可以变成难溶于酸的氟磷灰石，像墙壁刷了石灰石一样加上一层保护膜提高了抗酸能力。茶叶中的含氟量在茶叶中含量非常高（特别是成熟茶叶），每天饮用十克茶叶就可以满足人体对氟素的需要，加上含脂肪酸和芳香酸等有机酸有杀菌作用，能共同预防龋齿。所以，我们现在经常看到有茶味牙膏就是运用此药理。李时珍在《本草纲目》中论述茶性的同时，也附录了茶疗方 10 余则。比如散治痰喘咳嗽录了茶疗方 10 余则。比如散治痰喘咳嗽"好末茶一两，白僵蚕一两，为末，放碗内盖定，倾沸汤一小盏。临卧添汤点服"。《本草纲目》用茶治病，并没有固定"用茶"范围，不仅把茶叶作为药物单用或与他药配伍使用，而且远远超越茶叶本身代茶饮的功能，使"茶疗"这一饮食疗法增添新意而独具一格。

在以茶养生方面，不得不提到由高濂撰写的《遵生八笺》。高濂是明代著

名戏曲作家，浙江钱塘（今浙江杭州）人，所作传奇剧本《玉簪记》清丽和婉，独具一格，脍炙南北。他能诗文，兼通医理，更擅养生。据说他幼时患眼疾等疾病，因多方搜寻奇药秘方，终得以康复，遂博览群书，记录在案，汇成此书，他的这部养生著作《遵生八笺》是中国古代养生学的集大成之作。高濂从起居养生、饮食养生和休闲养生等方面体现了茶文化与养生之道的紧密关系。《遵生八笺》记载茶室陈设“侧室一斗，相傍书斋，内设茶灶一，茶盏六……寒宵兀坐”，追求品茶的起居保健。《遵生八笼》记载：“漉尘，茶洗也，用以洗茶。”描绘明人讲究饮茶的干净，专门发明洗茶的器具和程序，他们还在茶中添加香花、香料、茶果、茶菜等，以调整茶性寒凉，达到平衡阴阳的效果。《遵生八笔》中还记载着：春时虎跑泉试新茶、秋时汲泉煮茶、冬时烹雪煮茶等赏幽情致，通过亲近自然、调养精神，达到休闲养生的效果。

茶文化中的精神养生，也称为“调神”“养性”“养心”等。

明代著名的思想家、文学家、哲学家和军事家王阳明，不仅是宋明心学的集大成者，一生事功也是赫赫有名，故称之为“真三不朽”。他的学术思想在中国、日本、朝鲜半岛以及东南亚国家乃至全球都有重要而深远的影响，因此，王阳明（心学集大成者）和孔子（儒学创始人）、孟子（儒学集大成者）、朱熹（理学集大成者）并称为“孔、孟、朱、王”。他也赞成茶能养生平息调神，舒畅情志，怡养性情，保持身心平衡平和。关于茶文化他也有独特见解。《化成寺六首》是王阳明游九华山上化成寺所作，诗中“茶分龙井水，饭带石田砂”，意思是用化成寺外龙井中的水，把茶冲泡开来。“林栖无一事，终日弄丹霞”，意思是什么事都不做，仿佛仙家一般逍遥自在。这些都是王阳明骨子里追求的生活境界，在他的诗里，茶并非虚无缥缈，它是生活不可分割的一部分，茶与饭相关联，道与器不分离，道的宗旨即生活的本真。

许次纾是因为《茶疏》专著享名于世，《茶疏》论产茶采摘炒焙烹点诸事，凡三十九则，被后人评为“深得茗柯至理”“与陆羽茶经相表里”，赢得很高的赞誉。许次纾的诗文创作甚富，嗜茶，并且深谙茶理，他因为有残疾没有走上仕途，布衣一生。他在《茶疏》中写道：“余斋居无事，颇有鸿渐之癖”，说自己和陆羽的喜好一样。每年春茶新上时，他一定要去浙江长兴、吴兴一带，

长兴顾渚有茶园和他的故交，许次纾去那里与故友一道细啜新茗、品议茶事。他在《茶疏》中专门列有“宜节”一目，表达饮茶要适当节制，过量、过浓皆不利健康的观点。如“茶宜常饮，不宜多饮。常饮则心肺清凉，烦郁顿释；多饮则微伤脾肾，或泄或寒”。接着从中医的角度阐明：“盖脾土原润，肾又水乡，宜燥宜温，多或非利也。”并认为不宜饮浓茶：“茶叶过多，亦损脾肾，与过饮同病。俗人知戒多饮，而不知慎多费，余故备论之。”

另外，不管是许次纾的《茶疏》三十九则对茶收贮、烹点的要求，还是张源《茶录》说：“造时精，藏时燥，泡时洁。精、燥、洁，茶道尽矣。”都表明了从明代开始，茶人们十分重视茶叶的保存和收藏，重视茶叶的品质，还有用水的质量等，从而保障饮茶的卫生。

总之，一方面，明代的人们更加重视茶对精神的疗养，已经具备更科学的先进理念；另一方面，明代养生学重视实用性，突出多样化的综合调养方法。饮茶习惯已经完全深入人们的日常生活。饮茶的普及度和深度都是空前的，既是明人日常起居的一部分，也是身心保健的一部分。

（四）茶传播：“风靡全球的茶叶之路”

我们国家的茶叶和茶文化早在西汉时期通过与南洋诸国通商，传播到了印度支那半岛和印度南部等地；南北朝时期又通过“丝绸之路”输出到土耳其等地，然后在唐宋时期通过海上贸易，也推广到了日本和朝鲜，但真正风靡全球是在明朝。

1. 郑和下西洋

明代政府采取积极对外政策，曾七次派遣郑和下西洋，遍历东南亚、阿拉伯半岛，直达非洲东岸等 30 多个国家，加强了与这些地区的经济联系，茶叶输出也更为增加。郑和是中国第一位航海家，也是世界上第一位航海家，比西方早一百多年，规模最大的一次统领船只 200 多艘，官兵 2.7 万人。在 30 年的时间里，郑和把中国的茶叶带向世界，让中国茶叶从此站上了世界的舞台，灿烂至今。

《太宗文皇帝实录》记载郑和第一次下西洋到爪哇国，也就是今天的印度尼西亚。郑和为了宣扬大明威德，和当地人关系融洽，至今印尼人还把郑和供奉为保护神，每年4月、8月在月光下庙前举行欢快的舞会，以此纪念这位三保太监。郑和带去的不仅有大明先进的技术和富饶的产品，也向当地人分享了中国的茶叶。印尼茶叶主要种植在西爪哇岛、中爪哇岛、占碑岛和北苏门答腊岛。印尼曾经一度沦为荷兰殖民地，所以饮茶习惯受到荷兰的影响，喜欢在茶里加糖加奶。

郑和第二次下西洋到了古城（今越南）和暹罗（泰国）。越南的主要茶区在首都河内附近，茶不仅在越南的国民经济中占着相当重要的地位，还在越南京族人传统的婚礼上扮演着重要的角色。比如女方同意婚事后，会请未来女婿一家喝茶，通过喝茶让两家证明他们的爱情。结婚当天，礼担上会放上茶叶、槟榔、喜酒以及包着新衣物的大红包。而且，新郎新娘在结婚典礼上要奉茶给长辈，甚至在场的每一位亲朋好友与嘉宾。

而泰国气候炎热，喜好喝冰茶。同时泰国的北部，和云南少数民族制作腌茶一样，这里的人们有吃腌茶的风俗。

永乐十年（1412年）十一月，郑和第四次下西洋，出使满剌加，中国明代称为满剌加国，其王城即是现今马来西亚国的马六甲市。郑和和马来西亚很有缘分，下西洋七次有四次都到过此，和马来西亚人民有深厚的感情，当地至今还保存郑和当年来开凿的水井，称为“三宝井”。马来西亚饮茶风行之盛，从学步儿童，到耄耋老者，无一不饮茶。

永乐十四年（1416年）十二月，郑和第五次下西洋，到了柯枝和忽鲁谟斯，分别是今天印度西南部的柯钦（Cochin）一带和伊朗东南米纳布（Minab）附近。说到印度，大家会想起印度大吉岭红茶、阿萨姆红茶，那印度是什么时候开始种茶的呢？中国的茶叶通过欧亚大陆运到欧洲始于明朝万历年间。19世纪30年代，第一批茶园建立在了印度的阿萨姆（Assam），当时种植的就是从中国带来的茶树。

伊朗古名波斯，直到1936年才更名。公元前2世纪至公元6世纪，中国和波斯（中国史称安息）就有友好来往往来，通过著名的“丝绸之路”进行商品贸易和文化交流。伊朗开始种茶的历史不长，在19世纪末叶才有了茶树的栽种。但伊朗饮茶的历史从古丝绸之路就开始了。到20世纪50年代，伊朗里海南岸才陆续出现茶园，伊朗人喜爱喝红茶。

郑和第六次下西洋是永乐十九年正月三十日（1421.3月3日），他到的幔

八萨就是今天肯尼亚的城市。茶叶在东非，有“绿色黄金”之誉。遍布肯尼亚各地的茶园，风光优美，茶香醉人，让人流连忘返。从肯尼亚首都内罗毕出发，一路向北，不到 40 分钟，便能看到一座座翠色的茶山。如今的肯尼亚是世界第二大红茶生产和贸易大国，享誉全球。

郑和第七次下西洋，是宣德五年六月九日（1430.6 月 29 日）去往木骨都束，即今天的非洲东岸索马里摩加迪沙一带。

2. 欧洲茶传播

在这期间，西欧各国的商人也先后东来，从这些地区转运中国茶叶，然后在本国上层社会推广饮茶。在欧洲的文献中，最初提到我国茶叶的是明世宗嘉靖三十八年（1559 年）威尼斯著名作家拉马司沃所著的《中国茶》和《航海与旅行记》两书。葡萄牙传教士克罗兹神父是在我国传播天主教的第一人，1560 年将我国的茶叶品类和饮茶方法等知识传入欧洲。越来越多的传教士和旅行家们绘声绘色不断把中国这种“药草汁液”饮俗、效用著之于书报杂志，使西方世界对这神奇的东方异物更具有一种钦佩之感。

经过半个世纪的宣传，明神宗万历三十五年（1607 年），荷兰海船率先自爪哇来我国澳门贩茶转运欧洲，这是我国茶叶直接销往欧洲的最早记录，然后茶叶便成为荷兰最时髦的饮料。最开始茶价昂贵，只有贵族和东印度公司的达官们才能享受，后来茶叶输入增多才普及到富商家庭，他们也参照中国“茶宴”形式，在家庭中布置专用茶室，选在午后二时左右，主客寒暄之后，便捧出银丝镶嵌的小巧玲珑的茶盒，再将糖、番红花、奶酪、糕点等一并放在桌上。盒子分隔有好几种茶，女主人按照客人喜好取茶入壶，加开水冲泡，数分钟后壶中浓茶倾入杯中，容量约为杯子三分之一，双手奉给客人自己调配浓淡和选加佐料，端起茶杯发出“啧啧”赞赏声，饮罢一杯再从壶中倒茶调制，一般可饮三四杯。虽然荷兰没有专卖茶叶的商店，但咖啡馆、酒吧间与饭店都有茶可供应，贵妇们都以拥有名茶为荣，以家有高雅茶室为时髦。饮茶大众化后，不但以茶为生的商业性茶室、茶座应运而生，荷兰家庭中也兴起早茶、午茶、晚茶的风气，而且十分讲究以茶待客的礼仪，从迎客、敬茶、寒暄至辞别都有一套严谨的礼节。目前，荷兰人的饮茶虽已不如往昔，但饮茶之风依然存在，本地人爱佐以糖、牛奶或柠檬的红茶，旅居在荷兰的阿拉伯人则爱饮甘洌、味浓的薄荷绿茶，而几千家中国餐馆中，则以幽香的茉莉花茶最受欢迎。

然后由于荷兰人的宣传，饮茶之风波及英、法等国家，1637 年英国一个名叫威忒的船长专程率船队东行，首次从中国直接运去茶叶。但最早的茶叶都陈列在药店销售，没有激起多大的浪花来，直到 1662 年嗜好茶的葡萄牙公主凯瑟琳嫁给查理二世后，在宫中推行以茶代酒、以茶待客，饮茶之风日益盛行，公元 1717 年伦敦市场还出现了第一家茶室“金狮”，不仅接待男客且欢迎女宾光临，饮茶风尚普及。由于英国人用膳多重视早餐，食物也最丰盛，午餐比较马虎，而午餐直到下午八时后才进晚餐，中间间隔时间太久体力难以支撑，于是斐德福公爵夫人安娜于 1763 年想出来一个绝妙的办法，每天下午五时，召请大家饮茶进食，点饥解饿，消疲提神，这一举措备受大家称赞，深得人心，这便是英式午后茶的由来，自此，许多贵妇争相效仿，午后茶便不胫而走，成了英国社会时兴的习俗。英国人冲泡热茶，烧水是很讲究的，必须用生水现烧，不用冷开水，因为怕烧久的水会影响茶味，泡茶的茶具喜用上釉的陶器或瓷器，不喜欢用银壶或不锈钢壶。他们爱喝汤色红艳、滋味强烈的红茶，而且习惯于在茶汤中加入方糖和牛奶，然后加一盆糕点，上层社会交往，各种集会，去咖啡馆、餐厅、旅馆、剧院等等都需要供应午后茶。茶叶的饮用很快在欧洲风靡开来，成为西方和中国贸易的主要物产。

图 72　英式下午茶

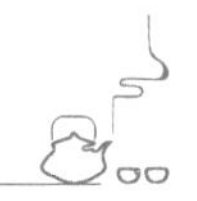

郑和下西洋扩大了茶叶对外传播的地域范围，推动中国茶叶贸易出口，带动东南亚和东非的饮茶风俗。其中，南亚诸国对中国茶叶的传播尤其重要，因为这些国家是中国从海上通往地中海和欧洲各国的中介地，形成了一条海上的“茶叶之路”，正是通过这条途径，中国茶文化的影响才开始遍及欧美。所以，中国古代对外贸易史上，除了有一条举世闻名的“丝绸之路”，同样存在一条“茶叶之路”，它既有海路，又有陆路，我国茶叶就是这样海陆并进的传播至世界各地。因此世界各地对茶的称呼也有两种：海路传播的发音为 Te，来自闽南语系；陆路传播的发音为 Cha，来自华北语系。我国勤劳智慧的人民不但给世界带去茶这样美好的饮料，还给世界赠予了茶这样美好的名称，这是我们每个中国人引以为自豪的荣耀。

3. 日本茶道雏形

中国茶叶和饮茶文化早在西汉时期开始向海外传播，输往日本主要是唐宋时期通过禅僧学佛和遣唐使，唐有最澄带回茶籽，最澄徒弟空海带回茶籽和制茶工具，宋有荣西又带回茶籽、饮茶方法，还有饮茶的仪式，然后又有南浦、昭明禅师把径山茶、茶宴、斗茶的习俗以及茶台子、茶道具带回日本，因此可以说日本的茶道就是在我国茶宴、茶会的基础上发展起来的。

到了十四世纪中叶，茶会已普及到日本各阶层。茶会大体分为两种：上层统治者在茶会上比豪阔，所用的茶具几乎都是从中国进口的所谓“唐物”，茶室的装饰也极其奢华；而一般日本人民的茶会，仅以饮茶来联谊，采用的是一种叫“云脚茶会”的形式。最早“茶道”法的颁布是在足利义政将军执政之时（1443—1447 年），当时将军请奈良名寺的和尚村田珠光为其“银阁”（京都附近的离宫）的礼仪导师。村田珠光采用了“茶寄合”（茶话会）那样简单的形式，又兼用了“茶数寄”（风雅茶会）那样的品茶论质，从而革新了“茶道”。茶具改用日本造的陶瓷器，并把茶室的设备和装饰简化，在吸收和消化中国文化长处的基础之上，形成了日本独特的“茶道”艺术。开始举行“茶道”时，村田珠光介绍了饮茶的艺术，还规定了一整套严格的典则，足利义政将军非常喜悦，因此在宫中专门建造了“九九茶室”，收集了许多名贵的茶具古董，时常在那里召集茶会，并以村田珠光为“茶道”的最高僧侣。

到了丰臣秀吉执政时代，1586年任命千利休为“茶道”高僧，千利休“茶道”的基本精神是“四规”，即“和、敬、清、寂”。“和”是提倡和平友好；“敬”是尊敬长辈和敬爱朋友及晚辈；“清”是指洁净幽静，心平气静；“寂”是闲寂幽雅，使人沉思凝神，以达最高的境界。千利休主张“茶汤的真正精神在草庵”，“只要懂得沏开的茶就能饮”。他集“茶道”之大成，对茶礼进行了重大的改革和简化，使它成为当时一般人民休息和联谊的重要手段。1588年，提倡饮茶的丰田秀吉曾在京都附近的北野松林下举行过一次历史性的大茶会，约有500多人被召携带自己的茶具参加，丰田秀吉亲自和大家共同饮茶，茶会持续十天之久，从此“茶道”得到很大发展。

图73　日本茶道

值得一提的是，除了“茶道”，日本还有“煎茶道”，两者之间有着较大的差别。日本茶道主要由镰仓时代的荣西禅师将南宋的“抹茶”传入，煎茶道由江户初期隐元禅师将明代的“煎茶”传入。最初煎茶只是文人雅士的遣情娱乐，一直到天保年间，才有茶人从抹茶道形式理论中加以颉精融贯，变成茶礼茶法，而且和茶道一样渐渐有了师承制度，滋生各种流派，也就是日本煎茶道成立为“道”的历史大约只有200年，虽然文化意蕴不如日本茶道，但适世能力强，应变得宜，风流典雅，也倒是能补充传统之不足。日本名古屋丰茗会松下智先

生称现在日本人饮用的煎茶为“淹茶”，这是因为煎茶是用开水冲泡茶叶而饮之，这种淹茶法，与中国闽南地方工夫茶饮用的方法相似，饮茶时，要用一个小紫砂壶，酒杯大小的白瓷碗（日本一般称呼喝茶的杯为碗），烧开水用的陶壶和一个炉子，这四样一套被称为“四宝”。小茶壶内放入五分满的茶叶，再冲入开水，为防止茶壶冷却，还要从盖子上往下浇开水，使茶叶香味能充分泡出来，一分钟后分斟在小茶碗内，碗内只有五六分的量，就如喝茶精一般。日本的煎茶，由于茶叶制法的不同，大致可分为煎茶、玉露、番茶等种类。

图 74　日本煎茶道

微视频分享：《明代瀹茶茶艺》

明代瀹茶茶艺

清代

茶艺与茶文化

清代茶艺与茶文化

导入：清代茶事背景

对于大多数人来说，了解清代茶艺，多是从宫廷剧中而来，比如《延禧攻略》中康熙皇帝爱碧螺春，乾隆皇帝爱西湖龙井，富察皇后喜欢喝普洱，娴妃爱喝恩施玉露，纯妃爱喝茉莉花茶，等等。茶艺是茶文化的核心内容，宫廷皇室酷爱喝茶，确实对清代茶文化的发展起到了非常大的推动作用。

明清易代之后，随着三藩之乱的平定，清朝的封建统治得到初步巩固，社会经济进入了一个平稳发展的时期。在所谓的"康乾盛世"阶段，各地的社会经济都得到了恢复和发展，茶叶生产也很快地恢复到了明代中后期的水平。清代的统治者，尤其是康熙、乾隆皆好饮茶。乾隆首倡了新华宫茶宴，每年于元旦后三日举行。仅清一代在新华宫举行的茶宴便有六十次之多。这种情况使得清代整个上层社会品茶风气尤盛，进而也影响到民间，形成了清代鼎盛的茶馆文化。"太平父老清闲惯，多在酒楼茶社中"，茶馆也更加发展，遍及全国大小城镇，凡有人群集聚、商贸交通往来处，无不有茶馆多家。

清代茶文化不仅成就丰硕，还取得了突破性的发展，概括来说主要有以下四个方面：一是茶树种植及茶叶生产加工技术得以更新；二是六大茶类得以齐全；三是茶产业进入空前发达的商业时代；四是地方茶俗得以发展，工夫茶的出现成为近现代中华茶艺的主流。

首先是茶树种植及茶叶生产加工技术得以更新，清康熙年间，一位叫作李来章的知县编写过《连阳八排风土记》，已有对于茶树插枝繁殖技术的记载。此外，在清朝的福建北部一带，茶农们对一些珍稀名贵的优良茶树品种还开始采用了压条繁殖的方法，大大提高了茶产量。在茶园管理方面，明清时期对于种植时

的灌溉施肥等有了更加精细的要求，在抑制杂草生长和茶树与其他植物间种方面，也有精辟见解。

其次是“六大茶类得以齐全”，除了青茶，其他五类茶在明代及以前已经陆续出现。比如绿茶最早起源于周朝巴地，据《华阳国志·巴志》记载：当年周武王伐纣时，巴人为犒劳周武王军队，曾“献茶”。比如白茶，最早出现在唐朝陆羽的《茶经》中，但真正意义上的白茶可能在周朝甚至更早以前就已经有了；黄茶在明代许次纾的《茶疏》最早记载了；黑茶也因为销往边疆的少数民族，色泽黑褐而被明代陈讲疏记载在《甘肃通志》中；世界上最早的红茶由中国明朝时期福建武夷山茶区的茶农发明，名为“正山小种”；而青茶，亦称乌龙茶，出现在清代，由宋代贡茶龙团、凤饼演变而来，创制于1725年（清雍正年间）前后。由此可见，清代创制了六大茶类的最后一类青茶，为六大茶类的齐全画上了完美的句号。

然后是茶产业进入空前发达的商业时代，清代应该是中国历史上茶馆行业最为鼎盛的时期，各类茶馆遍布城乡，数不胜数，蔚为壮观，专卖茶叶的商店、茶庄、茶行、茶号也纷纷出现，茶叶更以贸易的方式迅速走向海外，远销欧美、北非、东南亚、俄罗斯等国家和地区，一度垄断了整个世界市场。

最后是由于地方茶俗得以发展，“工夫茶”盛行然后成为近现代中华茶艺的主流。清代茶礼，茶俗发育成熟，遇到礼神祭祖，家居待客，节日婚恋，茶肯定是必经的礼仪。同时，清代还涌现出大量悦耳动听的茶歌、别开生面的茶舞，幽默风趣的茶戏和曲折动人的茶故事，各种与茶相关的文化艺术可谓百花齐放、繁花似锦。在这种背景下，清代饮茶和鉴赏的技术也日益精湛，明末清初，粤东、闽南一带的工夫茶便形成了气候。品茗的时候把大壶换成了小壶小杯，慢功细斟，最能冲泡出茶叶的高香和醇味，优美的器具和动作能与美学艺术融合一体，而且明伦序、尽礼仪，格调高雅，加上它其实是在唐宋时期就已存在的“散茶”品饮法的基础上发展起来的，盛行于宋朝，是瀹饮法的极致，已有千年历史，所以被认为是中国茶艺的古典流派，集中了中国茶道文化的精粹，乃大俗大雅的体现，是历史和传统文化的沉积。潮州工夫茶和日本煎茶道就是它的进阶版，现在以潮州工夫茶艺为首的工夫茶艺虽然盛行于闽粤港台地区，但早已被陈年边销茶和其他名优茶类广泛应用，影响遍及全国，远及海外，形成了当今工夫茶茶艺百花齐放的格局。

启发：

到了清代，贡茶已经满地开花，不局限于以某一地区为重心，凡佳皆进。康熙爱“碧螺春”，雍正帝喝“普洱茶”，乾隆爷嗜“西湖龙井”，特别是他应对老大臣“国不可一日无君”的那句“君不可一日无茶”，满满的茶香弥漫整个人间。虽然工夫茶风靡天下，四川人民创制的盖碗茶茶艺也独树一帜，你能将明代的撮泡法融入演绎么？

一、清代工夫茶艺

“……杯小如胡桃，壶小如香橼。每斟无一两，上口不忍遽咽。先嗅其香，再试其味。徐徐咀嚼而体贴之，果然清芬扑鼻，舌有馀甘。一杯之后，再试一二杯。令人释躁平矜，怡情悦性。”清初诗坛盟主、大才子袁枚的《随园食单·茶》，深刻诠释了当时的文人们品茶追求艺术情趣的极致。他们品茗时喜欢使用小壶小杯来品啜，加上“真功细斟”才能泡出真味的乌龙茶诞生，于是明代的“壶泡法”便演变出了清代盛行的“工夫”茶艺。

（一）茶

同样是散茶，清代的极品名茶及其制法，大都承袭明代，但茶叶的采制加工技术仍然有不少进步，花色品种愈来愈多，六大茶类真正完备，各有千秋。普洱茶形态已经多样化，除了部分芽茶、毛尖等晒青散茶，多数都是蒸压成型的紧压茶，汤色红浓有陈香味；白茶工艺虽然出现在明代，真正意义上的白茶是在清代咸丰、光绪年间福建政和生产，嫩芽肥大毫多，生晒制干后，色白如银，香味俱佳；最早的红茶始创于明代福建崇安的小种，而位列世界三大高香茶的“祁红”却产生于清代安徽祁门；最特别的是，创制于清代的乌龙茶，半红半青、

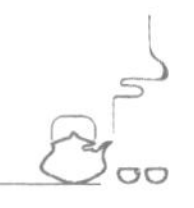

兼具绿茶的鲜爽和红茶的甜醇，被大诗人袁枚盛赞“武夷茶享天下盛名，真乃不忝”。

“工夫茶”最开始就是指的上等武夷茶品，而不是冲泡和品饮的程式，陆廷灿在《续茶经》记述了：“武夷茶，在山上者为岩茶，水边者为洲茶……其最佳者，名曰工夫茶。”也是他最早专述了武夷岩茶制法，他还在《续茶经》中引述了清初王草堂的《茶说》：“武夷茶……茶采后以竹筐匀铺，架于风日中，名曰晒青，俟其青色渐收，然后再加炒焙。阳羡芥片，只蒸不炒，火焙而成。松萝、龙井皆炒而不焙，故其色纯。独武夷炒焙兼施，烹出时半青半红，青者乃炒色，红者乃焙色。茶采而摊，摊而摝，香气发越即炒，过时不及皆不可。既炒既焙，复拣去其中老叶枝蒂，使之一色”，意思是武夷茶采用绿茶一样锅炒杀青，又采用红茶一样的用火焙干，既有绿茶的鲜爽，也有红茶的甜醇，这是典型的乌龙茶传统工艺的特点，造就了乌龙茶色泽青褐，条索紧结，汤色黄红兼有，滋味浓醇，具有天然花香和韵味的特质。清代文学家梁章钜在《归田琐记·品茶》记载了一位叫静参羽士的道士对这种茶的评价：“今城中州府官廨及豪富人家竞尚武夷茶，最著者曰‘花香’，其由‘花香’等而上者曰‘小种’而已。山中则以‘小种’为常品，其等而上者曰‘名种’，此山以下所不可多得。即泉州、厦门人所讲‘工夫茶’。”这种好茶，“三十六峰中，不过数峰有之。各寺观所藏，每种不能满一斤，用极小之锡瓶贮之，装而名种大瓶中间，遇贵客名流到山，始出少许，郑重瀹之”。可见这种茶的稀少珍贵。武夷岩茶因茶种和岩地不同，分为大红袍、水仙、乌龙等，其中以大红袍最为有名，品饮时清洌幽香，冲泡多次，仍余香绵永。它的命名有一个传说：崇安县有一县令久病未愈，当地天心岩和尚进献此茶，县官饮用数次即痊愈，感激不尽，亲临出产此茶的岩崖，脱下身上的大红袍披在茶树上，焚香顶礼膜拜，“大红袍”茶名因此远扬。名丛是武夷岩茶之王，而大红袍又是四大名丛之首，它的特异品质和传奇故事，更是独具魅力。生产大红袍的环境得天独厚，使得它有奇特的幽香，滋味醇和却又很清爽，回甘生津，让人心旷神怡。

图 75　武夷茶制作

完全用白茶树的肥壮芽头制成的白茶，才是真正名副其实的白茶，最初是指干茶表面密布白色茸毫、色泽银白的“白毫银针”，外形色白如银，挺直如针，后来逐渐发展为白牡丹、贡眉和寿眉品种，从原始的定义上讲就是从宋代绿茶“三色细芽”“银丝水芽”逐渐演变而来的。这种白茶树是在清代咸丰、光绪年间发现于福建政和一带，这种茶树嫩芽肥大，毫多，生晒制成白茶，色香味俱佳，通过日光曝晒的特殊工艺制成的白茶，改变了茶叶原有的青草味和苦涩味，形成它独特的品质特点：外形略呈卷状，白毫丛生，汤液清鲜晶黄，香气清芬，滋味甘凉。清朝以后，福建政和、福鼎、建阳、松溪等地都成为白茶的著名产地。值得一提的是，唐宋时期“茶色贵白”，所以选用白叶子茶树做成的茶极其稀罕，但加工方法仍然属于蒸青绿茶。比如我们现在也有所说的“安吉白茶”，不能因为茶名里有个“白”字，就被混淆视听了，安吉白茶其实也是绿茶。

图 76　白毫银针

福建崇安的小种红茶问世后，又出现了“坦洋小种”和“政和小种”，再慢慢发展出了工夫红茶。之所以叫“工夫红茶”，是因做工精细而得名，制作过程中讲究茶叶的形状和色香味，特别要求条索紧卷、完整、匀称、洁净，产

品形状紧结秀丽，色泽乌黑润泽。工夫红茶中声望最高的非“祁红”莫属，祁门红茶条索紧秀，锋苗好，色泽乌黑泛灰光，俗称“宝光”，内质香气浓郁高长，似蜜糖香，又蕴藏兰花香和苹果香，汤色红艳，滋味醇厚，叶底嫩软红亮，它还被誉为“王子茶”“群芳最”，因为特殊的地域香，国外把“祁红”与印度大吉岭红茶、斯里兰卡乌伐的季节茶，并列为世界公认的三大高香茶，赢得“茶中英豪”美称。民国四年（1915 年）祁门红茶获巴拿马万国博览会的金质奖章，这其中有两个人功不可没：一个是胡元龙，他博读书史，兼进武略，注重工农业生产，在贵溪村的李村坞筑 5 间土房，栽 4 株桂树名之曰“培桂山房”，在此垦山种茶。清光绪以前，祁门不产红茶，只产安茶、青茶等，当时销路不畅。光绪元年（1875 年），胡元龙在培桂山房筹建日顺茶厂，创办儒信园茶行，用自产茶叶，请宁州师傅舒基立按宁红经验试制红茶。经过不断改进提高，到光绪八年（1883 年），终于制成色、香、味、形俱佳的上等红茶，胡元龙也因此成为祁红创始人之一。另一个是余干臣，光绪元年（1875 年）余干臣被罢官，从福建回乡经商，目睹红茶畅销多利，遂到产茶区建德县（今东至）尧渡街设红茶庄，仿闽红试制工夫红茶成功，成为祁红创始人之一。工夫红茶除了安徽的“祁红”外，还有云南的“滇红”、福建的“闽红”、湖北的“宜红”、江西的“宁红”、湖南的“湖红”、广东的“英红”、浙江的“越红”、江苏的“苏红”，它们都是在福建崇安小种工夫红茶基础上形成的“祁红”新的变种。

图 77　祁门红茶

花茶作为大宗商品茶，是清代咸丰年间（1851—1861 年）的事。当时在福州的长乐帮茶号里有一个叫李祥春的人，设厂专门窨制茉莉花茶。花色清白、香气浓郁的茉莉花来自广州，制成的茉莉花茶运销天津、北京、济南等地，很受茶客欢迎，因此，古田帮茶号万年春也进行仿制。从此，各地茶商纷纷仿制，群起窨制花茶，花茶消费日广，销量日增，产区不断扩大，茉莉花的种植也推广开来。福建茉莉花开始种植在福州，只是福州北门的农民们当作盆景种植观赏，产量很少，茉莉花茶销路打开后，长乐产的花供不应求，福州闽侯一带也争种茉莉花，很快福州遂成为窨制花茶的中心，遍及全国。再后来，天津帮、平徽帮（北京、安徽）、苏州帮以及东南沿海江、浙、闽等地都开始生产花茶并波及安徽、四川、云南、广东等地。

清代名茶有 40 多种，有些是明代流传下来的，有些是新创制的。

1. 龙井茶

龙井茶之所以出名，除了自然品质优秀以外，还在于名人名家的典故，比如狮峰山下胡公庙前用栏杆围起来的“十八棵御茶”，就和嗜好品茶的乾隆息息相关。乾隆皇帝在杭州巡游狮峰山时，胡公庙的老和尚恭恭敬敬献上最好的香茗，乾隆看那汤色碧绿，芽芽直立，喝下去又清香阵阵，回味甘甜，便问和尚：“此茶何名，如何栽制？”老和尚便陪乾隆观看茶叶的采制情况，龙井茶采制的辛苦，技巧的精湛感动了乾隆，于是作茶歌赞赏：“慢炒细焙有次第，辛苦功夫殊不少。”乾隆看着庙前茶树芽梢齐发，雀舌初展，心中一乐，挽起袖子学着村姑采起茶来，兴趣正浓时有太监来报皇太后病急，乾隆一着急，随手把采下的茶芽往自己袖袋里一放，就火速返京。见了太后，聊着聊着，阵阵清香迎面扑来，乾隆灵机一动说这是为母亲亲手采摘的狮峰龙井茶，不想太后泡来喝之后，清香可口，去腻消食，心情也舒畅多了。乾隆大悦，马上传旨封胡公庙前茶树为御茶树，专人看管，年年岁岁采制送京，专门供太后享用，从此龙井茶更加美誉天下了。自清朝以来，茶叶商家将西湖龙井茶区分为狮、龙、云、虎四个字号，中华人民共和国成立后，便归并为“狮峰龙井”“梅坞龙井”“西湖龙井”三个品类。其中狮峰龙井产于狮峰和九溪十八涧一带，品质绝佳，被誉为“龙井之巅”。

2. 碧螺春

名茶珍品碧螺春是明末清初形成的，以形美、色艳、香浓、味醇“四绝”而闻名中外，据清代王应奎记载说，这种茶原来生在苏州吴县洞庭东山碧螺峰石壁上，当时仅产野茶数株，每年春天当地农民用竹筐采回去，以供日用，已有数十年之久，并没有见它有什么特别的地方，康熙年间，当地人又按时采摘茶叶，因茶叶较多，筐里盛不下，有些采茶女就将多余的鲜茶叶塞在怀里，茶叶得人体热气，《柳南续笔》记载：“异香忽发，采茶者争呼‘吓煞人香’。‘吓煞人香’，吴中方言也，因遂以名是茶云。”同时，《灵芬馆诗话》也记载说这种茶：“相传不用焙，采后以薄纸裹之，著女郎胸前，俟干取出，故岁纤芽细粒，而无卷焦之患。”徐珂《可言》也说“色香味不减龙井”。康熙十四年（1675年），康熙帝出巡苏州吴县太湖一带，抚臣宋荦购买了这种“吓煞人香”茶献给皇帝，“上以其名不雅，题之曰‘碧螺春’。自是地方大吏，岁必采办”。（《柳南续笔》）太湖洞庭山碧螺春产区，气候温和，雨量充沛，水气升腾，雾气悠悠，土壤质地疏松，极宜茶、果生长。茶树和桃、李、杏、梅、柿、桔、石榴树交错种植，茶树、果树枝丫相连，根脉相通，茶吸果香，花窨茶味，陶冶着碧螺春花香果味的天然品质。

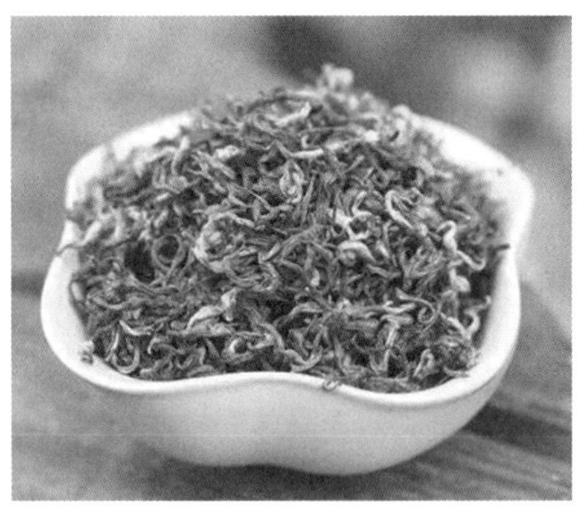

图78　碧螺春

3. 黄山毛峰

黄山产茶历史悠久，《歙县志》等多种地方志记载，黄山在宋嘉祐年间（1056—1063年）已开始产茶，到明代隆庆年间（1567—1572年）兴盛于江南。黄山茶中最著名的是云雾茶，清代江澄云《素壶便录》描写：“产高山绝顶，烟云荡漾，雾露滋培，其柯有历百年者。气息恬雅，芳香扑鼻，绝无俗味，当为茶品中第一。”这种云雾茶就是黄山毛峰的前身，康熙十八年（1679年）《黄山志定本》记载是山寺的僧人在山上石隙微薄的土壤中种植的，由于这里山高谷深，峰峦叠翠，气候温和，雨量充沛，土质疏松，非常利于茶树生长。黄山毛峰这一名茶的正式形成，归功于清代光绪年间（1875—1880年）的谢裕泰茶庄的创办人谢静和，

图79　黄山毛峰

谢静和是歙县漕溪人，以茶为业，他不仅经营茶庄，而且精通茶叶采制技术，他在云雾茶的基础之上加以改进，形成了黄山毛峰名茶，驰誉中外。特级黄山毛峰是毛峰的极品，形如雀舌，色如象牙，叶片金黄，以黄山名泉泡黄山名茶，是游黄山的高雅享受。

4. 君山银针

清代袁枚《随园食单》说：“洞庭君山出茶，色味与龙井相同，叶微宽而绿过之，采撰最少。”君山是湖南洞庭湖中的小山，又名洞庭山，相传四千多年前舜帝南巡，不幸死在了九嶷山下，他的两个爱妃娥皇和女英前来奔丧，却落难到岛上，不久二妃因悲恸而死并葬于洞庭山，屈原在《九歌》中将二妃为湘君和湘夫人，故后人将此山改名为君山。这里自然条件优越，土壤肥厚，气候温和，雨量充沛，尤其是春夏之间，湖水蒸发，湿气弥漫，极宜茶树生长，因此历代都出名茶，唐代李肇《唐国史补》记载“岳州茶有灉湖之含膏”，北宋范致明《岳阳风土记》记载“灉湖诸山旧出茶，谓之灉湖茶……唐人极重之，

见于篇什。今人不甚种植，唯白鹤僧园有千余本……土人谓之白鹤茶”，这“㴩湖茶”“白鹤茶”就是君山银针茶的前身。清代江昱《潇湘听雨录》评论说：“君山之毛尖，当推湖茶第一。”因产量极少一直被列为贡茶，自清乾隆四十六年（1781年）开始，每年上贡18斤，谷雨前，由知县官派专人监督僧人采制一旗一枪，“白毛茸然，询珍品也。俗称白毛尖，即白鹤翎之遗意”（《巴陵县志》）。据考证，《红楼梦》里提到的“老君眉”茶就是君山银针，君山银针属黄茶类，不仅黄色茶汤，制法也与绿茶不同，品质特点是芽尖肥壮，满披茸毛，干色金黄，香气高，味甜爽。用洁净透明的玻璃杯冲泡，开始会芽尖朝上，蒂头下垂而悬浮水面，继而缓缓下落，竖立杯底忽升忽降最多可达三次，称为“三起三落”，最后竖沉杯底，如刀枪林立，群笋破土，芽光水色，堆绿叠翠，蔚为奇观。

图80　君山银针

5. 武夷茶

武夷茶因为袁枚在他的《随园食单》赞叹：“武夷（茶）享天下盛名，真乃不忝。”几百年来盛销不衰，成为最有历史生命力的中国名茶之一。武夷山在福建崇安县南20里，这里不仅风景奇秀甲于东南，而且气候温和，土壤厚松肥沃，所产岩茶一直是历史名茶，它始于唐代及宋而盛，宋、元、明三代都被列为贡茶。唐代徐夤在《谢尚书惠蜡片茶》中赞咏：“武夷春暖月初圆，采摘新芽献地仙。飞鹊印成香蜡片，啼猿溪走木兰船。金槽和碾沉香末，冰碗轻涵翠缕烟。分赠恩深知最异，晚铛宜煮北山泉。”由于茶好，宋代蔡襄按皇帝旨意在这里建御茶园，范仲淹《和章岷从事斗茶歌》赞云：“年年春自东南来，建溪先暖冰微开。溪边奇茗冠天下，武夷仙人自古栽。”从唐朝生产蒸青团茶开始，经宋代丁谓、蔡襄等人制龙凤团茶，武夷制茶人积多少人的制茶经验创制出名目众多的武夷岩茶。武夷茶以产地不同而分为正岩茶、半岩茶、州茶三大类。正岩茶产于武夷岩中心地带，品质高香味醇；半岩茶产于武夷岩边缘地带，质量略逊于正岩茶；州茶指崇溪、九溪、黄柏溪等溪边所产的茶叶，质量又略微逊于半岩茶。清代崇安县县令王梓在《茶说》中指出：“武夷山周围百二十里皆可种茶，其品有二：在山上者为岩茶，上品；在地者为州茶，次之。”就是以产地上下高低为区别来决定茶的品第的。

图 81　武夷茶

6. 普洱茶

清代檀萃撰著的《滇海虞衡志》说：“普茶名重天下，此滇之所以为产而资利赖者也。”说明到了清代，云南普洱茶开始出名了。它的历史可以追溯到唐代，南宋李石在《续博物志》中说：“西蕃之用普茶，已自唐时。”西蕃就是指康藏地区少数民族吐蕃，普茶就是普洱茶。清代阮福专门写了一篇《普洱茶记》，说普洱茶产于普洱府（今云南普洱）所属之思茅，思茅境内有六处茶山：倚邦、架布、嶍崆、蛮砖、革登、易武。（目前确认的是普洱茶分为三大产区，一个是传统经典的最大产区西双版纳，包揽了勐腊县的古六大茶山，如攸乐、

革登、倚邦、莽枝、蛮砖、易武和新六大茶山；一个是古称为思茅的普洱产区，包揽千年万亩的景迈山古茶林；一个是临沧产区，比如冰岛、昔归寨）当地茶农收取鲜茶时，要用三四斤鲜叶才能做成一斤干茶，普洱茶除制成芽茶、蕊茶外，还做成大小不一的团茶。每年二月，茶农采集“蕊极细而白”的“毛尖”制作贡茶，专送京城后才允许制作民间贩卖的普洱茶，我们知道古代的普洱茶一般都制成团饼茶。最好的叫芽茶；采于三四月的，叫小满茶；采于六七月的叫榖花茶。大而圆的称紧团茶，小而圆的叫女儿茶。清代柴萼在《梵天庐丛录》里说：“品茶者谓普洱之比龙井，犹少陵（杜甫）之比渊明（陶潜）。”这一拟人化的比喻，倒是确切地道明了普洱茶醇厚味重的特点。

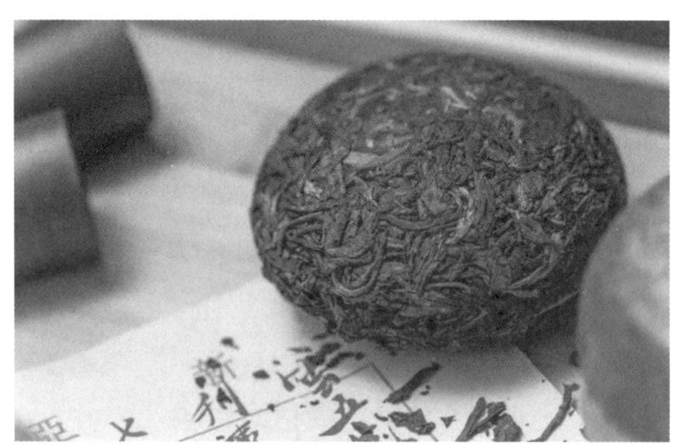

图 82　普洱团茶

7. 虎丘茶

虎丘茶到了清代依然享有盛誉，康熙十五年（1676 年）《虎丘山志向》描绘：“叶微带黑，不甚苍翠，点之色白如玉，而作豌豆香，宋人呼为白云茶。”清代的陈鉴在补注《茶经》时也说虎丘茶：“花开比蔷薇而小，茶子（籽）如小弹。”虎丘山的茶园在山之西部“阳崖阴林”“烂石砾壤之间”，他曾亲采嫩茶，同一位汤姓茶侣用“小焙烹之，真作荳花香”。（《虎丘茶经注补》）据乾隆五年（1740 年）《元和县志》和乾隆十二年（1747 年）《苏州府志》记载，茶树种在虎丘寺西侧的金粟房，这里离剑池不远，茶树是天然生长的，只有很小一块地方，产量稀少，十分珍贵，因此闻名四海。

8. 庐山云雾茶

另外，起源于汉代的庐山云雾茶直至清代仍然经久不衰，清同治十二年（1873 年）《九江府志》说：“庐山尤有云雾茶为最”“味香可啜”，顺治十五年（1658 年）《庐山通志》也引《山疏》说，（庐山茶）“焙而烹之，其色如月下白，其味如豆花香”，难怪直到今天依然位列中国名茶之一。同样，明代名茶松萝茶也历经清代直至当今被人们喜爱，清代黄凯骏《遣睡杂言》：“每叶皆摘去其尖蒂，但留中段，故茶皆一色而功力烦矣，宜其价高也。”炒制时费时费工，格外珍贵。

（二）器

用小壶小杯冲泡，热汤厚味地品饮，更能够充分突出乌龙茶的酽香。工夫二字，要在水、火、器、技中体现。比如冲泡器具的四宝：红泥炉、玉书碨、孟臣罐和若琛瓯。

红泥炉：煮茶燃具，是缩小的粗陶炭炉，外形如鼎，通红古朴，长形高约 20 厘米，置炭的炉心又深又小，火热均匀省炭，有盖有门，通风性能好，炉口大小与煮水器（玉书碨）的底部相称。即使是水溢炉中也仍然“火犹燃，炉不裂”，以潮阳产地最好。燃料常用白炭，最好的用橄榄炭，因为香气富余，还能形成急火。

图 83　潮汕工夫茶“四宝”

图 84　红泥炉

玉书碨：煮水器，用来烧水的壶（砂铫），褐红色扁形的陶质薄胎（200 ~ 250 毫升），闽粤台一带常常称为“碨”。它的名称来自制壶人玉书，也有说是因为出水宛如“玉液输出”。它有极好的耐冷热骤变性能，隆冬拿出炉外许久还可以保温。水沸时，盖子“卜卜”作声，就好像在唤人泡茶，便于观察火候还不易生水垢，以广东潮安盛产。

图 85　玉书碨

孟臣罐：紫砂饮具，是用来泡茶的茶壶，宜兴紫砂壶最好，多为赭石色，壶小如香橼为贵（50 毫升），它的名称来源于明末清初时的制壶大师惠孟臣，因为潮语都称冲罐，而不称泡茶，故此得名孟臣罐，标准是“小、浅、齐、老”，小指容量小；浅指壶小水浅能酿味，能翻香，不蓄水，会翻泡；齐指壶嘴、口、把三点都平成一线，制作精细；老指器物古者贵，使用时间越长越好，“锈”厚时香重。

图 86　孟臣罐

若琛瓯：白瓷质饮具，就是品茶杯（10 ~ 20 毫升），白色翻口小杯，杯沿常有花纹，杯身有山水字画，只有半个乒乓球大小，浅、小、薄、白，浅则水不留底；小则一啜而尽；薄能起香；白能衬色，以景德镇和广东枫溪瓷器为佳，有茶谚云“茶三酒四玩二”，品饮以三人为宜，三杯如“品”字。名称来源于景德镇一位叫若琛瓯的人的传说。据传若琛瓯所制茶具美观、耐用，十分有名，一个恶毒的巫师知道后心生嫉妒，念了毒咒毁坏茶具，而要解开这道咒语，需有一名年轻人投入烧茶具的炉火。于是，琛瓯勇敢地投入熊熊烈火中，咒语解开了，茶具恢复原样。人们为了纪念他，便将第一次茶水称为“琛瓯洗尘”。

图 87　若琛瓯

另外，清代的四川民众在撮泡法的基础上发展创制了一种最具特色，也最聪明的瓷茶具“盖碗”，喝茶时左手捧茶托，不会烫手；后手拿茶盖，可以用茶盖边缘拨去浮在碗面上的茶叶和泡沫，加盖时可以保持茶的真香，去盖时又可察言观色，集中了中国古代茶具的各种优点。所以，撮泡法在明朝使用无盖的盏、瓯来泡茶，在清朝宫廷和一些地方采用有盖和托的盖碗冲泡，风格清丽婉转并且便于保温、端接和品饮。

图 88　清乾隆豆青地粉彩鱼藻纹带托瓷盖碗（中国茶叶博物馆）

清代景德镇白瓷茶具的生产十分繁荣，各地制瓷名手云集于此，制瓷技术又有不少创造，康熙年间，除继续生产五彩瓷外，还创造了珐琅、粉彩两种新的釉上彩。彩瓷茶具包括釉上彩和釉下彩两种，釉下彩瓷器是先在坯上用色料进行装饰，再施青色、黄色或无色透明釉经高温烧制而成；釉上彩瓷器是在烧成的瓷器上用各种色料绘制图案经低温烧制而成。珐琅彩瓷，是仿照当时铜胎珐琅器的色彩和纹饰烧制的，到雍正时，珐琅彩瓷茶具胎质洁白，薄如蛋壳，已达到相当完美的程度，但当时仅供宫中享用，民间绝少流传。同时，青花瓷茶具因为在明代冠绝全国，成为其他生产青花茶具窑场模仿的对象，所以清代康、雍、乾时期，青花瓷茶具又进入一个历史高峰，全国各地许多地方还生产“土青花”供民间使用。我国传统的制瓷工艺在清代达到了它的成熟期，高级白瓷的质量无论在外观上还是物理机械性能上都达到了历史上的最高水平。

图 89　清雍正珐琅彩花蝶纹茶壶（台北故宫博物院馆藏）

清代的紫砂茶具，在前人的基础上更上一层楼。清代诗人王文柏在《陶器行赠陈鸣远》诗中赞美宜兴紫砂茶具“人间珠玉安足取，岂如阳羡溪头一丸土”，高士奇也有《宜壶歌答陈其年检讨》诗云：“规制古朴复细腻，轻便可入�笼携。山家雅供称第一，清泉好瀹三春荑。”赞颂了紫砂茶壶的雅趣和实用价值。其中以清初陈鸣远和嘉庆时杨彭年制作的茶壶尤名与世。陈鸣远制作的茶壶，线条清晰，轮廓明朗，壶盖有行书“鸣远”椭圆印，存世的作品有东柴三友壶、朱泥小壶，他的独到之处在于雕塑装饰，款识书法雅健有晋唐风格。杨彭年的制品，雅致玲珑，不用模子，随手捏成而天然之致，所以被推为“当世杰作”。值得一提的是，当时江苏溧阳知县陈曼生，是浙江杭州人，癖好茶壶，并工于诗文、书画、篆刻，他特意来到宜兴和杨彭年配合制壶，陈曼生创意设计仿古壶样 18 件交给杨彭年制作，待泥坯半干，再由陈曼生用竹刀在壶身上镌刻书画，他们的作品世称“曼生壶”，壶底有“阿曼陀室”印，把下有“彭年”小章，历来为鉴赏家们所珍藏。除陈曼生以外，著名文人董其昌、郑板桥、吴昌硕、任伯年等人都在紫砂壶上题诗刻字，寥寥数笔，写尽清雅淡远的诗情画意，清代我国闽南、潮州一带煮泡工夫茶所使用的小茶壶，几乎全为宜兴紫砂。文人与制壶人的合作提高了紫砂茶具的品位，创作了精美实用的艺术品，明清两代的紫砂陶艺人，是我国紫砂茶具史上的巨匠，他们的作品是茶具史上的瑰宝。

图 90　曼生十八式

紫砂壶式样繁多，所谓“方非一式，圆不一相”，造型常分为三类：第一类是不带装饰的几何形体造型，俗称“光货”，包括圆形、方形、锥形、菱花形、瓜轮型、梅花型、鹅蛋型、流线型等几何形态变化，最见设计者工夫；第二类是自然型，仿动物、植物等自然界固有物或人造物，俗称“花货”，要么直接把物体演变如南瓜壶、柿子壶，要么在壶筒上选择恰当的部位雕刻上形象如常春壶、竹节壶；第三类是筋纹造型，是在“光货”的基础上出各式的棱角如菱花式壶、瓜果类纹路壶等。紫砂壶既是艺术品，也是实用器具，因此还要求有好的结构，壶的嘴、把、钮、脚应与壶身整体比例协调，中轴平衡，嘴、口、把的三高点

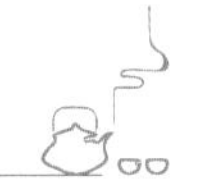

成直线，容量适度，高矮得当，口盖严密，出水流畅。

（三）水

同样，清代泡茶也讲究用水，汤蠹仙的《泉谱》、陆廷灿的《续茶经》以及梁章钜的《归田琐记》对泡茶用水都有记录。没有污染的“天泉”雨水、雪水从唐代开始一如既往的被人们喜爱，曹雪芹在《红楼梦》中写道：“却喜侍儿知试茗，扫将新雪及时烹。”妙玉就是用陈年的梅花雪水来泡茶，《红楼梦》第四十一回：“……妙玉执壶，只向海内斟了约有一杯。宝玉细细吃了，果觉轻浮无比……黛玉因问：‘这也是旧年蠲的雨水？’妙玉冷笑道：‘你这么个人，竟是大俗人，连水也尝不出来。这是五年前我在玄墓蟠香寺住着，收的梅花上的雪，共得了那一鬼脸青的花瓮一瓮，总舍不得吃，埋在地下，今年夏天才开了，我只吃过一回，这是第二回了。你怎么尝不出来？隔年蠲的雨水那有这样轻浮，如何吃得。”可见，陈年雪水比雨水更加珍贵，“轻浮”二字表达了雪水水质更加纯粹洁净的特质。最讲究的还要数痴迷饮茶的乾隆皇帝，他喜欢用荷叶上的露珠集中起来的水烹茶，名为“荷露清茗”。他让侍从在夏秋之际选取荷露作为烹茶的水，一边赏荷风莲香，一边品荷露清茗，十分惬意。乾隆不仅爱茶而且懂茶，陆以《冷庐杂识》中说，乾隆皇帝每次出巡都带有一只精制银斗来精量各地泉水，精心称重，同样的一银斗水，看看哪里的水重量轻，以水比重的大小来作为水质量高低的科学依据，依次排出水质的优次，因为越轻的水含杂质最少。

（四）技

嘉庆初年在梅州当过官的俞蛟是第一个把工夫茶和冲泡品饮结合起来描述的人，他写的《梦厂杂著·潮嘉风月》：“工夫茶，烹治之法，本诸陆羽《茶经》，而器具更为精致……斟而细呷之。气味芳烈，较嚼梅花更为清绝，非拇战轰饮者得领其风味……”他完整详细地记录了潮州人品饮工夫茶的茶具选择与冲泡品饮。人们最开始把它叫作“食工夫茶”，慢慢地，“工夫茶”就由茶品名称演变成了乌龙茶的品饮和冲泡方式。这种方式可能是最开始流行于福建，然后逐渐传播到广东一带。一方面乌龙茶的发源在福建，另一方面据民国时期曾任商务印书馆编辑的徐珂，创作清代掌故遗闻的汇编《清稗类钞》记载："闽中盛行工夫茶，粤东亦有之。盖闽之汀、漳、泉，粤之潮，凡四府也。"说明福建先有盛行，广东再兴起。

图 91　潮汕工夫茶

这里需要说明的一点是，工夫与功夫音相同，但意义是有区别的。《说文解字》中："工，巧饰也，象人有规榘也。"意思是做巧工必须遵循规矩、法度，考究细致；"功，以劳定国也。"意思是以劳力在国家危难之时能让她回复到平安的状态。一个在巧，一个在力，因此，"工"绝不能以"功"代替。

工夫茶品饮的基本程式为备具、煮水、温壶、置茶、冲泡、淋壶、分茶、奉茶等八个步骤。潮州工夫茶最有代表性，礼仪和技艺最为讲究。下面我们一起来欣赏它的二十一式，领略精湛的技艺和深厚的文化。

备具置器：除了工夫茶"四宝"，还有其他辅助茶具，特别说明的是三个品茗茶杯并围一起，形成一个"品"字，凸显潮人重品德，并且冲泡必须由主人亲自操作，以显尊重。

泥炉生火：随着现代技术的发展和生活节奏的加快，很多老百姓用电磁炉替代了红泥炉，相对来说，煮水的品质差别不大。

砂铫陶水：舀取甘泉水倒入砂铫，准备烧开。

榄炭煮水：工夫茶用橄榄炭烧火冲泡最佳，富于香气，而且易起急火。

开水热罐：也称冲罐，端起开水，冲淋陶罐内外，使温度升高，更有助于起茶香。

再热茶盅：冲洗陶罐的开水再次淋洗杯盏，潮人还起了一个很传统的雅名，叫“狮子滚绣球”。

茗倾素纸：剪裁成四方形的白纸，称纳茶纸，是由过去装成独立的小包茶，刚好冲泡一次演变而来的。

壶纳乌龙：将茶叶倾倒入孟臣罐八九分满为准，抖动使得最粗的在壶嘴一侧，细碎茶叶到壶把一侧，这样既防止茶汤发苦，同时避免细末堵塞壶嘴，分别粗细放置茶叶可以使出茶均匀，茶味发挥有序。

提铫高冲：提起砂铫，揭开壶盖，将沸水环壶口，缘壶边冲入，切忌直冲壶心，不可断续，不可急迫，冲茶要像书法，不急不缓、一气呵成。而且提铫高冲，才能避免涩滞的缺漏。

壶盖刮沫：当茶壶注满沸水后，茶沫浮白，这些是茶皂素、杂质等苦味物质，因此用手提起壶盖，沿壶口轻轻刮去茶沫，然后盖好壶盖。

淋盖去沫：再用滚水淋于壶上，一方面冲去壶外茶沫，另一方面还可以使热气内外夹攻，逼使壶内茶香迅速挥发。

烫杯醒茶：第一壶汤出迅速快捷，彻底出尽，用来烫杯淋杯，同时茶壶内的茶叶正好经过静置、温润逐渐“苏醒”。

再洗仙颜：滚杯烫杯之后，趁势向茶壶中再次高冲沸水，具体操作同上述提铫高冲。

低洒茶汤：醒茶之后即斟茶，潮州人也称为“洒茶”，出茶或出汤。茶壶要尽量靠近茶杯，这样才能防止热气四散，水可不够烫而使茶香过早挥发。同时，低斟还不会激起泡沫，也不会发出滴答的声响。

关公巡城：斟茶要把茶汤以“往返”或“轮回”到方式依次轮转洒入茶杯，如此反复二三次把各个茶杯渐渐斟满，就叫作“关公巡城”，这样能使各杯里的茶汤汤色均匀。

韩信点兵：壶中茶汤倾毕，剩下的余滴要尽数一点一抬头地依次巡回点入各杯之中，再次确保各个杯中茶的量，色须均匀相同，方为上等功夫。总的来说，斟茶有四字诀“低、快、匀、尽”。

敬请品味：传统的潮汕工夫茶一般只有三个杯子，不管多少客人都只用三个杯子，每喝完一杯茶要用滚烫的茶水洗一次杯子，然后再把带有热度的杯子给下一个用。这种习俗据说是人们为了表示团结、友爱和互相谦让的美好品德。

先闻茶香：品茶要先闻香，然后看茶汤的颜色。

和气细啜：用拇指和食指捏住品茗杯口沿，中指抵住杯底部，缓缓提起将杯沿送至唇边，一般三口见底。

三嗅杯底：饮毕再嗅杯底香，芳香溢齿颊，甘泽润喉咙，神明凌霄，这仿佛就是品赏工夫茶独特的韵。

瑞气圆融：品茶时人们往往围坐成圆形，以茶会友，以茶传情，以茶弘德，品茶说道，和敬有道，精善至亲，其乐融融。

（五）境

清代茶艺延续了明代的清逸雅致。乾隆也常利用特有的条件，营造各种颇具韵味的品茗环境，如在蒙蒙细雨中，在龙舟画舫上体悟茶道，他的一首七言御题诗《雨中烹茶泛卧游书室有作》：“溪烟山雨相空濛，生衣独做杨柳风。竹炉茗椀泛清濑，米家书画将无同。松风泻处生鱼眼，中泠三峡何须辨。清香仙露沁诗脾，座间不觉芳隄转。”溪烟、山雨、杨柳、竹炉，生动表现了嗜茶如命的乾隆懂得饮茶的意蕴要在环境的烘托中心领神会。陆廷灿的《续茶经》也有：“桑苎家传旧有经，弹琴喜傍武夷君；轻涛松下烹溪月，含露梅边煮岭云。醒睡功资宵判牍，清神雅助昼论文。春雷催茁仙岩笋，雀舌龙团取次分。”弹琴、松下、梅边、岭云，承袭了明代茶人们讲究天时地利的浪漫情怀。

起于明代，盛于清代，潮州工夫茶作为清代工夫茶代表，饮茶亦要求有“窗明几净”“小院焚香”一类的氛围，但它又不拘泥于精致的环境：农院中，工棚内，荧屏侧，宴会间，泉石林亭，集市商店，工余酒后，假日良宵……到处都有提壶擎杯、长斟短洒的人群。甚至在从前潮郡民间的游神过程中，身处鞭炮轰鸣、鼓乐喧阗、万头攒动的场合，边走边吹拉弹唱的游行队伍，亦不忘抽暇饮上几

杯由随队进退的专职人员所烹制的工夫茶。潮州市博物馆收藏的制作精巧的金漆木雕“茶挑”，就是印证当年这种奇特情景的实物见证，品茶确已成为日常生活中不可或缺的重要内容。工夫茶既是可登大雅之堂的饮茶艺术，又是跳出了狭隘的文人圈、扎根于大众沃壤的民俗。雅中有俗，俗中有雅，雅俗共赏，大雅而大俗，这正是它的魅力与生命力之所在。

（六）礼

工夫茶分福建、潮汕、台湾三个派系，福建喝铁观音比较多，潮汕喝大红袍、单枞茶比较多，台湾则喝冻顶乌龙比较多，但从茶艺文化来讲，三者是共通共融的。潮州工夫茶是中国茶艺中最具代表性的一种，是融精神、礼仪、沏泡技艺巡茶艺术、评品质量为一体的完整的茶道形式，最负盛名，蜚声四海，被列入《国家级非物质文化遗产名录》，因此，我们以潮州工夫茶为例，来领略品茶中的礼俗道义。

潮汕人请人喝茶时按照工夫茶的规矩，主人必须自己亲自冲茶，茶要酽得像酱油一样，以示对客人的尊重，所以喝茶间，如遇又来了尊贵的客人，就得撤换茶叶重新冲茶表示欢迎，否则会被认为“慢客”，待之不恭。第一巡茶的第一杯，要请在座的长辈或声望地位高的人先喝，即“先尊后卑、先老后幼”；然后再有“先客后主，司炉最末”，在敬茶时除了论资历排辈，按步就方外，还得先敬客人和来宾，然后向家人；在场的人全都喝过茶之后，这俗称“柜长”（潮语“柜”与“县”同音，冲茶者，便被戏称为“风炉县长”）的词炉才可饮喝，否则就是对客人的不敬，会被认为“蛮主欺客”或“待人不恭”。如若人多，使用多杯的大罐时，喝茶的人则要顺手端自己前面的一杯。最后一个人才能端中间的，如果不分青红皂白，在旁边茶杯未有人端起之前，就先拿了中间一杯，不但会被认为是对主人的不敬，也是对在座客人的不尊重，这就有失礼仪了。如若人多杯少，则喝一杯以后，就要谦让座上的人，待其他人都喝了，才能喝第二杯，真可谓“谦谦君子饮者风”了。客人喝茶时，不能用杯脚擦茶池，喝完茶，茶杯要轻放不出声，否则会被视为不尊重主人，是“强宾压主”有意挑衅。

斟茶时，三个茶杯并围一起，形成一个“品”字，凸显潮人重品德。以冲罐巡回穿梭于三杯之间，直至每杯均达七分满。此时罐中之茶水亦应合好斟完，剩下之余津还需一点一抬头地依次点入三杯之中。潮汕人称此过程为“关公巡城”和“韩信点兵”。三个杯中茶的量，色须均匀相同，方为上等工夫。最后，主人将斟毕的茶，双手依长幼次奉于客前，先敬首席，然后左右嘉宾，自己最末。

（七）韵

清人延续了明人崇尚散叶茶原味真香的风格，将闻香品味的啜茶艺术发挥到了极致，袁枚在《随园食单·茶》中谈到品饮武夷岩茶：“……杯小如胡桃，壶小如香橼，每斟无一两，上口不忍遽咽。先嗅其香，再试其味。徐徐咀嚼而体贴之，果然清芬扑鼻，舌有馀甘。一杯之后，再试一二杯，令人释躁平矜，怡情悦性。”徐珂在《清稗类钞》中也描述“含其涓滴而咀嚼之”意思是，茶杯像胡桃那么小，茶壶也只有香橼果子那么大，茶没有一两，所以不忍心马上咽下去，要慢慢喝，不能急躁，先闻香，再喝汤，而后还要慢慢咀嚼，认真体会，这样我们才能感受到岩茶的清芬扑鼻、舌尖有回甘，才会真正感到神清气爽，心情愉悦。

梁章钜还在《归田琐记》“品茶”一节中以武夷茶为例，将茶之品性划分为香、清、甘、活四个品级。他认为品茶者都能品到香气，这是茶叶最普遍最基础的特质；所以更进一层还需要清，茶汤入口会感觉清爽干净，让人通透；再好的就是回甘，不仅不苦涩还有生津丰富的润度；而顶级的便是活，这样的茶汤可以让人仿佛醍醐灌顶，贯通身心，就像卢仝描述的“五碗发轻汗，平生不平事尽向毛孔散”“七碗吃不得也，唯觉两腋习习清风生”的力量感。

同时，清人让紫砂壶的艺术魅力更加玄妙，以此增添茶艺的幽韵雅致。制壶大师陈鸣远以世间诸物自然生态为壶形，构思奇妙，技艺高超，创作了核桃、花生、梅桩笔筒、茄子注水、莲蕊水盛等应有尽有；“西泠八家”之一的清代书画家、篆刻家陈曼生与紫砂名手杨彭年友好合作的“曼生十八式”，在紫砂壶上镌刻诗画，将文学书画篆刻与壶艺完美结合，古拙清逸。

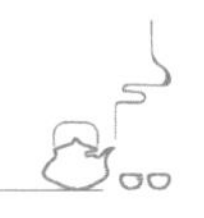

图 92　陈曼生自然生态壶

明末清初的著名文学家杜浚，号“茶村”，明亡时，他为了躲避战乱，流亡到南京。杜浚不肯参加科举，寓居鸡鸣山麓专心写诗。当时，他的诗歌非常有名，南京城里的达官贵人都前往他家求诗，他心高气傲，不愿意趋炎附势，一一拒绝。据《清史稿》记载，杜浚很爱喝茶，曾说“吾有绝粮，无绝茶”，他还喜欢把残花扎成一束，像黛玉一样“葬花”。所以像他这样一个嗜茶成瘾，品行端正又多愁善感的人，确实能够领略茶艺的精神意义！他在《茶喜》一诗的序言中指出：“夫予论茶四妙，曰湛、曰幽、曰灵、曰远”，这四个美妙的特性是：“湛”指深湛、清湛，“幽”指幽静、幽深，“灵”指灵性、灵透，“远”指深远、悠远，似乎统一完整地归纳了“茶艺之韵”，清澈晶莹的茶汤，沁人心脾的茶香，娴熟流畅的技艺，静谧优美的环境，真挚投入的情感，这些都和饮茶时候的止渴养生无关，而是品茶心境上的不同层面。因此，他认为茶还可以“澡吾根器，美吾智意，改吾闻见，导吾杳冥”，品茶能清心爽神、洗涤忧虑，增加智识、坚定意志，还可以开阔视野，彻悟人生真谛，进入一个空灵的仙境。

沿袭明代的茶艺风骨，清代虽然没有饮茶方式的创新，却对饮茶清幽高洁的意韵做足了文章。真功细斟的“工夫茶茶艺”，最能冲泡出茶叶的高香和醇味，泡茶的器具和动作也最能与美学艺术融合一体，时至今日，被陈年边销茶和其他名优茶类广泛应用，成为现代茶艺表演和现代茶叶品饮最重要的方式和现代茶艺百花齐放的缤纷景象。

二、清代茶文化

（一）茶俗

到了清代，茶艺真正做到了普及全民而通俗自然的地步。清代的茶趣同历代一样，有来自贵族的雅茶，也有来自市井乡民的俗茶。只不过雅茶更多的来自名山名茶，比如西湖龙井、黄山毛峰等；而俗茶常常用大碗喝，粗犷随意，就如闲聊时打发时光的瓜子一般，多用物美价廉的粗茶。

1. 饮茶可以雅俗共赏

都说“一部《红楼梦》，满纸茶叶香”。《红楼梦》是一部百科全书式的奇书，其中所载茗茶品类甚多，好似一份“清代贡茶录”，有杭州西湖的贡品龙井茶；有云南地方官吏进贡的普洱茶；有每岁贡十八斤的老君眉茶，等等。对茶的习俗，在书中也做了具体而生动的记述，包括形形色色的饮茶方式，丰富多彩的名茶品目，珍奇精美的古玩茶具以及讲究非凡的沏茶用水等。第四十一回《贾宝玉品茶栊翠庵》中，妙玉在栊翠庵请宝玉、黛玉、宝钗等人饮茶，妙玉给贾母泡的茶，用的是海棠花式雕漆填金的“云龙献寿”的小茶盘，里面放的一个成窑五彩小盖盅，茶叶是君山名茶“老君眉”，水是旧年蠲的雨水；给宝钗泡茶，用的是晋代王恺珍玩的名为“𤫩爮斝”的大酒杯；给黛玉泡茶，用的是“点犀䀉”；妙玉将自己用的绿玉斗给宝玉泡茶，用的水是五年前在玄墓蟠香寺住时收集的梅花上的雪水。其他人用的都是一色的官窑脱胎填白盖碗。茶叶没有分等都是老君眉，而水和器则有差别，妙玉借当时的流行俗语，惟妙惟肖地描述了当时人饮茶的技艺，“岂不闻一杯为品，二杯即是解渴的蠢物，三杯便是饮牛饮骡了”。从这段对于饮茶的解读来看，钟鸣鼎食之家对于茶道是非常讲究的，不能一口饮下，茶是需要细细品鉴之物，所以茶在贵族眼里是“雅”物，贵族日常饮用之茶被称为雅茶。明代遗老冯可宾还专门在《岕茶笺》中，提出饮茶“十三宜”，如果把这些规矩都讲完全了，用《红楼梦》中经常说的一句话，“真真是繁琐死人了”。

清代大才子袁枚，虽是文人，但他品茶的雅趣倒是有过之而无不及。袁枚天资聪颖，进士出身，但讨厌学满文，加上性格不受拘束，因此仕途不顺，索性辞官游玩，过了50多年轻狂自在的享乐生活，对美食和好茶颇有研究。在他所著的《随园食单》中有一篇“茶酒单”，记录了他遍尝的南北名茶。他最喜欢家乡的龙井茶，尤其是每到还乡上坟时，管坟人家送的那杯茶，水清茶绿；

其次是常州阳羡茶，“茶深碧色，形如雀舌，又如巨米，味较龙井略浓”；对洞庭君山茶，他说：“色味与龙井相同，叶微宽而绿过之，采掇最少。”此外对六安银针、毛尖、梅片、安化茶等，他认为要次等些。“七碗生风，一杯忘世”，一杯好茶，能让人升华到此种境界，然而要泡好一杯茶又谈何容易。袁枚认为，除了有好茶，且又收藏得法，还要有好水、用陶罐、武火烧，候火要适当，品饮又得正当其时。袁枚不仅对品茶非常有心得，还是宣传武夷茶的第一人。他先前对武夷茶的印象是“茶味浓苦，有如喝药”，在他70岁那年游览了武夷山，饱尝了真正的武夷岩韵后，对武夷茶的印象完全改观。他在《随园食单. 茶酒单》记载了当时的情形：“僧道争以茶献，杯小如胡桃，壶小如香橼，每斟无一两，上口不忍遽咽，先嗅其香，再试其味，徐徐咀嚼而体贴之，果然清芬扑鼻，舌有余甘。一杯以后，再试一二杯，释躁平矜，怡情悦性……”他连饮三杯，“始觉龙井虽清而味薄矣，阳羡虽佳而韵逊矣”，所以他慨然赞叹：“武夷茶享天下盛名，真乃不忝。”从此武夷茶名声大噪。

2. 五大区茶馆鼎足而立

清代饮茶之风更甚，茶肆、茶馆遍布大江南北，长城内外。这时的茶肆、茶馆注意环境的选择，并增加点心的供应，以招徕更多的茶客。

在清代，茶馆也是分类的，有清茶馆、书茶馆、荤茶馆、野茶馆，等等。清茶馆只管卖茶，没有糕点小食之类的供应，这种茶馆是名人雅士聚集的地方，因为这里的茶多半是名茶，讲究一个“雅”字，文人墨客在此举行小型的诗会，也不失为一种“雅趣”。荤茶馆就不仅仅是卖茶了，还会卖一些糕点小吃，有些还甚为精致，所以这种茶馆是大多数人的选择，不但可以享受茶的清雅，还可以在饥饿之时有果腹之食。而书茶馆兴起就比较晚了，在清末之时，书茶馆异军突起，在众多茶馆中独树一帜，这种茶馆常常有说书，或者曲艺表演，人们一边品茶一边听书，也不失为一种风雅之事。还有一种是野茶馆，多半设在风景优美的地方，就像现在的风景区接待处。

乾隆、嘉庆年间，北方的茶馆已开始风行，当时北京就设有多处书曲茶馆，可以一边品茗，一边欣赏传统曲艺。北方人喜欢香片（花茶），也有自备茶叶去茶馆品饮的习惯，由茶馆供给开水，只付“水钱”，据徐珂编的《清稗类钞》记载：“京师茶馆，列长案，茶叶与水之资，须分计之，有提壶以往者，可自备茶叶，出钱买水而已。”以往，北京的大剧场也叫“茶园”，因在大剧场里有茶水供应，如吉祥茶园（今吉祥戏院）、天乐茶园（今大众剧场），还有一种既没有舞台，又没有茶水的地摊叫“平地茶园”，著名相声演员侯宝林就曾称他来自“平地茶园”。

上海的茶楼开始于清代同治初年，最早的茶楼有“一洞天”“丽水台”等，高阁三层，轩窗四敞，自晨至夕，茶客如云。当时典型的上海茶楼是：商人在这里暗语谈交易，记者在这里采访社会新闻，艺人在这里说书卖唱。进入二十世纪以后，受西洋风俗的熏染，音乐茶座、公园露天茶室应运而生，影响所及，其他大中城市也相继效仿。

杭州是中国著名的“茗都”，茶馆的历史可追溯到宋代甚至更久，清代的杭州仍然是茶馆遍布，茶客云集，在杭州的各个景点如玉皇山、宝石山、云栖、龙井、九溪、三潭甚至城市各街巷，都有规模大小不等的茶馆，清末民初时，由于西湖东面湖滨一带城墙高耸，游船在柳浪闻莺一带停泊，附近开设有“三雅园”“藕香居”两大茶园，后来城里有“四海楼”“连升阁”茶楼，城站有“迎宾楼”茶楼，南星桥有“碧霞轩”等，井亭桥畔的“七重天”茶馆还开了“露天夜花园屋顶茶室”，还有供养鸟者买卖鸟类的“鸟儿茶会”等，不胜枚举。清代至民初杭州茶馆的兴盛，一是因为杭州这个城市的经济地位，二是西湖山水之胜，三是有著名的龙井茶，三大因素鼎足而立，支起了杭州这座中国“茗都”的殿堂。同时，南京这个明朝的京都也曾经是商业繁盛之地，经过明末衰败，清初复兴又重现了昔日的繁华。乾隆末年，南京的茶肆有鸿福园和春和园，在文星阁的东边，徐珂的《清稗类钞》记载：“各据一河之胜。日色亭午，座客常满，或凭栏观水，或促膝品泉。”茶叶有云雾、龙井、珠兰、梅片、毛尖等，随客所欲，还供应瓜子、酥烧饼、春卷、水晶糕、猪肉烧麦等，茶客饮食都极为方便。“上有天堂，下有苏杭”，地处江南富庶之地的苏州在明清两代都是十分繁荣的，江南和各地的缙绅名士云集于此，商业、文化兴盛发达，茶肆也十分昌隆。每当晨光熹微，人们就到茶馆饮茶，人们只要在茶馆茶桌上偶然相会，便可成为“茶友”。同治、光绪年间，苏州藩司谭叙初为了维护封建礼教，

曾下令严禁妇女和女仆进入茶馆肆饮，但由于这一习俗相沿已久，令虽出而不能止。谭叙初不得不派人在茶馆前面守候，见到女郎娉婷进茶馆，强使脱去鞋履，勒令她们赤着小脚回家，经过这次事件，才算实行了妇女不得进茶馆的禁令。

西南地区饮茶历史悠久，四川、云南大中城市没有一个城镇不是茶馆林立，有许多露天茶室，大都建立在依山临水、景色宜人的场所，茶馆设施完备，竹榻藤椅，堆满一室，客来可随取随坐，据《成都通览》记载，清末成都全城的茶铺有 454 家，是汇集情感和信息的中心。清末发生的大教堂事件，岑春煊告蜀中父老书，端方来重庆，保路同志会成立，这些近代四川的大事，无一不在成都茶铺中引起热烈的讨论。

广州人特别嗜好茶，饮茶风气很盛。清代同治、光绪年间，广州的“二厘馆”（即每位茶价二厘）茶楼，就已普遍存在，这种“二厘馆”一般用石湾粗制的绿釉茶壶泡茶，还供应芽菜粉、松糕、大包等价廉物美的食品，顾客主要是劳动大众，他们常于早晨上工之前，到“二厘馆”吃一碟芽菜粉，两件大松糕，在工余之暇，也常到“二厘馆”泡一壶茶，聊聊天，松松筋骨，使精神得到调剂，体力得到恢复。

清代人饮茶，因其居住环境不同，人情风俗不同，社会身份不同，形成了喝茶中的各种差异。无论怎么喝茶，茶已经成为日常生活中的一种习惯。茶香四溢，仿佛喝的不是茶水，而是一种生活，一种态度。

3. 客来敬茶别有意味

“客来敬茶”这一中国传统礼节到了清代却演变出了别的意味！《贾宝玉品茶栊翠庵》中妙玉给贾母、宝玉、黛玉和宝钗同样的茶，却用了不同的茶具和水。“坐，请坐，请上座；茶，敬茶，敬香茶”，据说这一副对联是郑板桥老先生去茶馆喝茶，根据老板对他态度的逐渐升级写下的。即便是寺院这种佛门恩泽的地方，这样的风气也不可避免，方丈和尚要“看人下菜碟”，根据不同对象用暗语命人沏泡不同的茶叶。比如在浙江北雁荡山的斗室洞、观音洞，当大官僚或大施主到院时，方丈高喊“好茶”，端上的是一杯绝好的上等茶；普通官员或施主进院时，喊叫“茶、茶”，端上的是一杯中等茶；一般香客进院时，低喊“茶”，端上的是一杯三等茶，但即使是三等茶，仍要比普通的雁荡山茶清心爽口。不过，也并不是所有寺院都是如此，《蛮瓯志》一书就有记载：“觉林院僧志崇，收茶三等，待客以惊雷筴（中等茶），自奉以萱草带（下等茶），供佛以紫茸香（上等茶）。盖最上以供佛，而最下以自奉也。客赴茶者，皆以油囊盛余沥以归。”中等茶待客，上等茶供佛，自奉最俭，还是合乎情理的，但茶分等级表达不同的尊敬总还是有的。

虽然郑板桥先生和曹雪芹先生都透露出了不满和讽刺，从另一个角度来讲，茶的社会地位和交往功能在人们的心中，倒是显得格外重要。不过，客来敬茶在清代还异化了一种形态，就是“端茶逐客”，主人会晤客人，或谈话不投机，或事已完毕客人还不想走，主人便双手端茶，仆役见状，便高呼：“送客！”端茶即成了下逐客令的信号。

4. 茶诗踵事增华

宋徽宗爱茶并撰《大观茶论》，清代乾隆皇帝嗜茶成癖、吟诵茶诗则是天下闻名，堪称帝王之最了。乾隆嗜茶的轶事趣闻多不胜数，也品尝了江南各种名茶，而且数以万计的诗作中有不少是茶诗，如《观采茶作歌》《观采茶作歌之二》《坐龙井上烹茶偶成》《荷露烹茶》《再游龙井作》等作品皆为朗朗上口的茶诗。他在《观采茶作歌》中写道：“前日采茶我不喜，率缘供览官经理；今日采茶我爱观，吴民生计勤自然。云栖取近跋山路，都非吏备清跸处，无事回避出采茶，相将男妇实劳劬。嫩荚新芽细拨挑，趁忙谷雨临明朝；雨前价贵雨后贱，民艰触目陈鸣镳。由来贵诚不贵伪，嗟哉老幼赴时意；敝衣粝食曾不敷，龙团凤饼真无味。”乾隆不仅对采茶、制茶工序了如指掌，善于品茗，还非常讲究沏茶的水质和茶具，更难为可贵的是，一国之君在诗中写到了茶农的艰辛及茶叶的来之不易，反映了他体察民情的一面。

清代著名书画家、诗人郑板桥，书画秀丽苍劲，诗文傲放慷慨，诗、书、画在当时雄称“三绝”，与金农、李鱓等七位画家共称“扬州八怪”。他喜好喝茶，很多画作都是在啜茗凝神之际构思、涂抹出来的。“不风不雨正清和，翠竹亭亭好节柯。最爱晚凉佳客至，一壶新茗泡松萝。”诗人怡然安乐、饮茶自得的形象跃然纸上。郑板桥对方言俚语颇有研究，常常运用自如地写出一些妙对及

诗歌来，他为青城山天师洞饭堂写过这样一副对联："扫来竹叶烹茶叶，劈碎松根煮菜根。"对仗工整，别有情趣，他的另一首《紫砂壶》题诗更具妙趣："最尖肚大耳偏高，才免饥寒便自豪。量小不堪容大物，两三寸水起波涛。"诗外之意不言而喻。以民歌形式填写的茶诗《竹枝词》也颇有生活气息："溢江江口是奴家，郎若闲时来吃茶。黄土筑墙茅盖屋，门前一树紫荆花。"此诗描绘农家少女以喝茶为由，邀请情郎来家幽会的情怀，郑板桥这首《竹枝词》墨迹现还珍藏在扬州博物馆。历代文人雅士、隐逸高僧都是茶文化的主角，郑板桥的一对著名对联就高度概括了文人、高僧爱茶重水的癖好："从来名士能评水，自古高僧爱斗茶。"

（二）茶道："茶与修行，探寻清代名人"

"咬定青山不放松，立根原在破岩中；千磨万击还坚劲，任尔东西南北风。"曾经，还在小学阶段的我们刚学会这首诗后，暗自佩服竹的坚韧并作为座右铭"篆刻"在内心。

1. 郑板桥的真性情"茶看人生"

这首诗的作者郑板桥是清代著名的书画家、文学家，为"扬州八怪"重要代表人物。曾有人评价他："三绝诗书画，一官归去来。"郑板桥喜好饮茶，很多画作诗词都是在啜茶凝神之际构思出来的。民间流传着一则关于郑板桥喝茶的趣事，描绘了当时以茶待客的民间风俗，还品出了他愤世嫉俗的真性情。

传闻，有一天，他来到集市上的一家茶馆准备喝茶。老板一瞥，看见来客是个普通的小老头，就随随便便地说了一声"坐"，然后转头又对伙计叫了声"茶"，让伙计上茶了事。郑板桥则自己静静欣赏店里的几幅字画。老板见郑板桥在欣赏字画，心里估计这其貌不扬的老头一定是个文化人，于是就改口说"请坐"，而后扭头对司茶的伙计叫了声"泡茶"。过了一会儿，店里有认识郑板桥的人，就高声喊道：板桥先生，板桥先生！老板这下才知道这个看上去普通的小老头就是鼎鼎有名的郑板桥。于是立马迎上前去，不停地对郑板桥说：请上坐！请上坐！又扯着嗓子喊：泡好茶！泡好茶！郑板桥也毫不客气，领了老板的情，坐了上座，饮了好茶。等到板桥临走时，老板拿出纸笔，想请郑板桥留下墨宝。

郑板桥也是一口答应，提笔为老板写下了这样一副对联：“坐，请坐，请上座，茶，泡茶，泡好茶。”郑板桥喝茶所写这副独特的对联，生动形象地描绘出店老板对“穷人”的鄙视，还有对有身份的人的势利趋附。他以茶明志，直白地将这些世态炎凉诉诸他的作品中，嘲讽当时的穷富贵贱的社会现象。

2. 有守有为，清俭持躬，清代名臣阮元的茶隐人生

阮元是清朝中期重臣，是有名的经学家、训诂学家、金石学家。阮元尽管仕途得意，但他不居功自傲，一生勤勉，廉洁自律，有较高的威望和成就。一生没受到过“六科给事中”的弹劾，清俭持躬，有守有为。

阮元除了写给子孙做人做事的寄语，更是以身作则，毕生以茶养廉。清朝人习惯于做寿，当遇到老人生日时，子孙不惜破财大肆庆祝，在上流社会尤其如此。对官僚而言，过生日更是聚敛财富和笼络人心的大好机会。但每逢正月二十生日，阮元就停止一切公务，避客煮茶于竹林或出游于山寺，不受部下、门生一缣一烛之贺。年年如此，成为常例，一直到去世。阮元的“茶隐”生日方式坚持了一辈子，每年茶隐避寿是他的不二之选，一个人一时做一件事很容易，难的是一辈子持之以恒地做一件事，特别是当他身居高位时，面对各种诱惑，仍然能做到终身严以律己。阮元借用饮茶品茗的方式，躲避朝政中的诸多利益、贿赂和诱惑，用一生的言行诠释廉政的品质。将陆羽的“茶隐”用于避寿发挥到极致，不仅可见其清廉，更能见其心性与气节。

古人云：茶以养性，茶以清心。中国茶道以“廉、美、和、敬”为基本精神，即“廉俭育德、美真廉乐、合诚处世、敬爱为人”。饮茶，无论是高官权贵，还是普通百姓，茶饮的是口感，品的是韵味，享的是惬意。当人们享受饮茶的时候，把身份放在一边，把虚荣放在一边，把贪欲放在一边，廉洁自律，修身修为，在平淡中完成品格修养，以实现人类和谐安乐之道。正所谓“万物静观皆自得，人生宁静方致远”。呷一口茶，给自己留一片晴朗的天空。笑看庭前花开花落，静观天边云卷云舒。人生如茶，品茶如品味人生。

（三）茶疗：“名士宫廷以茶养生”

到了清代，茶疗更是盛行之极。

清代曹雪芹，在其不朽之作《红楼梦》中写到茶时，信手拈来、任意挥洒，丝毫不吝笔墨。全书共用茶字四百多个，涉及茶事二百处，提到茶品七八种。下面，就让我们走进清朝五彩缤纷的茶世界，身临其境，从养生保健之角度，来旁观清时的茶疗状况。

1. 消食化积普洱茶

《红楼梦》第六十三回，林之孝家的因查夜到怡红院，宝玉说："今儿因吃面怕停了食，所以多顽一会子。"林之孝家的又向袭人道："该沏些普洱茶吃。"清阮福在《普洱茶记》中说："普洱古属银生府。则西蕃之用普洱，已自唐时。"宋李石在《续博物志》一书中也讲："茶出银生诸山，采无时，杂菽姜烹而饮之。"以此推断，银生城（今云南楚雄附近）所产之茶，正是普洱茶的始祖。

如今，普洱茶主要产区在云南的西双版纳、临沧、普洱等地。在饮用实践中，普洱茶非常讲究冲泡技巧和品饮艺术，既可清饮，也可混饮。不仅经久耐泡，色香味俱佳，而且又有广泛的医用保健功效。清代医学家赵学敏在《本草纲目拾遗》中记载："普洱茶膏黑如漆，醒酒第一。绿色者更佳，消食化痰，清胃生津，功力尤大也。"中医还认为，普洱茶同时具有清热、消暑、解毒、消食、去腻、利水、通便、祛痰、祛风解表、止咳生津、益气、延年益寿等功效。所以，林之孝家的才建议袭人给宝玉沏些普洱茶吃。

2. 消暑提神龙井茶

《红楼梦》第八十三回，宝玉来到潇湘馆看黛玉，黛玉便吩咐紫鹃"把我的龙井茶给二爷沏一碗"。这里提到的龙井，正是家喻户晓、众所周知的中国最负盛名的绿茶之一，因其产于杭州西湖龙井而得名。龙井茶始于宋代，盛在明清，距今已有一千二百余年历史。清明前采制的叫"明前茶"，谷雨前采制的叫"雨前茶"。素有"雨前是上品，明前是珍品"之谓。传统龙井色翠香浓，甘醇爽口，曾有"色绿、香郁、味甘、形美"四绝之誉。泡饮时，但见芽芽直立，茶色清冽，尤以一芽一叶，即俗称的"一旗一枪"者为极品。龙井中所含氨基酸、儿茶素、叶绿素、维生素 C 等成分，均比其他茶丰富。从而以其特有的生津解渴、消暑提神、消食利尿、消炎排毒等功效，成为人们日常必备的养生保健之佳品。

《红楼梦》侧面说明当时名门望族已经在日常生活中以茶养生，清代宫廷更是掌握着丰富的养生保健、防治疫疾、美容养颜、长寿延年等方面的宝贵经验，其用药精当的医方、考究科学的饮食搭配，对当今的养生疗病仍具有重要的指导意义。而其中简便易行的代茶饮更是极具特色。

3. 历代皇帝之寿魁——乾隆皇帝喝茶养生

乾隆皇帝享年八十九岁，在位六十年，做太上皇四年，共执政六十四年。无论寿命和执政时间都位居两千多年皇帝之首。乾隆长寿的原因有很多，其中最主要的一条是乾隆皇帝非常注重益寿保健，对于日常饮食起居很是讲究，其中，喝茶便是乾隆帝的养生方法之一。

据传，晚年的乾隆皇帝，更是嗜茶如命，甚至在北海镜清斋内专设焙茶坞，悠闲品尝。乾隆六十年（1795 年），乾隆帝决定次年让位给十五子永琰，也就是后来的嘉庆，自封太上皇。期间，一位老臣劝谏说："国不可一日无君！"乾隆帝却端起御案上的一杯茶说："君不可一日无茶！"这对联不单是工整，更是真实地反映出了乾隆帝爱茶的事实。乾隆皇帝一生嗜茶，尤其钟爱龙井、君山银针，对铁观音和大红袍也赞誉有加。其中龙井有提神醒脑、生津止渴、延年益寿的功效；君山银针品性温和，擅长消食去腻；铁观音和大红袍同属青茶，又称为乌龙茶，属于半发酵茶，其性平和，能润喉生津、化痰下气，提高免疫力，增强人体的新陈代谢。

4. 慈禧太后青睐的中药代茶饮——药茶

清朝时期，茶疗之风达到鼎盛，茶疗内容、制作方法推陈出新，除了汤剂、散剂还有丸剂、冲剂；服用方法除了饮服、调服、和服，还有顿服、噙服、含漱、滴入、贴敷、搽、熏；茶疗范围已经遍及内、外、儿、妇、五官、皮肤、骨伤科等。

清宫御医为慈禧和光绪所拟药茶体现了当时较高茶疗水平。据《慈禧光绪医方选议》记载，慈禧热病咳嗽时曾饮用清热止嗽代茶饮，此外，慈禧太后饮用的药茶还有生津代茶饮、滋胃和中代茶饮、清热理气代茶饮。从清热理气代茶饮的药品看，其中的菊花、桑叶清热明目，橘红、枳壳理气和中，芦根清肺胃之热，羚羊角清肝胆之火。全方清热以头目上焦为主，理气则以脾胃为要，符合西太后平素患有眼病和脾胃不和之症。据说，这一药茶饮颇为宫中之人喜爱，皆常饮之。

清宫代茶饮五花八门，名目繁多，慈禧太后常饮的仙药茶最具代表性。这种药茶由乌龙茶、六安茶和中药泽泻等 8 种茶与药组成，从其成分看，这款茶是清代宫廷具有减肥作用的医方。光绪皇帝曾经饮用的药茶则有安神代茶饮、利咽代茶饮、平胃代茶饮、和脾代茶饮和清肝聪耳代茶饮等。

清时期的药茶至今仍被广泛习用，比如午时茶、天中茶、枸杞茶、八仙茶、五虎茶、慈禧珍珠茶、川芎茶等。药茶是中医学积累的治疗保健智慧，这种王公贵族倍加推崇、经常使用的方法，早已“飞入寻常百姓家”。轻浅之疾可饮之而愈，危重之患可辅助转轻，中药代茶饮这一古老而又独特的医疗方法，对现代人的健康生活有着重要的作用。

（四）茶传播

1. 中国茶风靡世界

19 世纪中期，世界上存在着两个举足轻重的庞大帝国。一个是古老的大清王朝。这个建国已经 200 多年的东方国家，拥有 1000 多万平方公里的辽阔疆域，经济实力一度排名世界第一，高度发达的手工业占据全球 1/3 的份额，茶、丝绸、瓷器、漆器、棉布、工艺品等大量向外倾销，换回白花花的银子；一个是新兴的大英帝国。工业革命之后，英国已经成为无可争辩的经济强国。打败第二次英法百年战争后，英国又成为所向披靡的军事强国。英国舰船在全球扬威耀武，跑马圈地，日不落帝国即将崛起……1840 年，为了“两种花”，两国开战了：罂粟和茶花。我们都知道这场战争的导火索是鸦片，但它的发动，也和茶有关，这还得从头说起。

中国是茶的故乡，喝茶与吃饭一样重要，自古就有“柴米油盐酱醋茶”的说法。英国人最初是不喝茶的。17 世纪左右，“海上马车夫”荷兰通过全球贸易将中国的茶叶运送到欧洲，最初传到欧洲时价格昂贵，荷兰人和英国人都视为贡品和奢侈品。1662 年嗜好饮茶的葡萄牙凯瑟琳公主嫁给英皇查理二世以后，成为英国第一个饮茶皇后，从此上至王公贵族，下至平民百姓，无一不被这来自神秘东方的神奇树叶迷住了，甚至达到了嗜茶如命、无茶不欢的地步，风行的葡萄酒、烧酒等烈性饮料都被这温和的茶饮料所代替。英国著名作家、诗人塞缪尔·约翰逊，就是一位疯狂的茶叶爱好者，他称自己是一个冥顽不化的嗜茶者，“20 年来只用这种神奇的植物泡出的水来冲淡他的饮食。他的茶壶几乎没有冷却的时候。茶陪他在夜间娱乐，给他午夜的慰藉，伴随他开始新的一天”。

为了满足民众的饮茶需要，英国就不得不从中国大批进口茶叶。从 18 世纪初开始，茶叶便成为中英贸易中最重要的商品。最高峰时，茶叶甚至占据了英国进口货物总值的 92%。而中国人对英国的工业制品羊毛、呢绒等需求不大。因此，中英贸易为英国带来了巨大的贸易逆差使得英国人强烈地不满。

为此英国特派使团与中国商谈扩大贸易，开放通商口岸，遭到乾隆皇帝拒绝后，英国使出了相当阴损的应对，就是推行鸦片贸易。将鸦片销售到中国，换取白银；再用这些白银，从中国换取茶叶，运回英国。但是，清朝政府虽然日趋落后腐朽，但他们也不乐意大把的银子因为鸦片贸易流到英国去。尤其是鸦片给国民的身体造成巨大伤害。于是，以林则徐为代表的清朝大臣开始禁止鸦片贸易，并以“虎门销烟”成为禁烟运动的高潮。与此同时，道光皇帝还下令终止与英国的贸易。中国可以轻而易举地对鸦片说“不”，可英国却离不开来自中国的茶叶。为了恢复中英贸易，英国不惜出动军舰，远渡重洋，发动了“第一次鸦片战争”。这场规模并不太大的战争，将中国清朝这个古老帝国打得体面尽失，伤痕累累，逐渐沦为西方列强跑马圈地的半殖民地，任人欺负。茶运与国运密切联系。清朝借由茶叶贸易而兴盛，却又因茶叶贸易兴盛而进入了中国屈辱的近代史。一杯温馨宁静的茶中，也有风暴暗涌，也有一波三折的历史故事。

其实，清代中国茶的海外传播除了英国，还有很多其他国家，自从英国在厦门设立商务机构，专门贩茶之后，瑞典、荷兰、丹麦、法国、西班牙、德国、匈牙利的商船都慕名而来，从我们国家贩运茶叶。

比起英国人对茶叶的崇拜，更夸张的当属法国著名作家巴尔扎克神吹中国茶的故事。巴尔扎克不仅爱饮咖啡，更嗜爱中国红茶，逢年过节或喜庆的日子，他常在家中举行茶会招待亲朋好友，席间他必然大吹一番饮茶经，他对中国茶叶的崇拜到了神乎其神、无以复加的地步。有一次，巴尔扎克在招待朋友时，

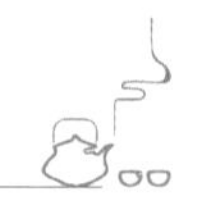

神态虔诚地端出一只精致的堪察加木匣，小心翼翼地取出一只绣着“九叠文”汉字的黄绫布包，拿出一小杯呈金黄色的优质红茶，然后向满座高朋滔滔不绝地介绍此茶的来历。他神秘地介绍说，此茶是中国某省某地的特产极品，一年仅产数斤，专供大清皇帝独享。采摘必须在日出前，露干后，由一群妙龄少女精心采制加工而成，并一路歌舞送到皇帝御前，大清皇帝舍不得独享，馈赠数两给俄国沙皇，但路上必须由武装护送，防止劫掠，好不容易才送到沙皇手上，沙皇再分赐给诸位大臣和外交使节。他才通过驻俄使节几经辗转搞到一丁点儿，由此可见此茶之名贵。当宾客们听得目瞪口呆后，巴尔扎克还不罢休，继续添油加醋，吹嘘此茶有神功，切不可放怀畅饮，谁连饮三杯，必眺一目，饮六杯则双目失明，吹得宾客们将信将疑，俯首从命，不敢多饮一口。同英国一样，法国人饮茶最早也只盛行于皇室贵族及有闲阶级间，后来茶迷群起，才渐渐普及平民大众。法国最早进口的茶叶是中国的绿茶，以后是乌龙茶、红茶、花茶及沱茶，然后由药房或杂货铺、食品店兼营，后来才在巴黎设立一些专营茶叶或以茶为主的商号。法国人饮用茶叶和品饮方式因人而异，很多上层社会的人士只爱喝台湾的白毫乌龙，非此茶不欢，有些注重养生的人士偏好有特殊药理功能的沱茶，但是以饮红茶的人口最多，饮法与英国人类似，取茶一小撮或一小包，冲入沸水后，配以糖或牛奶，也有人在饮用时加入柠檬汁或橘子汁，还有人在茶中掺入杜松子酒或威士忌酒，成为清凉的鸡尾酒。

康熙二十八年（1689年），我国茶叶已由陆上商队经西伯利亚源源不断运往俄国，并由此转销欧洲，使斯拉夫族也成为嗜好饮茶的民族。欧洲各国饮茶，素有“东俄西英”之说，即东欧各国沿袭俄罗斯式的饮茶方式，而西欧一些国家大都学习英国式的饮茶方式。俄罗斯最早饮茶类似我国蒙古族同胞的煮饮，随着饮茶风尚的普及，饮茶艺术不断进步，才逐渐形成独具一格的俄式饮茶方式，主要表现在沿用的茶具、泡煮方式和品饮艺术。他们煮水用的是一种黄铜做的热水煮沸大茶缸，被称为“沙玛瓦特（samovar）”，缸中竖立着一个直筒形的金属管筒，筒底有四只小足，筒中可放木炭烧火，筒顶有一个蝶形盖片，用以放置小茶壶。缸的下方有一只小龙头开关，可以随时冲放开水。烧茶水时，先把缸置于桌上，用洁净水（最好矿泉水）注入缸中，然后点燃直筒中炭火，煮水至沸腾。另把茶叶放入精美的小茶壶中，茶量约为壶容量的三分之一，冲入沸水中，立即把茶壶置于蝶形盖片上，使茶汁慢慢浸出。饮茶时，男主人陪客畅谈茶事、家事和国事，女主人则照管茶缸。待小茶壶汁恰到好处时，女主人随即把壶中茶汁依次注入装有带柄银托的玻璃杯中，容量约为杯子的四分之一，再用缸中沸水加注茶杯，立即放上一两片柠檬片，如此便成了美味可口的柠檬茶，要是比较讲究一点，则在每客座前放上两只小碟子，分别盛装糖和果酱，桌子中间还放上一大盘块糖，饮茶时用糖夹随意夹取糖块，随意添入茶中，这就是俄式饮茶习俗。

图 93　俄式茶饮“沙玛瓦特”

到了清雍正年间，美国饮茶之风已普及到了城镇和乡村，这些茶叶也是英国商人从中国厦门、广州大量购运后，转运到美洲殖民地的。美国饮茶习俗最初受英国影响较深，爱喝加糖和番红花的红茶，味道更加香甜，但美国人生性好奇，勇于创新，所以方式常常变化多样，比如 18 世纪以武夷茶为主，19 世纪以绿茶为主，20 世纪以后红茶数量激增，21 世纪又兴起喝白毫乌龙。不过最有特色的还是美国人酷爱冷饮，也许因为美国是一个快节奏的社会，人们不习惯用沸水泡茶后坐之待冷，冷茶省时方便又低卡不含酒精，有益于身体健康，所以现在

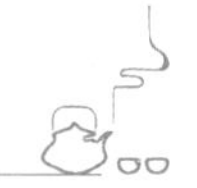

除了习惯在茶汤中加糖和奶，调制成牛奶红茶外，还喜欢加入柠檬、蜂蜜、果汁、酒等，然后再放入冰块，分别制成蜂蜜冰茶、果味冰茶、香槟冰茶等，据统计，美国人茶叶热饮者占 30% ~ 35%，而用作冷饮者占 65% ~ 70%，尤其是酷暑季节，大凡商店、旅社、影剧院、车站码头的公共场所都有冷饮室，专门供应冰茶。冰茶制作方便，一般用袋泡红茶（或速溶红茶）为原料，每两茶制作一加仑冰茶。家庭制冰茶，先泡好茶水滤去茶渣冷却待用，取饮时，可将茶水倒入另一杯中，用冷开水适当稀释，然后放入冰块和佐料，即成清凉、酸甜、爽口的冷饮。若用绿茶和乌龙茶制作，一般不加佐料，仅把浓茶汁贮放在冰箱内，饮时加冷开水冲淡再放上冰块，或在茶汤中直接加入冰块饮用，这种不加糖、奶等佐料的冰茶，喝起来特别清凉可口。不过，市场上出售的冰茶都按一定比例配料，再用制冷器制作，由自动售茶机出售，可以随手直接取饮。

19 世纪，茶叶贸易的丰厚利润以及中国的茶叶销售垄断地位，促使西方人开拓中国以外的茶叶产区，当时还是英国殖民地的印度成为首选之地。尽管有来自布鲁斯兄弟（苏格兰人）1830 年在印度东北部阿萨姆邦开辟的茶叶种植园的竞争，中国仍是世界上第一大茶叶生产和供应国。因为布鲁斯兄弟生产的茶叶质量太差，根本不可能与中国的茶叶媲美。所以，鸦片战争之后，在英国政府和东印度公司委托下，罗伯特·福特尼，这个英国园艺家，也是茶业史上最大的商业间谍，乔装打扮，他穿着中国人的衣服，理着中国人的辫子，伪装成知识名流、富商、农民等，向以盛产绿茶闻名的黄山进发了。随后他又偷偷潜入福建武夷山，一路偷取茶叶种子，记载下了各类生产、采摘、制作方法，但他意识到他学到的茶叶知识还不够用，只有中国的种茶者才能把他们种茶和制茶知识传授给印度的茶叶种植者，所以最后他带领 8 名中国工人（6 名种茶和制茶工人，2 名制作茶叶罐的工人），乘坐一只满载茶种和茶树苗的船抵达加尔各答，由此促成了目前印度及斯里兰卡茶叶生产兴旺发达，而中国的制茶专家们再也没有回到家乡。

除此以外，北非摩洛哥、突尼斯、阿尔及利亚等阿拉伯国家人民，现在已成为绿茶的嗜好者，原因之一是生活在那里的居民多数信奉伊斯兰教，而伊斯兰教信徒不能饮酒，以茶代替，所以这些国家成为后来绿茶的主要销地。这些地区的茶叶最初也是靠荷兰和法国转手传入的。其中，摩洛哥人就最喜欢我国的珠茶，视珠茶为珍贵的饮料，目前全国每年人均消费量 1 公斤以上，是西北非地区茶叶消费水平最高的国家，他们喜爱的珠茶主要来源于浙江，称它为 Gun Powder Tea，滋味浓厚，收敛性强，香气馥郁，汤色绿橙，人们会把茶叶、方糖和薄荷叶一起丢进小锡壶中，注入滚水再放到火上去煮，两遍水滚后，茶香、糖甜和薄荷的清凉，三者融为一体，使人倍觉口齿甘醇，舌底生津，提神解渴，浑身凉爽，难怪有的摩洛哥人，一盒 50 克装的珠茶，只够两天的消费量。当地终年炎热，干旱少雨，又加主食牛、羊肉，缺少瓜果蔬菜，这也是形成摩洛哥人茶瘾大，嗜茶如粮，不可一日短缺的重要原因之一。不过，由于薄荷香气高，方糖滋味浓，所以对茶叶内质的要求就很高，他们认为，好的珠茶应该在加入薄荷、方糖后，茶味不减，汤色不褪，香气不散，而我国生产的绿茶（包括珠茶）不像印度绿茶那样苦涩味重，浓而不苦，富有回味，所以深受摩洛哥人的欢迎。这里的饮茶之风更甚于茶叶故乡的中国，不仅茶叶每个人都喜欢，喝茶用的茶具更是珍贵的艺术品，摩洛哥国王和政府赠送来访国宾的礼品，一是地毯，二就是茶具了，一套讲究的摩洛哥茶具重达 100 公斤，驰名于世。

图 94　摩洛哥薄荷绿茶

可以说，到了十九世纪，我国茶叶的传播几乎遍及全球，饮茶之风真正步入了“芳茶冠六清，溢味播九区”的微妙境界。

2. 日本茶道重塑

明治维新之后，日本社会开始西化，“茶道”一度衰微，第二次世界大战以后，日本经济有了飞跃发展，文化重新受到重视，作为日本特有文化的“茶道”又开始加大发展。

按照“茶道”传统，茶室多设在点缀着奇异山石和松树、枫树的恬静的小花园内，与茶室相毗邻，有一间洗涤茶具用的“水屋”，另外还有一间有曲径相通、专供宾客坐待主人邀请的休息室。茶室的入口处有一扇较矮的活动格子门，来客须躬身进室，意在使人保持谦逊态度。主人则跪坐门前，以示欢迎。来客如是武士，应将佩剑卸下，置于檐下预设的架子上，以表示茶室的和平性质。进入茶室后，宾主互相鞠躬致谢，主人称谢众客的光临。敬茶时，用左手掌托起茶碗，右手扶茶碗，客人接过茶碗，须举至与额角齐平，然后就饮。饮时要吸气并轻轻发出吱吱声，表示对茶叶品味的赞赏。礼仪结束后，主人又跪坐于茶室门侧送客，客人一再鞠躬祝颂后，方才辞别。整个聚会都贯穿着“和、敬、清、寂”的“四规”精神。

图 95　日本茶道“和、静、清、寂”

“茶道”有复杂的泡茶仪式，即“七则”：点茶有浓淡之分，一般都是淡的；茶水温度要按不同季节而变化，添炭煮茶讲究一定的火候；茶具要讲究，以利保持茶叶色、香、味；炉子要一尺四寸见方；炉子在茶室的位置，冬天是固定的，夏天可以移动；茶室必须插花，花要插得和茶室的环境相匹配，要显得自然和谐。整个茶事进行中要添三次炭，请客人观赏完风景入茶室就座后，开始添炭技法的表演称为“初炭”，在表演添炭时，客人要围近地炉，欣赏主人的技法，最后主人往炉里加一小团熏香，客人回位标志初炭的结束。之后主人拿上茶食，日语称为“茶怀石”（据说来源于禅宗，和尚坐禅空腹难挨，将烤热的石头揣在怀里以渡难关）。茶事的目标是为了让客人喝到浓稠似粥的浓茶，但空腹饮用会损伤胃膜，所以提前享用“茶怀石”垫垫肚子，用完茶食休息（称为“中立”），再次入茶室，主人为客人点浓茶，然后再次添炭就称为“后炭”，然后为客人点薄茶（浓度似咖啡）。所以，后炭则发生在薄茶之前。在最为正式的浓茶后，主人一般会炮制第二轮口味清淡的茶饮，称为薄茶，此时炉火已经乏力，所以要再次添置炭火。后炭的技法大致与初炭一样，只是会用湿茶巾擦茶釜，这个动作使茶釜发出蒸气，白雾氤氲，别有一番情趣。立炭则是客人临走前处理炭火的技法，是结束整个茶道的标志之一。

图 96　日本茶道“茶具组”

按照“茶道”的传统，讲究泡茶仪式的“七则”也不是一丝不苟。待客人坐定后，主人往“水屋”取来特备的风炉、茶釜、白炭、火箸，开始生火煮水。待水沸后，将碾成细末的绿茶粉放入茶碗中，然后倾注沸水，冲泡后的茶汤浓如豆羹，急

用特制小竹帚搅拌，直到顶层浮起泡沫，再冲水稀释，分装各碗，并用左手掌托，右手扶碗，向客人一一献茶。客人双手接茶，高举齐额，慢慢平端，先赏茶碗，继而吸气闻香，观看汤色，然后缓缓品饮，吸啜有声，表示赞美。饮茶完毕后，主人还要让众客观赏精致的茶具，茶室四壁悬挂名贵的画幅，所插花随季节变换，为了显示清雅，不能用过于红艳和香气强烈的花卉。在雪花飞飘的冬季，用野樱桃及山茶点缀在花瓶中，预示大地即将回春；在炎热的夏天，在瓶中插上几朵露珠未干的莲花，使人顿觉遍身生凉。目前，日本“茶道”不仅在国内作为讲求礼仪和陶冶性情的手段，而且发展为外交上的重要礼节，在国际上广为传播。

微视频分享：《清代工夫茶艺》

清代工夫茶艺

现代

茶艺与茶文化

现代茶艺与茶文化

导入：现代茶事背景

一百多年前开始至20世纪50年代之前，经历了半殖民地半封建社会的苦海，加上战争的摧残，中国传统茶业受到了重创，茶文化也停滞不前。中华人民共和国成立后，中国茶区大力发展，迅速增加到1000余个县市。1982年中国农业科学院茶叶研究所以生态条件、产茶历史、茶树类型、品种分布、茶类结构为依据，将全国划分为四大茶区，即华南茶区、西南茶区、江南茶区和江北茶区，直至今时未有重大改变，获得普遍认可。

华南地区：我国最南部的茶区，包括福建东南部、广东中南部、广西壮族自治区南部、云南南部及台湾地区，属于茶树生态最适宜区。本区气候南部是热带季风气候，北部为南亚热带季风气候，全年平均气温18 ~ 24度之间，最冷月平均温度也在10度以上，茶树终年可生长，常年降水量1200 ~ 2000毫米。本区土壤多为红壤和砖红壤，微酸性，疏松的黏壤土，土层深厚，有机质含量1% ~ 4%，肥力高，适于茶树生长。茶树品种资源丰富，大山有野生乔木型大茶树，栽培品种有乔木型大叶种、小乔木和灌木型中叶种、小叶种，生产的茶类有红茶、普洱茶、花茶、乌龙茶、六堡茶、铁观音和凤凰单丛等。名牌产品滇红、英红驰名中外，普洱茶和乌龙茶也享有盛誉，广西横县还是我国茉莉花茶的主要产地。

西南茶区：位于我国西南部，包括贵州、重庆、四川、云南中部以及西藏自治区东南部，属于茶树生态适宜区。本区多数是亚热带季风气候，全年平均气温14.5 ~ 18.3度之间，冬无严寒，夏无酷暑，阴雨和雾日较多，茶树大多种植在1000 ~ 1500米的坡地上（四川多在300 ~ 700米山地上），常年降水量1000 ~ 1800毫米。本区土壤以黄壤、红壤和紫色土为主，pH值为5.5 ~ 6.5，质

地比较黏重，但有机质含量相对比较丰富。区内茶树品种资源丰富，既有小乔木、灌木型，也有乔木型品种，有绿茶、边销茶、红茶、沱茶和花茶等。比如蒙顶茶、都匀毛尖，云南大叶种也是外销红碎茶的产区之一。

江南茶区：北起长江，南到南岭，东邻东海，西连云贵高原，包括广东省北部、广西壮族自治区北部、福建省中北部、安徽省、江苏省、湖北省南部以及湖南、江西、浙江等省，属于茶树生态适宜区。本区大部分属于亚热带季风气候，南部属于南亚热带季风气候，全年平均温度15度以上，最冷可降到—5度，年降水量在1400 ~ 1600毫米。茶树多数种植在200 ~ 500米的低山丘陵地上，个别山区可达800 ~ 1000米。本区土壤以红壤和黄壤为主，pH值在5 ~ —5.5之间，有机含量较高。区内茶树资源丰富主要有灌木型品种，小乔木也有少量分布，生产的茶类有绿茶、红茶、乌龙茶、白茶、黑茶以及各种特种名茶和花茶，茶叶产量占全国2/3，是全国重点绿茶产区，还有著名的西湖龙井、洞庭碧螺春、黄山毛峰、太平猴魁、武夷岩茶、庐山云雾、君山银针等。

江北茶区：位于长江中下游的北部，秦岭淮河以南及山东，包括甘南、陕南、鄂北、豫南、皖北、苏北、鲁东等部分地区，属于茶树生态次适宜区。该区极端低温—10度以下，甚至—15度，降水量一般在1000毫米以下。本区土壤以黄棕壤为主，也有黄褐土和山地棕壤，pH值偏高，质地粘重，肥力较低。与其他各区相比，气温低、积温少，茶树生长周期短，同时受西伯利亚寒流侵袭，茶树经常受冻减产。本区茶树品种多为灌木型中小叶群体种，全区均生产绿茶，有炒青、烘青和晒青，名茶有六安瓜片、信阳毛尖、紫阳毛尖等，香气鲜爽、滋味醇厚。不过山东半岛东部和东南部、江苏省北部气候由于受到海洋调节，夏秋高温多雨，所产绿茶具有南方高山茶等风格。

时至今日，中华“茶业”已经迅速崛起，成为全球产茶第一大国，茶园面积占全球60%以上，是全球茶叶出口第二大国，全球茶文化第一大国，又站到了世界舞台的中央！1977年，“茶艺”一词在中国台湾被正式确立后，茶文化爱好者们便纷纷著书立说，身体力行，开启了如火如荼的现代茶艺复兴运动。比如1978年，台北市和高雄市分别组织了“茶艺协会”，接着又成立了“中华茶艺协会”，开展“茶艺选拔赛”“茶艺文化再出发”等，还创办了相应茶艺杂志，80年代，堪称是台湾茶艺的黄金时代。

自从台湾茶艺复兴之后，又陆陆续续出现了很多茶艺专家和派别，丰富和扩充了现代创新茶艺，比如浙江大学茶学系教授、中国国际茶文化研究会顾问童启庆1996年出版《习茶》，成为大陆第一本茶艺著作；比如中国国际茶文化研究会前常务理事陈文华先生作为赣茶文化研究、传播的开拓者和奠基人，常年出访日本、韩国、泰国、美国、德国、瑞典、芬兰、丹麦演讲中国茶文化，三次带南昌女茶艺队出访法国，把中国茶文化端上了国际舞台；还有安徽农业大学中国茶文化研究所副所长、中国国际茶文化研究会副秘书长丁以寿教授著书《中华茶艺》《中华茶艺概论诠释》等，在高校首开“茶道”课，有力地促进了茶艺高层次发展以及传承和创新。

茶艺传播除了通过文化交流、茶艺比赛和著书立说，让普通人更容易了解和喜欢茶艺的方式还有一种，即“现代新式茶艺馆”。

在台湾茶艺复兴开展得如火如荼的时候，恰逢管寿龄小姐从法国学完服装设计后回台北开画廊，为了避免客人赏画疲劳、口干舌燥，她在馆内增设茶艺，让客人一面品茶，一面欣赏艺术品，把艺术品和实际生活拉近，让画廊像是生活的空间，这就是现代茶艺馆的起源。接下来，台湾又陆续出现了工夫茶馆、西门茶馆、玉葫芦等，到1987年达到了500多家，并影响了我国的港澳地区，比如香港的“雅博茶坊”，澳门的“春雨坊茶艺馆”。影响还远及东南亚地区，比如吉隆坡的“紫藤茶坊”，新加坡的“留香茶艺馆”。1991年以后，大陆的茶艺馆也开始萌芽，首先是福建茶艺馆，然后在上海、杭州、北京、厦门、广州等地，茶艺馆由南向北，由沿海城市到内陆城市逐步走热。

茶艺复兴在全国各地弘扬和普及，但中国文化界对创新茶艺的分类还没有比较统一的界定，有以茶艺活动为主体划分成宫廷茶艺、文士茶艺、宗教茶艺、民俗茶艺；有按茶类为主体划分为乌龙茶艺、绿茶茶艺、红茶茶艺、花茶茶艺；有以茶具为主体划分为玻璃杯冲泡泡茶艺、盖碗冲泡茶艺、壶冲泡茶艺；还有一些按照地区来划分茶艺或者直接分为表演型茶艺和待客型茶艺，等等。不过，茶艺既然是饮茶艺术，根据内涵的本质，以冲泡方式作为分类标准是比较科学的，比如本书就是根据饮茶方式的类型来分，包括汉代的煮茶、唐代的煎茶、宋代的点茶、明代的泡茶，等等。

总的来说，中国茶艺从古代流传到现代主要就是煮茶茶艺和泡茶茶艺。煮茶茶艺基本上以调饮的方式存在，就是在茶里加上配料，这类方式的使用少数民族比较多，比如客家“擂茶”在茶中加生姜、生米，基诺族“凉拌茶”在茶中加辣椒、盐巴、黄果叶子，等等。当然也有人会直接煮茶而不加任何调料，比如煮老白茶、煮熟普，但毕竟是少数。值得一提的是，煮茶茶艺的“艺”的观赏性和意境相对要少一些。泡茶茶艺根据程序和手法可以分为两大类，一类就是从明朝时期传承下来的“撮泡法”，直接用冲泡的器具盛茶喝，主要使用玻璃杯和盖碗；另一类是从清代工夫茶创新而成的六大茶类工夫茶了，把冲泡的茶汤分斟到茶杯里饮用，主要使用壶和盖碗。本书的现代创新茶艺主要包括玻璃杯撮泡茶艺、盖碗撮泡茶艺、壶泡工夫茶艺、盖碗工夫茶艺这四种。这里要特别说明的是，其中的壶泡工夫茶艺，又包括三种：原汁原味的潮州工夫茶艺（清代部分学习），根据闽粤工夫茶创制的台湾工夫茶艺，其他地区结合这两类之后创新的普通壶泡工夫茶艺。

启发：

茶艺发展到当代，承载千年之精粹，集众家之所长。茶类千姿百态，色彩缤纷；茶具材质多样，工艺精湛；技法也要因茶而异。更有趣的是就连环境也会根据不同茶类设置不同主题，比如绿茶的清雅自然，红茶的热烈坚定，等等。或者你还想表达“与石头对话”“友谊”“思乡”，这一切都可以不拘泥于传统中国风格而创新延展。所以，你能够将所能用的素材有机搭配在一起，设计一台意义深刻的茶席吗？

一、现代创新茶艺

茶艺不仅是指泡茶技法，还包括整个饮茶过程的美学意境。茶艺与饮茶的精神内容、礼仪形式交融结合，使茶人得其道，悟其理，求得主观与客观，精神与物质，个人与群体，人类与自然，宇宙和谐统一的大道，这便是中国人所说的“茶道”了。

（一）茶

经历了几千年的发展，六大基本茶类数量已达数百上千种，可说是丰富多彩，千姿百态。不过，随着科学技术的发展和人们生活水平提高，茶叶新产品的研制与开发也正蓬勃发展，出现各种罐装茶饮料比如冰红茶、冰绿茶，各种果味茶、香料茶、药用保健茶以及茶叶汽水、茶香槟，等等。

绿茶历史最久，明代之前基本都是绿茶饮用为主，所以产量、花色品种和名茶最多。绿茶属于不发酵茶，主要工艺是杀青、揉捻、干燥，由于高温杀青控制了酶的活动和多酚类的氧化，防止了芽叶的发酵，所以色泽绿润，香气清新，汤色绿亮，滋味鲜爽。我国的绿茶不仅茶树品种优良，而且制造工艺合理，茶叶中的多酚类、维生素、叶绿素以及芳香物质等化学成分比例适宜，深受国内外茶人们的赞美。绿茶按照杀青和干燥的工艺分为炒青、烘青、晒青、蒸青、半烘炒等。炒青绿茶有比如西湖龙井、六安瓜片、碧螺春、竹叶青等；烘青绿茶有比如黄山毛峰、太平猴魁、永川秀芽、高桥银峰等；晒青绿茶有比如滇青、陕青、川青、黔青等，除了以散茶形式品饮，还有一部分专作再加工紧压茶销往边疆地区；蒸青绿茶有比如煎茶、恩施玉露、阳羡茶等；半烘炒绿茶有比如临海蟠毫、安吉白片等。绿茶的第一道工序是杀青，方法只有炒青和蒸青两种，明代以前普遍采用蒸青，明代开始逐渐改为炒青：炒青是用直接火在热锅中杀青，抑制酶活性和多酚类氧化发酵，蒸青杀青是用水蒸气把叶中酶杀死，作用与杀青一样。而晒青和烘青是指的干燥的方式。这几类茶在色泽深浅度、香气类型、滋味浓醇度上会有一定的差别，跟做菜一样，炒青的绿茶香气更浓，外形更光滑；烘青的绿茶叶片完整，香气清一些，滋味淡一些。晒青绿茶主要在云贵川等太阳充足的地方生产，刺激感比较强；而蒸青绿茶有“色绿、汤绿、叶绿”三绿的说法。另外，绿茶根据茶叶不同的形态还可以分为扁平形、单芽形、直条形、曲螺形、兰花形、块状形，等等。

红茶最早出现的是明代福建崇安一带的小种红茶，慢慢再发展演变出了工夫红茶，是当今世界上产量最多、销路最广、销量最大的一种茶类。红茶属于

全发酵茶，主要工艺是萎凋、揉捻、发酵、干燥，特别是发酵工艺，使茶叶的内含成分发生了复杂的生物化学变化，所以色泽乌润，香气甜嫩，汤色红亮，滋味甘爽。红茶分为小种红茶比如正山小种、外山小种、烟小种等，形状条索粗壮厚实，色泽乌黑润泽，汤色鲜艳，呈深金黄色，芽叶肥柔光滑，香气高烈，带有特殊松烟、枣糖或桂圆香，滋味浓厚，入口清爽甘活；工夫红茶比如祁红、滇红、闽红、川红、粤红等。工夫红茶在制作过程中很讲究茶的形状和色、香、味，特别是要求条索紧卷、完整、匀称、洁净，产品形状紧结秀丽，色泽乌黑润泽，汤色红艳明净，香气浓纯，含有糖香，滋味甘醇，叶底匀嫩鲜红。小种红茶和工夫红茶最大的区别在于：小种红茶加工中的烘焙作业，采用纯松木明火熏制，使茶叶增添了浓烈的松烟香。红碎茶比如云南、海南、两广地区大叶种为原料的红碎茶等，是十九世纪末我国工夫红茶制造技术的基础上发展起来的品类，产品形状颗粒紧细，色泽乌黑或带褐色，口味具有“浓、鲜、强”到特点，汤色深红，适宜于加糖、牛奶和柠檬等饮用。按照形状还可分为叶茶、碎茶、片茶和末茶，目前国际上以碎茶（细茶）比例最多。

乌龙茶的起源学术界尚有争议，有的推论是北宋贡茶龙团凤饼演变而成，有的推定适于清咸丰年间，但一般都认为最早在福建创始。乌龙茶属于半发酵茶，主要工艺是萎凋、做青、杀青、揉捻和干燥，采用红茶的萎凋和发酵方法，又应用到绿茶杀青方式，因此成茶品质风味介于不发酵绿茶与全发酵红茶之间，色泽青褐，花香浓郁，汤色橙黄橙红，滋味醇爽。按照产地分为闽北乌龙、闽南乌龙、广东乌龙、台湾乌龙，闽北乌龙比如武夷岩茶中的大红袍、水仙、肉桂、奇兰等，是乌龙茶的始祖，产地武夷山境内奇峰突兀，坑谷幽深，有三十六峰，九十九岩，还有九曲河蜿蜒其间，给茶树创造了优越的自然条件，优质的茶叶加上独创的制茶工艺，使得武夷岩茶外形肥壮卷曲，色呈褐色带宝光，俗称“砂绿润”，香气奇异，俗称“岩韵”，有诱人的天然花香，味酽而甘活爽鲜，点滴入口，齿颊留香。闽南乌龙比如铁观音、黄金桂、佛手、毛蟹等，产地主要是福建南部的安溪茶区，传说茶树是清代咸丰年间安溪松林头一个农民发现，茶树生长在观音寺岩的石隙中，阳光照射叶面闪闪发光，铁观音采摘后身骨重实似铁而得名，制作后的茶叶形状紧皱旋卷，色泽砂绿起霜，香气清郁隽永带有花香，滋味浓醇入口微苦，回味甘香别有风味，俗称“观音韵”。广东乌龙比如凤凰单枞、岭头单丛、石古坪乌龙、饶平色种等，其中凤凰单枞是从凤凰水仙品种选拔出来的优异单株茶树采摘，用特别精致的工艺制成，香味千差万别，所以又分为黄枝香、芝兰香、桃仁香、玉桂香、通天香等，茶叶品质形状长壮而卷曲，叶身浅黄带微绿，汤色黄艳衬绿，香气清长带天然花香，滋味浓郁回甘，芽叶绿叶红镶边，多次冲泡余香不散、甘味犹在。台湾乌龙拥有乌龙茶中发酵程度最轻的文山包种，也有发酵程度最重的白毫乌龙等，文山包种茶形状粗大，色泽浅绿，茶汤金黄，香气平和，滋味纯正，品质接近绿茶还常常作为窨制花茶的原料，而白毫乌龙具有“最高级乌龙茶”之称，茶叶呈现红、白、黄、绿、褐色泽，茶汤为琥珀色，带有成熟的果香与蜂蜜香，品尝起来滋味软甜甘润，少有涩味。各类乌龙茶的发酵程度和品种有区别，所以香型、色泽和滋味也会有区别。另外，乌龙茶也可以根据形态分为条索形、半球形、束形和团块形。

现代白茶的名称是从宋代绿茶“三色细芽”“银丝水芽”演变而来的，然后在明代有了专属的工艺。直到清咸丰、光绪年间乡农偶然发现大白茶树的嫩芽，白茸密布，色白如银，进而创制了著名的白毫银针，色泽银亮，香气清鲜，汤色杏黄，滋味鲜醇。白茶属于微发酵茶，现在主要产于福建政和、福鼎、水吉、建阳、松溪等地，采自大白、水仙白及小白茶等半乔木良种茶树，芽叶要求茸毛密布，主要工艺是自然萎凋（室外或室内）、晒干，或慢火烘焙干燥，所以这类茶的色泽不像绿茶那样苍翠，不像红茶那样乌黑，也不像乌龙那样紫褐，而是形状略呈卷状，白毫丛生，汤液清鲜晶黄，香气清芬，滋味甘凉。按照采用原料不同，芽类有比如北路白毫银针，南路白毫银针；叶茶有比如白牡丹、贡眉、寿眉等。白茶，主要销往东南亚一带，作为消暑清凉的上等饮料和药料。

黄茶的产生是从明代绿茶制法掌握不当演变而来。黄茶也属于轻发酵茶，主要工艺是杀青、闷黄、干燥，在干燥过程的前或后，增加一道“闷黄”的工艺，将杀青和揉捻后的茶叶用纸包好，或堆积后以湿布盖之，时间以几十分钟或几个小时不等，促使多酚叶绿素等物质部分在水热作用下进行非酶性的自动氧化，所以色泽金黄，香气清芬，汤色橙黄，滋味甜爽，值得一提的是，有些鲜叶具嫩黄色芽叶，还有采制粗老的绿茶，晒青绿茶和陈绿茶；青茶的连心、包种等都是黄色黄汤，很易被误认为是黄茶，绿叶变黄对绿茶来说是品质上的错误，而对黄茶来说，则要创造条件促进黄变，这就是黄茶制造的特点。按照原料芽

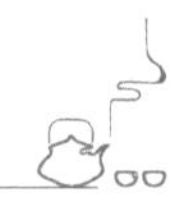

叶的嫩度和大小分为黄芽茶、黄小茶、黄大茶。黄芽茶有比如君山银针、蒙顶黄芽、霍山黄芽等；黄小茶有比如北港毛尖、远安鹿苑、平阳黄汤等；黄大茶有比如霍山黄大茶、广东大叶青等。

黑茶也是绿茶杀青的时候叶量多、火温低堆积而成，生产的最早记录也是在明代。黑茶属于后发酵茶，主要工艺是杀青、揉捻、渥堆、干燥，所以色泽黑褐，香气醇陈，汤色黄红，滋味醇厚。根据产区和工艺可分为湖南黑茶、湖北老青砖、四川边茶、云南普洱茶和广西六堡茶等，其中云南黑茶的代表作是普洱生熟茶，它们都来自西双版纳、思茅等地区的云南普洱大叶种茶树，采用“后发酵”工艺做成。生茶是自然渥堆缓慢养成的，而熟茶是人工渥堆快速养成的，两类茶的品质和味道都不同，比如普洱熟茶，它的条索粗壮肥大，色泽褐红，俗称“猪肝色”，冲泡后汤色呈酒红，滋味醇厚回甘，有独特的陈香、木香或者药香，而生茶放很多年也不会变成熟茶。云南的熟茶工艺是在 1973 年以后才开始的，以便迎合港澳地区人们的消费习惯，所以在这之前是没有“熟普”这种说法的。

茶叶品质的评定是成就美好茶艺的第一要素，所以我们需要学会一些基本的选购技巧，通常可以从视觉、嗅觉、味觉和触觉来辨别。看外形：无论是红茶、绿茶、乌龙茶还是其他茶，外形基本都要条索紧结，色泽光润，形状均匀，如果外形粗糙松碎，色泽枯褐，花杂，梗片过多，都是质量低次的标志，而且许多名优茶叶还要看芽毫或锋苗的多少及显露程度。闻香气：有干嗅和开汤两种，茶叶香气来源于芳香物质，但茶叶中的蛋白质、氨基酸和多酚类物质在加工中也形成香气，共同构成兰花香、板栗香、玫瑰香、清香、嫩香等，如绿茶清鲜隽永，红茶浓烈纯正，乌龙茶馥郁清幽，花茶芬芳扑鼻，如果茶香低沉带有粗异气味，则为次品。尝滋味：滋味由多酚类、氨基酸、咖啡碱和糖类物质相互组合影响而成，有浓、鲜、甘、醇和苦、涩、淡、酸等类型，如果鲜爽醇永、浓厚甘醇、鲜灵甘洌就为上品，如果平淡乏味或含有粗涩异味就是次品。看汤色：汤色也叫水色、液色，主要看浓淡、深浅、明暗、清浊等程度，一般以鲜艳、明净、清澈为好，如果汤色浅薄、浊暗都是茶质低次的表现。看叶底：用沸水泡过的茶叶称为叶底，能看出鲜叶原料和采制工艺的状况，看嫩度、匀度、色泽三方面，以细嫩、多芽、柔软、肥厚、匀齐、芽叶完整、明亮为好，以粗老、多筋梗、坚硬、瘦薄、混杂、断碎、暗杂为差。

图 97　乌龙茶茶叶审评

中国现代的名茶已经有数百上千种了，包括传统名茶，恢复历史名茶和新创名茶。传统名茶也就是历史名茶，基本保持原有的制茶工艺与品质风格，被公认的十大名茶是西湖龙井、洞庭碧螺春、黄山毛峰、太平猴魁、六安瓜片、庐山云雾、信阳毛尖、君山银针、武夷岩茶、祁门红茶。恢复历史名茶就是历史上曾有过这类名茶，后来未能持续生产或已失传，经过研究创新恢复原有的茶名，有些却已不是原来的制成工艺与品质风格，如休宁松萝、顾渚紫笋、径山茶、日铸雪芽、蒙顶黄芽、蒙顶甘露、阳羡雪芽等。新创名茶即近几十年新创制的名茶，如婺源茗眉、南京雨花茶、安化松针、永川秀芽、黄金桂、松阳银猴、都匀毛尖，等等。但无论哪一类名茶都是有一定的知名度，具有独特的外形、优异的色香味品质，除了有优越的自然条件和生态环境，还有一定的历史渊源或人文地理条件，不仅栽种的茶树品种优良，肥培管理好，有采摘标准，制茶工艺专一独特，再加上茶界“能工巧匠”和制茶工艺师的创造性发挥，从而使得我国从历史直至当今名茶层出不穷。

结合古代的贮茶经验，现代茶人总结出：为保藏茶叶的优秀品质，贮藏保管的时候以含水量在 3% ~ 6% 的干燥，0℃的冷藏，真空或充氮的无氧以及避光保存最好。家庭贮藏茶叶，一般习惯用铁制彩色茶听、锡瓶、竹盒、木盒等，除此以外，还有用瓦坛贮茶法、罐贮法、热水瓶贮藏法和塑料袋贮藏法。瓦坛贮茶法选用宜兴陶瓷坛，用牛皮纸把茶叶包好，分置于坛的四周，中间嵌放一些石灰袋，上面再放茶叶包，分满坛后，用草垫或棉花包紧盖，石灰一两个月

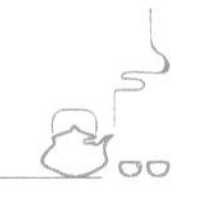

换一次。罐贮法最好用较大的双层盖的铁制茶罐，把茶分别用纸包好装入罐内干燥、洁净的地方。热水瓶贮藏法选取保暖性好的，把经过干燥的茶叶装实装足，尽量减少瓶内空气留存，瓶口用木塞盖紧，塞缘涂白蜡封口再裹以胶布。塑料袋贮藏法选取两只无毒无味无空隙的，将干燥的茶叶用软白纸包好后，装入其中一只袋内，轻轻挤压排出空气，再将另一只反向套在第一只外面，同样轻轻挤压排出空气，再用绳子扎紧袋口，最后放入干燥、无味、密闭的铁筒内。

（二）器

现代茶具既实用又美观，除了色泽、材质和摆放都各有要求，还分为主泡和辅泡近四十种，应有尽有。主泡茶具包括玻璃杯、盖碗和茶壶。

玻璃杯在清代以前被称为琉璃，质地透明，密度高，气孔率低，吸水率小，适合冲泡风格清淡的茶，还可观赏叶底和汤色，主要适用于高级细嫩名茶的撮泡法，现代玻璃茶具中颇受推崇的是台湾茶农世家飘逸厂在 1980 年研发的简易便携的飘逸杯（茶道杯），在茶具行业中有着极好的口碑。古人视玻璃茶具为珍贵之物，唐代元稹认为其“有色同寒冰，无物隔纤尘。象筵看不见，堪将玉对人”。

图 98　飘逸杯

盖碗发明于清代，上有盖，下有托，中有碗，可以用于撮泡法和工夫法。以瓷质为主，质地坚硬致密，表明光洁，吸水率低，传热不快，保温适中，不会发生化学反应，沏茶能获得较好的色香味，而且一般造型美观，装饰精巧，具有艺术欣赏价值，在现代流行极广。

茶壶创始于宋代，兴盛于明代，是泡茶和斟茶用的带嘴器皿，主要用于工夫法，茶壶由壶盖、壶身、壶底和圈足四部分组成。壶盖又有孔、钮、座等细部，壶身有口、延（唇墙）、嘴、流、腹、肩、把（柄、板）等细部。由于壶的把、盖、底、形的细微部分不同，基本形态就有近200种。材质以陶质为主，特别是宜兴紫砂茶壶，内部的双重气孔具有良好的透气性能，泡茶不走味，贮茶不变色，盛暑不易馊。值得一提的是，未施釉的陶器，气孔内吸附了茶汤与香气，日久冲泡同一种茶还会形成茶垢，应专用，不能冲泡其他茶类，以免串味这样才会使香气越来越浓郁。而施釉的陶器如同穿了一件保护衣，使气孔封闭成为类似密度高的瓷器茶具，吸水率小，不会残留茶汤和香气，同样可以冲泡多种茶类。

除了主泡器具以外，为了追求最佳的效果，通常在泡茶过程中还会使用一系列辅助用具，如茶盘、茶巾、茶荷、公道杯等，我们统称为辅泡器，举几个例如下：

图99 现代主要茶具

茶艺六君子：拨茶入壶（杯 / 碗）的茶导；扩大壶口防止茶叶掉落的茶漏；从茶叶罐中取茶到茶荷的茶则；夹洗茶杯和夹取茶渣的茶夹；疏通茶壶内网的茶针；盛装茶具的茶筒。

茶托：放置茶杯的垫底器具，可用多种材质制作，如玻璃、陶瓷、石材、金属和实木等。

茶荷：用来盛放干茶，欣赏茶叶外形和香气。

茶船：用来承载泡茶器具的盘状器物，可有盘状、碗状以及双层状，也可用竹木、陶瓷及金属等多种材质制作。

壶承：20 世纪 80 年代，台湾茶人以壶承取代传统潮汕工夫茶中的茶盘，承接温壶泡茶的废水，干泡法大受欢迎。

茶海：也称为公道杯，用来盛放泡好的茶汤，均匀茶汤浓度，也能避免茶叶久泡而苦涩，有壶式、圈顶式、杯式等。

茶滤组：过滤茶渣，使茶汤更清澈，包括茶滤和滤网架。

品茗杯：盛放并饮用泡好茶汤的器具，有翻口杯、敞口杯、直口杯、收口杯以及把杯。

闻香杯：特别针对乌龙茶冲泡时，闻嗅杯底余香，此杯容积与品茗杯一样并配套使用，但杯身较高，容易聚香。

盖置：放置壶盖、盅盖、杯盖的器物，既保持盖子清洁，又避免沾湿桌面。

茶巾：清洁干燥茶具之用，一般用麻、棉等纤维制造。

水盂：盛放弃水、茶渣以及尝点心时废弃的果壳等物的器皿。

冲泡式盖碗：主要用于冲泡茶叶，而不是饮用。

到了现代，我国茶具的材质和设计更是百花齐放、种类繁多。首先是有“声如磬、明如镜、白如玉、薄如纸”的景德镇白瓷茶具，用这种茶具泡茶，无论是泡红茶还是绿茶，对茶汤都能起到衬托作用，而且其似白玉般的色泽和优美的造型，往往给人恬静清雅的感觉，因此受到茶人们的喜爱。瓷茶具除了“景瓷”“雪拉同”，施金加彩的“广彩”、湖南醴陵和河北唐山的白瓷也品质卓越，种类丰富，比如“广彩”茶具装饰构图严谨，闪烁有光，人物古雅有致，加上施金加彩，宛如千丝万缕的金丝彩线交织于锦缎之上，显示出金碧辉煌的气派。

其次宜兴紫砂茶具也是新产品不断涌出，比如专为日本消费者设计制作的艺术茶具“横把壶”，而且按照日本人民的喜好，在壶面上以精美的书法刻写佛经经文，成为日本茶人们品茗时的良友。陶质茶具除了宜兴紫砂，还有三类与之并称“当代四大名陶”的“坭兴陶”“建水紫陶”和“荣昌陶”：坭兴陶茶壶造型优美，绚丽多彩，泡茶透气不透水；建水紫陶造型典雅；荣昌陶红如枣，薄如纸，亮如镜，声如磬，泡茶不渗漏、保鲜好。另外，脱胎漆器茶具也是轻巧美观、光亮照人，而且不怕水浸，耐温耐腐蚀。我国漆器起源久远，在距今7000年前的浙江余姚河姆渡文化中，就有可用作饮器的木胎漆碗，至夏商后就更多了，但一直未形成规模生产，秦汉以后文字记载也不多，直到清代才出现转机，比如福州生产的“宝砂闪光”“金丝玛瑙”“釉变金丝”“仿古瓷”“雕填”“高雕”和“嵌白银”等品种相继问世，特别是红如宝石的“赤金砂”和“暗花”等工艺，让漆器更加鲜丽夺目，逗人喜爱。而竹木茶具价廉物美、制作方便，特别是辅泡茶具比如茶托、茶盘、茶船、茶道组（六君子）等大都使用竹木制作。玻璃茶具晶莹洁净，了无杂疵，特别是用作公道杯观赏时，色泽绚丽多彩，越来越受到茶人们的欢迎。

总之，我国茶具千姿百态，各有千秋，可以根据各地饮茶习惯，因茶制宜，灵活选用。东北、华北一带，多数都用较大的瓷壶泡茶，然后斟入瓷盅饮用，传承明代壶泡法的程式；江浙一带除宜兴多用紫砂壶外，一般习惯用带有盖的瓷杯或玻璃杯直接泡饮，传承明代撮泡法的程式；四川一带又往往喜用瓷制的“盖碗”即上有盖下有托的小茶碗，传承清代的撮泡法；闽粤一带便主要用小壶小杯闻香啜味，传承清代工夫法的程式。总的来说，各类茶具中以瓷、陶器最好，玻璃质次之，搪瓷茶具较差。瓷器茶具，传热不快，保温适中，不会发生任何化学反应，沏茶能获得较好的色香味，适合各大类茶，而且一般造型美观，装饰精巧，具有艺术欣赏价值，但因为不透明，茶叶冲泡后难以观赏；陶器茶具，造型雅致，色泽古朴，特别是宜兴紫砂是陶中珍品，用来沏茶，香味醇郁，色泽澄洁，茶叶留在壶中，夏天隔夜不馊，但因为保温性和留香性比瓷器更好，更适合冲泡需要高温和高香的茶类，比如乌龙茶和黑茶；用玻璃茶具冲泡名优茶比如龙井、碧螺春、君山银针等，轻雾缥渺，澄清光亮，芽叶朵朵，亭亭玉立，

令人赏心悦目，别有风趣；搪瓷茶具冲泡茶叶优势不明显，而且欣赏价值不如前面几类，只是它经久耐用，也占据一定的市场。

（三）水

我们在前面已经了解了不少古人鉴水品水的精粹典故，陆羽《茶经·五之煮》总结了煮茶用水的经验，明代田艺蘅《煮泉》中提出了泡茶煮水的要领，明代许次纾《茶疏》中说“精茗蕴香，借水而发，无水不可与论茶也”等，古人大都运用感性经验，依靠视觉、味觉等感觉器官和简单的工具评审和选择泡茶用水。到了现代，取一瓢水，冲一壶茶，依然是看似简单却颇为讲究的事情！跟随科学技术的进步，我们对泡茶用水的认识已经更完善。既考虑符合饮用水标准的水质，也考虑水质与茶性的协调，这些可以用感官指标、化学指标、毒理学指标、微生物指标、放射性指标等等来衡量。比如硬水（每升水含8毫克以上的钙镁离子）泡茶，茶汤会发浑，透明度差，茶味不爽，相反软水泡茶，茶汤的色香味都比较好；比如用含铁、钙、碱较多的水泡茶，茶汤表面会形成一层“透油”，茶汤口味变涩；比如用含铅较高的水泡茶，茶汤会有苦味，等等。

古人多用泉江河湖井水，现代人们取水方便，主要用自来水、矿泉水、纯净水等。矿泉水最为理想，其从地下深处自然涌出或经人工开发，含有一定量的矿物盐、微量元素和二氧化碳气体，有助于人体对锂、锶、锌、碘、硒和偏硅酸等多种微量元素的摄入，并调节肌体的酸碱平衡，冲泡的茶汤色香味俱佳。纯净水不含任何杂质，冲泡的茶汤无功无过。因为纯净水在消除杂质的同时，也去除了人体必需的矿物质和微量元素，而且纯净水等水分子结构高度串联，水分子不易通过细胞膜进入人体，饮茶者越喝越想喝，达不到解渴的目的，所以相对来说，纯净水就比不上矿泉水了。自来水是最常见的生活饮用水，属于加工处理过的天然水，适合泡茶，但因为大多含有氯气，影响茶汤的滋味和香气，此时可以学习古人，把自来水放在石质或陶质的容器里静置保养，再用来泡茶就很好了。至于想跟古人学习风雅，把雪水、雨水这样的“天泉”软水收集起来煮茶则已不再适合，因为当今环境存在一定污染，雪水、雨水的水质较差。在饮茶人中还有一个小窍门，借用“原汤化原食”的道理，在煮水时放入一小片干茶，这样烧出来的水泡同样的茶，香气更浓，滋味更醇。

除此之外，现代人也讲究煮水得法，特别是“潮州工夫茶”烧橄榄炭，焰火呈蓝色，跳跃猛烈，但火力匀整、不紧不慢，煮出来的水不老不嫩，泡出来的茶汤爽口甘醇，而且还有一股炭香，别有风味。当然，现代生活中节奏快，煤气、天然气、电烧水更常用，只是火力较差，因为通过对流来传热，水温上下不一致，造成水质老嫩不同。如果想要达到较好的煮水效果，电磁炉是很好的替代品，因为它的辐射光波穿透力强，电热均匀稳定，就像古人所说的火力较足。最后关于煮水容器，也有一点讲究，如果容积过大，器壁过厚，烧水的时间长，水就容易老，失去鲜致爽味，用来泡茶，茶汤就会失去鲜爽度。煮水容器的材质也会影响水的品质，比如铁壶水会使红茶茶汤变褐，绿茶茶汤变暗。同样，铜壶水或者铝壶水会增加水中金属离子的含量，会影响茶汤的色香味，还容易把水煮老，所以陶壶、玻璃壶或锡壶是更好的选择。另外，煮水要煮到什么程度为宜呢？古人将煮水称作“候汤”，对候汤的要求，其实质就是对水温的要求，水温不同，相同时间里茶汤浸出的茶叶物质的多少就会不同，茶汤的色、香、味也会有很大差别。用“老汤”和“嫩汤”形容其实都不适宜，如果把“候汤”程度分为一沸、二沸、三沸，采摘细嫩的茶叶，如龙井、碧螺春、毛峰之类可用一沸水泡；高档红茶、中低档绿茶、青茶、花茶等可用二沸水泡；中低档红茶、普洱茶、砖茶等紧压黑茶等可用三沸水泡，有些茶甚至要用煮才可以。

（四）技

自明代开始采用散茶冲泡以来，经过长期的演变，茶叶冲泡已逐渐形成一种专门知识。现代茶叶种类繁多，不同茶类的茶性，如品质风格、粗细程度、老嫩程度、发酵程度千差万别。一杯理想的茶汤，既要茶叶中的水溶性有效成分充分浸出，又要有各种成分适当协调，所谓协调，是指茶汤中的儿茶素和氨基酸等有效成分的比例要恰当。儿茶素既苦涩又爽口，氨基酸鲜中带甜，而这两种成分浸出的多少与水温高低关系极大，以绿茶为例，茶汤的苦味、涩味和

鲜味、甜味调和适当，则味浓甘鲜，汤色清明；调和不当，则苦涩不爽，或滋味淡薄，汤色不美。

为了“顺应茶性”，每杯或每壶茶的用量、冲泡开水的温度、冲泡的时间，其中冲泡时间包括将茶叶泡到适当浓度所需的时间和冲泡多次时每次的时间各不相同，我们称之为“三要素”。

表 1　泡茶三要素

	三要素		
	用量	水温	冲泡时间
绿茶、黄茶	每克茶叶 可泡水 50 ~ 60 毫升	80 ~ 90 度沸水	10 ~ 15 秒
红茶		90 ~ 95 度沸水	
乌龙茶	每克茶叶 可泡水 15 ~ 25 毫升	95 ~ 100 度沸水	5 ~ 10 秒
白茶、黑茶	每克茶叶 可泡水 30 ~ 40 毫升		15 ~ 30 秒
细嫩茶叶比粗老茶叶冲泡时间短	茶叶用量的多少还跟喝茶人的年龄、口感和地域相关	松散茶叶、碎末茶冲泡时间比紧压茶短	注重香气的茶叶冲泡时间不宜长。白茶未揉捻冲泡时间可相对延长

第一，用水量过多，不仅茶味淡薄，而且水多热量大，极易烫熟茶叶，破坏茶叶中的有效成分特别是维生素 C；用水量过少，则茶汤中儿茶素与氨基酸比例失调，茶味苦涩不爽，甚至刺激口腔黏膜。一般来说，细嫩茶叶用水量宜略少，反之亦然，红、黄、绿茶每克茶叶可泡水 50 ~ 60 毫升，倘用乌龙茶，茶叶用量要增加一倍以上，水量却要减少一半，而普洱茶则是每克茶泡水 30 ~ 40 毫升为宜。第二，泡茶水温也要根据泡饮的什么茶而定，高级绿茶特别是芽叶细嫩的名茶一般以 80 度水温为宜，而花茶、红茶和低档绿茶可以用 95 度左右的开水，乌龙茶、普洱茶和沱茶必须用 100 度的沸水冲泡。无论哪种情况，都不能烧水沸滚过久，即古人称为的“水老”，水中溶解的少量空气逸出，并损失

水中部分有利物质，用来泡茶定会造成鲜味减弱。反之，如果水没烧开，水分渗透性减弱，又会造成茶浮水面，饮用不便，而且茶中有效成分也不能浸出完全，造成茶味淡薄。第三，茶叶冲泡的时间和次数差异，对茶叶有效成分的浸出程度以及茶汤中各种成分比例都有影响。咖啡碱及其他水溶物浸出较早，其次才是多酚类物质，随着冲泡时间延长，多酚类浸出较多，咖啡碱则逐渐蒸发。一般红绿茶用盖碗冲泡 3 次，每泡 10 ～ 15 秒为宜，乌龙茶用小型紫砂壶可冲泡 5 次以上，每泡 5 ～ 10 秒为宜。细嫩茶叶比粗老茶叶冲泡时间短些，松散和碎末茶叶比紧压完整的茶叶冲泡时间短，注重香气的茶叶比如乌龙、花茶冲泡时间不宜长，白茶未经揉捻，则冲泡相对时间延长。当然，对于我国边区兄弟民族习惯饮用的砖茶，还有少数好煮饮老茶的茶客，则讲究烹煮和搅拌方法，对于“保香”这样的冲泡技术就不必强调了。

现代泡茶主要分为盖碗撮泡、玻璃杯撮泡、盖碗工夫、茶壶工夫、台湾工夫，茶的冲泡方法和程序有简有繁，要根据具体情况，结合茶性而定，而且由于饮茶嗜好、地方风习不同，冲泡方法和程序会有一些差异。

图 100　现代主流泡茶法

(一) 玻璃杯撮泡

玻璃杯撮泡法是由明代撮泡法逐步演变而来，就是将茶叶直接置于茶杯中

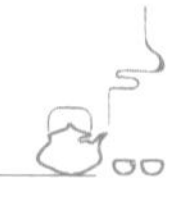

冲泡，茶叶与茶汤不须过滤分离就可以直接饮用。一般适用于冲泡名优贵重的绿茶、黄茶和白茶，因为茶杯清澈透明，可以清楚欣赏到茶叶遇水后舒展的身姿及赏心悦目的汤色。

根据投茶冲水先后顺序不同，杯泡法可分为上投法、中投法和下投法。上投法是先向茶杯中注入七八分满的开水（95 度左右），然后将茶叶投入杯中浸泡，观赏茶叶在杯中的变化并适时饮用，这种方法比较适用于冲泡外形多毫而紧细的名优茶、单芽名茶，比如洞庭碧螺春、都匀毛尖、蒙顶甘露、白毫银针、君山银针等。中投法是先向茶杯中注入约占四分之一容积的开水，接着向将茶叶投入杯中，再将开水加至七分满或八分满，观察茶叶在水中的变化，适时浸泡，赏茶饮用，中投法比较适合条索松散的茶叶，比如太平猴魁、黄山毛峰、白牡丹等。下投法是先在茶杯中加入茶叶，然后向茶杯注入约四分之一容积的开水浸润茶叶 10 ~ 15 秒，最后再将 85 ~ 90 度开水加至七八分满，适时饮用，下投法适用于冲泡身骨重实、外形光滑、紧结的茶叶，比如西湖龙井、六安瓜片、南京雨花等。

1. 碧螺春玻璃杯撮泡法（上投）

（1）备具温杯。

需要准备的茶具主要有：玻璃杯、杯垫、煮水壶、茶则、茶匙、茶巾、茶荷。将开水注入玻璃杯约四分之一容积，挥洒双手拿起玻璃杯，缓缓旋转杯口，使开水尽量洗到玻璃杯上部，然后将水倒入废水盘，此时若煮水壶中水已沸腾，则宜打开煮水壶的盖，使沸水透气并使温度能够略有下降。

（2）赏茶观色。

将碧螺春从茶叶罐中取出，放入茶荷中与人共赏，赏形、闻香、观色。洞庭碧螺春条索纤细、卷曲成螺，色泽银绿隐翠，当地茶农称“满身毛、铜丝条、蜜蜂腿”，即碧螺春满身批毫，条索细紧重实，形态像蜜蜂的腿。选择上投法，一方面是避免开水冲击嫩毫混汤，一方面，碧螺春重实紧细，容易下沉。

（3）注水入杯。

向玻璃杯注入煮好的开水，水注要轻柔饱满地落在玻璃杯壁上，避免激起泡沫，煮水量以占玻璃杯容积的七至八分满为宜。

（4）投茶“赏舞”。

用茶匙将茶荷中的碧螺春茶叶拨入玻璃杯中，使用茶匙用力要轻柔，动作要美观，防止茶叶折断、破损，投放的茶量以玻璃杯的大小来定，茶水比例保持 1 ∶ 50，也即是一般 250 毫升的玻璃杯，投茶 5 克左右为宜，观察茶叶在杯中的舒展舞动和茶汤的色泽变化。

（5）奉茶敬客。

待茶叶浸润适时，将玻璃杯端起，在茶巾上垫一下，使吸干水渍，双手奉给客人，为避免出现茶汤洒出烫到客人等尴尬，奉茶时宜将玻璃杯直接放在客人面前的桌子，而不可让客人伸手传接。

（6）品饮茶汤。

碧螺春投入玻璃杯之后，茶在杯中遇水，从容而飘逸地下落，不疾不徐，赏心悦目。观其汤色，嫩绿清澈，闻其香气，芬芳持久；品其茶汤，滋味清鲜回甘，回味无穷。头开茶饮尽后，可视情况继续冲水泡饮，一般 2 ~ 3 次即好。

2. 太平猴魁玻璃杯撮泡法（中投）

（1）备具温杯。

要准备的茶具主要有：玻璃杯、杯垫、煮水壶、茶则、茶匙、茶巾、茶荷。将开水注入玻璃杯约四分之一容积，挥洒双手拿起玻璃杯，缓缓旋转杯口，使开水尽量洗到玻璃杯上部，然后将水倒入废水盘，煮水备用。

（2）赏茶观色。

将太平猴魁从茶叶罐中取出，放入茶荷中与人共赏，赏形、闻香、观色。太平猴魁外形二叶抱芽，平扁挺直，色泽苍绿匀润，芽叶肥壮重实匀齐，干嗅茶香有悠长的兰香毫韵。选择中投法，是因为太平猴魁外形松散，容易包裹浸润。

（3）一次注水。

将温度降至约 90 度的沸水向玻璃杯注入，注水量以占水玻璃杯容积的四分之一为准。注水时要轻柔饱满地落在玻璃杯壁上，避免激起泡沫。

（4）投茶润泡。

用茶匙将茶荷中的太平猴魁茶叶拨入玻璃杯中，缓缓旋转玻璃杯，使茶叶

与开始尽量融合，润泡时间控制在 10 ~ 15 秒，在使用茶匙时用力要轻柔，动作要美观，防止茶叶折断、破损，投放的茶量以玻璃杯的大小来定，茶水比例保持 1 ∶ 50。

（5）二次注水。

再次向玻璃杯中注入 85 度的开水，水线要饱满轻柔，冲向玻璃杯壁上，带动茶叶在杯中滚动，注水量以加至玻璃杯容积的七分至八分满为宜。观赏茶叶在杯中的“舞动”舒展和茶汤色泽的变化。

（6）奉茶敬客。

待茶叶浸润适时，将玻璃杯端起，在茶巾上垫一下，使吸干水渍，双手奉给客人，为避免出现茶汤洒出烫到客人等尴尬，奉茶时宜将玻璃杯直接放在客人面前的桌子，而不可让客人伸手传接。

（7）品饮茶汤。

太平猴魁充分吸水后，棵棵芽叶挺立，像春天刚刚出土的嫩笋，簇立杯中，汤色清绿明澈，兰香高爽，滋味醇厚回甘，香味有独特的“猴韵”，叶底嫩绿匀亮，芽叶成朵肥壮，叶脉中绿中隐红，俗称“红丝线”，细细品饮，令人清心陶醉。

3. 西湖龙井玻璃杯撮泡法（下投）

（1）备具温杯。

要准备的茶具主要有：玻璃杯、杯垫、煮水壶、茶则、茶匙、茶巾、茶荷。将开水注入玻璃杯约四分之一容积，挥洒双手拿起玻璃杯，缓缓旋转杯口，使开水尽量洗到玻璃杯上部，然后将水倒入废水盘，煮水备用。

（2）赏茶观色。

将西湖龙井从茶叶罐中取出，放入茶荷中与人共赏，赏形、闻香、观色。西湖龙井外形扁平光滑、挺直、绿润、匀整，香气清香持久。选择下投法，因为其外形紧实不易泡开。

（3）投茶入杯。

用茶匙将茶荷中的西湖龙井茶叶拨入玻璃杯中，在使用茶匙时用力要轻柔，动作要美观，防止茶叶折断、破损，投放的茶量以玻璃杯的大小来定，茶水比例保持 1 ∶ 50。

（4）一次注水。

将温度降至约90度的沸水向玻璃杯注入，水线要饱满轻柔，冲向玻璃杯壁上，注水量以加至玻璃杯容积四分之一为宜。

（5）浸润冲泡。

缓缓旋转玻璃杯，使茶叶与开水尽量融合，浸泡时间控制在10 ~ 15秒左右。观察茶叶在杯中的舞动舒展和茶汤的色泽变化。

（6）二次注水。

再次向玻璃杯中注入85 ~ 90度的开水，注意手提煮水壶由低到高再降低，连续提落三次，此步骤又称为“凤凰三点头”，表示对来宾的欢迎。注水时切不可直接撞击茶芽，而应落到玻璃杯壁上，让茶叶随着水浪翻滚起来，这样的方法，既可以使茶性尽情发挥，又不伤到幼嫩茶芽，注水量以水加至七分满或八分满为度。

（7）奉茶敬客。

待茶叶浸润适时，将玻璃杯端起，在茶巾上垫一下，使吸干水渍，双手奉给客人，为避免出现茶汤洒出烫到客人等尴尬，奉茶时宜将玻璃杯直接放在客人面前的桌子，而不可让客人伸手传接。

（8）品饮茶汤。

西湖龙井充分冲泡后，初展小叶抱一嫩芽，多多挺立，像春天刚刚出土的嫩草，簇立杯中，上下沉浮。汤色碧绿明亮，香气馥郁如兰，滋味甘醇鲜爽，有橄榄味，高级龙井茶向有“色绿、香郁、味醇、形美”四绝佳茗之美誉，细细品饮，令人心旷神怡。

（二）盖碗撮泡（茉莉花茶）

盖碗撮泡是清代形成并流传至今的饮茶方式，在明代由江浙一带的茶瓯撮泡法源起，而发展于四川一带盖碗的出现而融合，此时的盖碗就不是作为滤茶工具，而是集泡茶和饮茶为一体的方式，茶汤和茶渣不分离，直接用盖碗饮用，品饮时左手扶住盖碗底，右手握住盖碗盖，边拨茶叶边饮用。

（1）备具温杯。

要准备的茶具主要有：盖碗、杯垫、煮水壶、茶则、茶匙、茶巾、茶荷。

将开水注入盖碗约四分之一容积，双手拿起盖碗，缓缓旋转杯口，使开水尽量洗到盖碗沿，然后将水倒入废水盘，煮水备用。

（2）赏茶观色。

将茉莉花茶从茶叶罐中取出，放入茶荷中与人共赏，赏形、闻香、观色。茉莉花茶以烘青绿茶为主要原料，外形条索紧细匀整，色泽黑褐油润，香气鲜灵持久。

（3）投茶入杯。

用茶匙将茶荷中的茉莉花茶拨入盖碗中，在使用茶匙时用力要轻柔，动作要美观，防止茶叶折断、破损，投放的茶量以盖碗的大小来定，茶水比例保持 1 ∶ 50。

（4）一次注水。

将温度降至约 95 度的沸水向盖碗注入，水线要饱满轻柔，冲向盖碗壁上，注水量以加至浸没茶叶为宜。

（5）浸润冲泡。

缓缓旋转盖碗，使茶叶与开水尽量融合，浸泡时间控制在 10 ~ 15 秒左右。观察茶叶在杯中的舞动舒展和茶汤的色泽变化。

（6）二次注水。

再次向盖碗中注入 90 度的开水，注意手提煮水壶由低到高再降低，连续提落三次，表示对来宾的欢迎。注水时切不可直接撞击茶芽，而应落到盖碗壁上，让茶叶随着水浪翻滚起来，这样的方法，既可以使茶性尽情发挥，又不伤到幼嫩茶芽，注水量以水加至七分满或八分满为度。

（7）奉茶敬客。

待茶叶浸润适时，将盖碗端起，在茶巾上垫一下，使吸干水渍，双手奉给客人，为避免出现茶汤洒出烫到客人等尴尬，奉茶时宜将盖碗直接放在客人面前的桌子，而不可让客人伸手传接。

（8）品饮茶汤。

茉莉花茶既是香味芬芳的饮料，又是高雅的艺术品，茉莉鲜花洁白高贵，香气清幽，近暑吐蕾，入夜放香，花开香尽，茶能饱吸花香，以增茶味，充分冲泡后，滋味醇厚鲜爽，内质香气鲜浓，汤色黄绿明亮，叶底嫩匀柔软。

（三）茶壶工夫（白牡丹）

茶壶工夫法是清代工夫法的延展版，即茶壶可以是陶壶也可以是瓷壶，甚至可以是玻璃壶，但是操作流程和方式类似。相对来说，陶壶因为聚香性和保温性更好，更适合需要高温或高香的茶，瓷壶密度大，保温适宜，适合六大茶类，玻璃壶除了瓷壶的特点，还具备透明光亮，对于茶叶冲泡的身姿和形态欣赏有独特优势。

（1）备具温壶。

需要准备的茶具主要有：茶盘、茶壶、公道杯、煮水壶、茶道组（茶夹、茶则、茶匙、茶漏、茶筒、茶针）、茶滤组、茶巾、品茗杯、杯垫、茶荷。温洗茶壶一方面是再次清洁表示尊重，另一方面温热有助于茶性更好发挥。温洗时，先打开壶盖，将开水注入茶壶三分之一容积，左手扶底，右手大拇指、中指和食指握柄，缓缓旋转洗净壶壁与壶沿，盖上壶盖将水倒出。

（2）赏茶观色。

用茶则将白牡丹从茶叶罐中舀取放入茶荷中观赏，白牡丹两叶抱芽，叶态自然，色泽呈深灰绿或暗青苔色，叶长肥嫩，呈波纹隆起，叶背遍布洁白茸毛，叶缘向叶背微卷，芽叶连枝。

（3）投茶入壶。

将茶叶投入茶壶中，选用茶匙将茶拨入为好，既方便又美观，使用茶匙时用力要轻柔，防止茶叶折断、破损，白茶茶水比一般是在 1 ∶ 30 左右，也即是茶壶容量如果是 150 毫升，那投茶量大约在 5 克。

（4）浸润冲泡。

用 100 度左右的开水高冲入壶，直至淹没茶叶，冲水时水注要轻柔饱满，盖上壶盖，快速倾出茶汤至公道杯中，第一巡茶汤可用来淋洗茶杯，快速的原因是尽量减少茶叶的有效成分浸出。

（5）茶叶苏醒。

头次茶汤尽出后，不必马上往茶壶中注水，让茶叶在茶壶内停留片刻，温润待醒，以利于冲泡时茶性焕发。

（6）再次冲泡。

当茶叶苏醒后，即将二沸水冲入茶壶，冲水要求手提煮水壶“低——高——

低”。使水线起落，沸水与茶叶产生撞击，以助于茶叶香味的发挥，接下来用壶盖刮去泡沫，用煮水壶冲洗泡沫之后盖好，俗称“春风拂面”，让茶叶在茶壶内浸泡 15 ~ 30 秒，等待出汤。

（7）出汤斟茶。

将茶滤放置于公道杯上，随时准备出汤。冲泡时间一到，即将茶汤倒入公道杯，届时茶壶宜放低，靠近公道杯，以防止茶汤香气和热量散失，同时避免茶汤溅出或茶汤冲击产生泡沫，影响美观和意境，正所谓“高冲低斟”，同时谨记不可将茶汤加得太满，以免“茶满欺人”而失敬。

（8）奉茶敬客。

将品茗杯端起，在茶巾上吸干水渍，再放上杯垫，双手奉给客人。为避免出现茶汤洒出烫到客人等尴尬，奉茶时宜将玻璃杯直接放在客人面前的桌子上，而不可让客人伸手传接。

（9）品饮茶汤。

端起品茗杯，慢慢由远及近闻香、观色，再小口啜饮，让茶汤流动到整个口腔，白牡丹汤色杏黄或橙黄，毫香显露，汤味鲜醇，叶底浅灰，叶脉微红。

（四）盖碗工夫（祁门红茶）

盖碗工夫法是随清代工夫茶演变而来，以盖碗作为泡茶和滤茶工具的一种方法，冲泡时要将茶汤与茶叶（渣）分离，并将茶汤分到各个盖瓯或茶杯中去品饮，六大茶类皆适用，只是各自的冲泡三要素不同，即茶水比例、浸泡时间和水温根据茶叶老嫩程度、松紧程度、发酵程度而不同。

（1）备具温瓯。

需要准备的茶具主要有：茶盘、盖碗、公道杯、煮水壶、茶道组（茶夹、茶则、茶匙、茶漏、茶筒、茶针）、茶滤组、茶巾、品茗杯、杯垫、茶荷。盖瓯即盖碗，温洗盖瓯一方面是再次清洁表示尊重，另一方面是温热有助于茶性更好发挥。温洗时，先打开瓯盖，将开水注入盖瓯三分之一容积，左手扶底，右手大拇指与食指贴住盖碗杯沿，中指托住瓯底，缓缓旋转洗净杯壁与杯沿，盖上瓯盖以“三龙护鼎”方式将水倒出。

（2）赏茶观色。

将祁门红茶从茶叶罐中舀取放入茶荷中观赏，祁门红茶条索紧秀，锋苗显露，色泽乌黑泛灰光，俗称“宝光”。祁红与印度大吉岭红茶、斯里兰卡乌伐的季节茶，并列为世界公认的“三大高香茶”，因为祁门独特的地域香，被世界誉为“王子茶”“群芳最”。

（3）投茶入瓯。

将茶叶投入盖瓯中，投入时选用茶匙将茶拨入为好，既方便又美观，使用茶匙时用力要轻柔，防止茶叶折断、破损，红茶茶水比一般是在 1 ∶ 30 左右，也即是盖瓯容量如果为 120 毫升，投茶量大约在 4 克。

（4）浸润冲泡。

用降至 95 度左右的开水高冲入瓯，直至淹没茶叶，冲水时水注要轻柔饱满，盖上瓯盖，留出缝隙，按住杯盖用“三龙护鼎”的方式快速倾出茶汤至公道杯中，第一巡茶汤可用来淋洗茶杯，快速倾出的原因是尽量减少茶叶的有效成分浸出。

（5）茶叶苏醒。

头次茶汤尽出后，不必马上往盖瓯中注水，让茶叶在盖瓯内停留片刻，温润待醒，以利于冲泡时茶性焕发。

（6）再次冲泡。

当茶叶苏醒后，即将二沸水冲入盖瓯，冲水要求手提煮水壶“低——高——低”，使水线起落，沸水与茶叶产生撞击，以助于茶叶香味的发挥，接下来用瓯盖刮去泡沫，用煮水壶冲洗泡沫之后盖好，俗称“春风拂面”，让茶叶在盖瓯内浸泡 10 ~ 15 秒，等待出汤。

（7）出汤斟茶。

将茶滤放置于公道杯上，随时准备出汤。冲泡时间一到，即将茶汤倒入公道杯，届时盖碗宜放低，靠近公道杯，以防止茶汤香气和热量散失，同时避免茶汤溅出或茶汤冲击产生泡沫，影响美观和意境，正所谓“高冲低斟”，同时谨记不可将茶汤加得太满，以免“茶满欺人”而失敬。

（8）奉茶敬客。

将品茗杯端起，在茶巾上吸干水渍，再放上杯垫，双手奉给客人。为避免出现茶汤洒出烫到客人等尴尬，奉茶时宜将玻璃杯直接放在客人面前的桌子上，

而不可让客人伸手传接。

（9）品饮茶汤。

端起品茗杯，慢慢由远及近闻香、观色，再小口啜饮，让茶汤流动到整个口腔，祁门红茶香气浓郁高长，似蜜糖香，有蕴藏兰花香，汤色红艳，滋味醇厚，回味隽永，叶底嫩软红亮。清饮能领略祁门红茶的特殊香味，加奶后汤色乳色粉红，香味特点犹存。

（五）台湾工夫

台湾工夫茶艺，也是清代工夫茶艺的进阶版，小壶小杯冲泡。不同的是突出了闻香这一程序，为此专门制作了一种与品茗杯相配套的长筒形闻香杯，另外，台湾茶人创制并提倡使用公道杯，也是台式工夫茶泡饮的一大创新，其作用使茶汤浓度均等，从而可使潮州工夫茶泡饮中的"关公巡茶"和"韩信点兵"步骤得以简化方便，当今，公道杯的使用已经普及到了盖碗工夫和壶泡工夫的各类茶冲泡。台湾茶人把台式工夫茶泡饮法分解为"三段十八步"，大大增强了艺术表现力。

1. 前置阶段

准备工作的充分是整个茶艺表现圆满成功的基础，包括订立时间、选择空间、整理环境、备妥道具、营造气氛等。比如茶桌有立礼式、坐礼式和席地式，长宽相同高度不同；茶椅分有靠背和无靠背；人数较多的茶会要采用分坐式，准备几个茶几使用；茶铺垫一般放在茶桌中间；茶桌还分为九格，中间放主泡器具包括茶壶、壶承、盖置、茶海、水盂，左边放煮水器，右边放辅泡器包括茶则、茶匙、茶巾、茶杯等。茶桌、茶椅的高低大小，茶具的摆放定位都需要符合便捷美观的科学条件，器具的色彩、样式要和品茗环境搭配，参加茶会的人要素雅整洁。

2. 操作阶段（十八步）

（1）丝竹和鸣。

准备茶具、挂画、插花、点香、演奏音乐、等待嘉宾。茶会有"一期一会"之说，每一次的茶会可能都是一生中仅有的一次，所以要以虔敬的心来做准备工作，以喜悦的心来等待嘉宾的来临。

（2）恭迎嘉宾。

检查各项茶具是否齐备定位，迎宾入座点头问候，打开煮水器，置杯就定位（以左手将叩在品茗杯中的闻香杯翻转，与品茗杯并列于杯托上，闻香杯在主人的左边）。

（3）临泉松风。

煮水器的水已经微滚，发出鸣声。陆羽《茶经》有“水三沸”之说，静坐炉边听水声，初沸如鱼目，水声淙淙似鸣泉，二沸、三沸声渐奔腾澎湃，如秋风萧飒过松林。

（4）孟臣温暖。

将煮沸的水倒入壶中，稍后茶叶投入冲泡时，才不至冷热悬殊，将壶烫热后，随即将壶中的水倒弃至水方中。明朝工艺大师惠孟臣制有孟臣壶，故名。

（5）精品鉴赏。

用茶则盛茶叶，请客人观赏，油亮美观的茶叶，还未冲泡，已令人神往。

（6）佳茗入宫。

茶置壶中要注意茶叶的紧结程度，约放壶的三分之一到二分之一。宫者，室也。将茶轻置壶中，犹如请佳人轻移莲步，登堂入室，满室生香。

（7）润泽香茗。

将热水注入壶中，不要停留，立即倒入茶海中。小壶泡所用的茶叶，多半是球形半发酵茶，故先温润泡，将紧结的茶叶泡松，可使未来每泡茶汤的汤色维持同样的浓淡。

（8）荷塘飘香。

温润泡的茶水倒入茶海中，茶海虽小，但有茶汤注入则茶香拂面，能涤昏寐，清精神，破烦恼。

（9）旋律高雅。

第一泡茶冲水，冲水时手微微提起，缓缓以向内的方向画圆圈注水，如音乐的旋律，画出高雅的弧线，泡茶有顺序，动作要文雅，表现出韵律的动感，使茶艺呈现出艺术的美感。

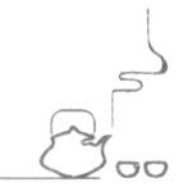

（10）沐淋瓯杯。

主人将茶海中的温润泡茶水，平均倒入闻香杯中，客人将自己闻香杯中的茶水用左手倒入品茗杯中，再以右手将品茗杯中的茶水倒入水方中。等待第一泡茶的时间，先闻香暖手，一般认为左手比较干净，故用左手将茶汤斟入品茗杯，才不致减损茶的高雅韵味，同时也表示左右手动作平衡。

（11）茶熟香温。

第一泡茶的浸泡时间为 5 ~ 10 秒，而后把茶汤斟入茶海中，浓淡适宜的茶汤散发着暖暖的茶香，然后将茶海中的茶汤再分别倒入客人杯中，可使每位客人杯中的茶汤浓度相同，故茶海又名“公道杯”。

（12）茶海慈航。

主人将茶海中的茶是平均斟入每位客人的闻香杯中，斟茶无富贵贫贱之分，每位客人又皆是七分满，斟的是同一把壶中泡出的同浓淡的茶汤，如观音普度，众生平等。

（13）热汤过桥。

客人用左手将闻香杯之茶汤斟入品茗杯中，理由同沐淋瓯杯同。

（14）杯里观色。

欣赏品茗杯中茶汤的颜色深浅、变化，好茶的茶汤清澈明亮，从翠绿、蜜绿到金黄，令人观之赏心悦目。

（15）幽谷芬芳。

左手持净空的闻香杯，闻其杯底香，如同开满百花的幽谷，随着温度的逐渐降低，散发出不同的芬芳，有高温香、中温香、冷香，值得细细体会。

（16）听味品趣。

左手放下闻香杯，右手举起品茗杯，啜下一小口茶。茶艺的美妙包含了精神层面和物质层面，即感官的享受和人文的满足。所以品茗时要专注，要眼耳鼻舌身意全方位地投入。

（17）品味再三。

一杯茶分为三口以上慢慢细品，饮尽杯中茶。品字三个口，茶需一小口、一小口地慢慢喝，用心体会茶的美。

（18）和敬清寂。

静坐回味，品趣无穷，以茶结缘，以福相托，享受和平、宁静的氛围，清心诚意，进入无忧的境界。

3. 完成阶段

品茗或茶会，收拾是很重要的工作，整理收拾完毕，茶艺表现才算圆满结束。以茶匙去除茶壶内的茶渣，清理茶具、桌面，将所有残余的渣末、汤水整理干净倒入水盂中。然后收拾好茶具按照前置阶段定位摆好，检查桌面、周围地上，不能留下污秽痕迹，最后圆满结束。

（五）境

明代茶人对环境幽雅的讲究超越任何一个朝代，“会泉石之间，或处于松竹之下，或对皓月清风，或坐明窗静牖”，这样的茶艺风格一直延续至今。现代茶艺环境除了自然环境的清净、超脱，还有类似明代茶寮斋馆的北京老舍茶馆、上海城隍庙湖心亭茶楼、浙江杭州西子湖畔各色茶馆、广州陶陶居等，它们都享誉国内外。

但这些类型终归有一点古朴冗繁，现代人更喜欢简洁、明快、灵动。自从20世纪80年代台湾省管寿龄女士开创了新式茶艺馆，生活艺术的风格持续风行，比如由一座60多年的老厂房改造的“宋聘茶书院”，变废为宝，就地取材，将西式的LOFT工业风格和中国传统审美相结合，进门的万字纹、柿子树、青石板，既空灵古朴，又简约开放；比如东南亚格调的混搭茶艺馆，在中式古朴的用材基础上，加上光影和插花的跳跃色彩，让我们的品茗更加明快，让人体验置身于热带雨林的浪漫；当然更多的是类似武夷山景区的“彝山兰若”一样，大量使用玻璃墙的设计，把室外的景观引入室内，品茶时的心灵可以回归自然，返璞归真。现代四艺传承了“宋代点茶四艺”内容，包括茶、插花、焚香和挂画。

茶肯定是空间的主角，现代茶艺会专门设置“泡茶台面”的丰富景观，我们称之为“茶席”。茶席在茶室内是视觉的中心，不可背光，为显亲切可以就

地板席地而设，也可用桌椅，司茶者与被奉茶人围在桌旁“促膝而坐”。还可以采取分离式，即泡茶台和品茶台分开。既然是茶艺，就必须让与茶者们体会到茶在说话，茶在主导戏码的进行，所以要根据不同茶类来设计“境”。比如名优绿茶的冲泡，可突出清雅、宁静、自然与活力等意境，选用玻璃杯或白瓷、青花瓷、青瓷等冷色调器具，领略茶舞情趣，欣赏青翠色泽，再铺垫类似长满地衣类的蕨类植物，易于让人进入清净世界的景致；比如乌龙茶的泡饮，侧重营造欢快、活泼、奋发向上、充满朝气等意境，适合朱泥或灰褐系列陶器或白瓷、白底花瓷器具，茶与器可以置于太极八卦形状的沙面，寓意乌龙与太极包罗万象，阴阳平衡的共性；比如红茶的冲泡意境，可体现出热烈、坚定、雄壮、不屈不挠的力量，选用白瓷、白底红花瓷、内壁白釉的紫砂茶具，再在席面上撒落红色花瓣点缀，绚丽多彩让人眼前一亮；比如陈年黑茶的茶艺背景，可突出成熟、稳重、厚重、慈祥、和谐等主题，适合茶叶末釉色的手拉坯茶具，也可以用强烈对比的白色瓷，再配以松竹盆栽或假山古井，陈年沧桑的感觉郢然而生；比如黄茶营造温润、清雅的风格，可以选用奶白瓷、黄釉瓷或黄、橙色主基调的陶具，即使选用绿色植物铺垫也不能翠绿夺目，总是要显得委婉才好；比如白茶质朴，山野气息浓郁，可选用色调黄白的粗陶或反差极大内壁有色的黑瓷，再设计一条弯弯曲曲的小径，仿佛走过了遥远的山路。

绿茶茶席　红茶茶席　黑茶茶席　黄茶茶席

白茶茶席　乌龙茶茶席　花茶茶席

图 101　现代茶空间

挂画的来历跟“茶圣”陆羽有关，他认为把《茶经》的内容分别写在绢布上，挂在座位旁边，品茗时有挂图，对茶的知识就更清楚明白，慢慢又衍生出墨宝、绘画作品，由此一直演变至今。现代人的文化生活丰富多彩，所以挂画风格多变，不拘一格，常与季节、茶类相协调，但最主要的是要与茶席相协调，整体风格和美感一致。挂画的位置一般在茶室正位，但不可挂太多，严守配角的本分。另外裱装又以轴装为上，屏装次之，框装又次之。最后，挂画还常用来表达一些茶道思想，因此茶会中会设置专门的赏画活动。

为品茗赏花插的花，称为“茶花”。从宋代开始，插花的选择以鲜花为主，比如牡丹、莲花、梅花，蕴含各自的花语。现代花的选材更多样，可以是花、叶子，还可以是枯枝、果实，一定要自然真实，不能用人工材料。古代“茶花”可以艳丽，可以雅致。现代“茶花”追求形式精简、花色素雅，不对称、不刻板，处处留余地，往往一花三叶或一花五叶。或者花开两朵，一开一合，如果是四片叶子，其中一片是背面。现代的插花已扩大到艺术和道德的领域，形成了专门的“花道”，但是同挂画一样，插花也要受到茶席的限制，不能以插花艺术为主，不能尽情发挥，在茶室中，依然只用来衬托茶。另外，也可以如书画艺术品的欣赏一般，赏花也是茶会中的一项活动。

中国人焚香历史悠久，早自战国时代就已开始，最早源于驱逐蚊虫，去除浊气，久而久之被神化了，主要用来祭拜和静心。现代焚香在茶室的应用分为“香气”和“烟景”，协助塑造品茗空间的气氛。香气除了香丸、盘香和香花，

还可以用焙笼烘焙干茶。比如沉香木让人沉思，割草皮香让人青春活力，玫瑰花香让人浪漫。其实，在茶的品饮上我们还感受到茶香：不发酵茶的菜香，轻发酵茶的花香，重发酵茶的果香，全发酵茶的糖香，后发酵茶的木香。所以，焚香的香气不能太强，不能干扰品茗时的茶味，在茶会之前需见好就收。另外，茶席的香气还可以直接用干茶置于小型焙笼烘熏而成。“烟景”是焚点香材时香烟冒出的形态。油脂轻的檀香类烟形往上冲；有盖的香炉，烟形从缝隙中飘出，盘旋而去。有一种“沉烟香”，点燃后其香烟是从底部的钻孔处往下飘送，如果配合香炉的造型，可以令烟景造成瀑布飞泻的效果，也可以形成如书法的线条、彩带飞舞的画面。另外，焚香的香品是有选择的：浓香配浓茶，淡香配淡茶；春冬焚较重的香品，夏秋焚较淡的香品。最后要注意焚香的时机，要与泡茶间隔开来，茶会于泡茶前先让客人欣赏烟景的变化，然后结束焚香开始品茗，这段时间不宜太长，否则香气太重会影响品茗的效果，烟景的欣赏也可安排茶会的中途，移步到另一个空间。熏点香料、烘熏干茶或者空熏香花，无论何种散发香气的做法，都要求使用天然的原料，浓度也要适可而止。

茶艺馆不仅配备传统的插花、挂画、焚香，还可以进行充分想象和创新，借助山石、乐器、法器、古董、屏风以及清新色彩的铺垫、时尚的摆件等，摆放在茶室的旁、边、侧、下和背景的位置，服务于茶会和主器物，以作陪衬，只要达成所设定的风格，有高强度艺术层次，运用得宜就行，茶境设置不拘一格，西方现代简约式甚至超现实主义式等同样被广泛采用。除此以外，还会配置背景音乐作为辅助，比如中国古典名曲《塞上曲》幽婉深邃、荡气回肠；大自然之声《山泉飞瀑》生动轻快、鲜灵清脆；品茶专曲《香飘水云间》等，帮助茶人心灵徜徉。除了中国传统民族音乐，还可以选用外国古典音乐和轻音乐。音乐选择还要考虑茶的风格。比如绿茶和红茶，一个鲜爽清灵，一个明艳醇和，音乐也应该以同样的风格为佳；当然，音乐选择时还要根据品茗茶侣的喜好，寻找音乐风格。

（六）礼

现代茶艺继承了以茶待客，以茶会友，抒情言志，集会增趣的传统茶礼，并在此基础上开创了平等尊重，自由开放的饮茶氛围。为了极尽茶艺的美和韵，茶艺活动由专业的茶艺师来演绎，他（她）们需要衣着端庄、气质优雅，动作自然、刚柔并济，技艺施展一气呵成。而茶艺中真善美的情感，和谐舒畅的氛围，更是人们竞相追寻的意境，因此现代茶艺不仅尊重了明清文人选择“茶侣”，强调与性灵相通的人会茶的风范，更是将“与茶者”之间的尊重谦让，融合在茶艺过程的“仪式”细节当中。

在茶艺活动中规定了要有鞠躬礼，包括站式鞠躬礼、坐式鞠躬礼和跪式鞠躬礼，例如站式鞠躬礼，以站姿为基本，两手平贴大腿徐徐下滑，上半身平直弯腰，到位后略作停顿，表示对对方的敬意，再缓缓直起上身，同时手沿腿上提，表示对对方连绵不断的敬意。根据弯腰的程度分为真礼、行礼、草礼三种：真礼是行 90 度的弓形，行礼是行 60 度，草礼呈 30 度，身体弯曲的度数反映了恭顺的程度，真礼用于主客之间，行礼用于客人之间，草礼用于说话前后。茶艺活动中用得最多的是伸掌礼，主人向客人敬奉茶汤或者其他物品时都常用此礼，表示的意思是“请”，当两人相对，可均伸右手掌对答表示；若两人并坐，右侧方伸右掌，左侧方伸左掌。行伸掌礼时，同时应该欠身点头微笑一气呵成。伸掌礼的具体操作是把手斜伸在敬奉的茶汤和物品旁边，四指自然并拢，虎口稍分开，手掌略微向内凹，手心要有含着一个小气团的感觉，含蓄用力，动作不能轻浮。不过，品茶的人在接受别人奉茶时，也需要弯起手指，在桌面上轻叩三下，以“手”代“首”，表示感谢。这个茶礼，来自一则真实有趣的故事，乾隆微服南巡时，到一家茶楼喝茶，当地知府知道了这个消息，赶紧微服前去护驾。到了茶楼，知府在皇帝对面的位置坐下，皇帝心知肚明，也不去揭穿，但皇帝是主，免不了提起茶壶给知府倒茶，知府惶诚惶恐，但也不好当即跪地谢恩，于是灵机一动，弯起手指，在桌面上轻叩三下，以“手”代“首”，二者同音，权代行了三跪九叩的大礼。随着叩手礼的广为流传，越来越多的人也会在茶桌上行礼。到了现代，这个礼已经没有了下跪的意思，而是礼貌性地表达谢谢。

奉茶中沏泡好的茶最好用茶托放置，沏茶者用双手恭敬地端上茶桌表示友好。端至客人面前，应略躬身，说“请用茶”，也可以配合“伸掌礼”；宾客接茶时，可行叩手礼表示感谢或点头示意。除特殊情况下，不能用单手奉茶，还要注意茶杯正面对着客人，有杯柄的茶杯奉茶时，柄在客人右手边。当客人

位置较低时，往往蹲屈身体，表示尊敬；客人较多时，先客人，后主人；先主宾，后次宾；先女士，后男士；先长辈，后晚辈；先远座，后近座。

在茶艺活动中，形成了一些独有的、寓意美好祝福的礼仪动作，在冲泡时候不必使用语言，主宾双方就可以心领神会。比如“凤凰三点头”：用手提水壶高冲低斟反复三次，寓意向来宾三鞠躬以示欢迎“回旋注水”：进行烫壶、温杯、温润泡茶、斟茶等动作时，用回旋法注水。若用右手则按逆时针方向，若用左手则按顺时针，类似打招呼的手势，寓意“来来来”，表示欢迎，反之则变成暗示“去去去”。茶壶放置：壶嘴不能正对他人，否则，表示请人赶快离开。斟茶量：我国一直以来就有“浅茶满酒”的习惯，一般斟茶时只斟七八分，一方面避免烫嘴，另一方面还有谦逊收敛之意。“势不可使尽，福不可享尽”，曾国藩也在他的家书中多次用来提醒子弟们，享福不可以忘记先人的勤俭，不可过于放纵挥霍，就如同“月满则亏，水满则溢”的道理一样！

最后，当客人喝过几口茶后，应为之续上，不宜让茶杯见底，这个做法寓意：茶水不尽，慢慢饮来、慢慢叙。所以，在现代茶艺活动中，不分贵贱，没有尊卑之分，用一个个小小的举动来包涵茶道精神、完备规矩，让人们习得庄重的礼仪，用自己的一举一动真切地去体会感恩、尊重和爱，成为文质彬彬、温文儒雅、知书达礼的谦谦君子。

图 102　现代茶礼

现代茶艺不仅升华了礼的内容，还通过茶艺师的专业演绎传达茶艺之美。茶艺师要求衣着干净、整洁大方，手指干净，不戴首饰，不涂抹指甲油，头发清洁整齐、不染发不披长发，化淡妆，不喷香水。在茶艺展示过程中，无论是茶艺表演者还是观赏者，都要谈吐文雅，语调轻柔，语气亲切，态度诚恳。茶艺师要讲究语言艺术，迎接客人或送别客人都要热情庄重、彬彬有礼，多用“您”“请”“谢谢”等礼节用语，同时配以微笑和眼神，让人感受情真意切的温暖。不仅如此，茶艺师还需要进行解说，比如用词成双成对，主谓结构多为四字格（如乌龙入宫、祥龙行雨、韩信点兵等），语调柔美、娓娓道来，抑扬顿挫配以表演动作的轻重徐疾，再加上背景音乐的快慢节拍相对应，声情兼具，相映成趣。再则，茶艺师在演绎动作时要一气呵成，并根据不同的茶类和意境进行不拘一格、变幻多样的表演，或者儒雅含蓄，或者热情奔放，或者清丽脱俗，彰显出生命力的充实与弥漫，给简单的道具和动作赋予深厚的内涵，在行云流水与挥洒自如中渗透出中华传统美学“道法自然，崇尚简静”的意境。

（七）韵

汉、唐、宋、元、明、清近两千多年，数不胜数的诗人和文人们，在他们优美的茶叶诗词甚至是书法和绘画中，都对茶艺的“韵”极尽咏叹和赞美。茶艺发展到当代，承载千年之精粹，集众家之所长，六大茶类色彩缤纷，要么碧绿清澈，要么红艳晶莹；香气各异，如蜜如果如天然鲜花；滋味独特，可以鲜醇回甘，可以浓鲜醇厚。水不仅要清冽甘活，冲泡它的力度和速度不同，茶的口感和香气也随之变换。茶器斑斓的色彩和精湛的工艺不只满足了审美的情趣，更在于“器助茶香”的奥妙。

对茶的欣赏更加精细科学，从学科审评的角度，我们把茶的鉴赏分为五因子，包括茶叶外形（条索、整碎、净度、色度）、汤色、香气、滋味及叶底。而从生活欣赏的角度，我们设置了风味轮，它是一种简洁明了的图形化术语框架结构，将人类感知到的感官特征进行系统归类，最终以轮盘的形式进行展现，它包含的具体感官属性可以理解为感觉的最小单元。有了风味轮就可以对茶叶中丰富多彩的感官品质进行系统的梳理和分类，目前白酒、红酒、啤酒、咖啡等饮品，均建立了风味轮。茶叶风味轮的颜色轮分为白色、黄色、绿色、红色、紫色、褐色、黑色 7 个色系共 32 个颜色属性。滋味轮分为浓度型包括淡、和、醇、浓 4 种，

感觉味型包括厚、薄、滑、糙、涩5种，特征味型包括鲜、酸、甘（甜）、苦4种。香气轮细化了具体的香气属性，分成基础特征、品种特征（花香品种、果香品、一般）、树龄与环境特征、品种与工艺特征、工艺特征、工艺与存放特征、存放特征7类。因此，我们在品鉴欣赏茶的时候，可以更精确细腻地体悟它带给我们香气到达鼻腔的前香，滋味到达口腔的中味，滋味在口腔喉部留存的后韵，尽享优雅、持久、协调、饱和甚至独特的美妙。

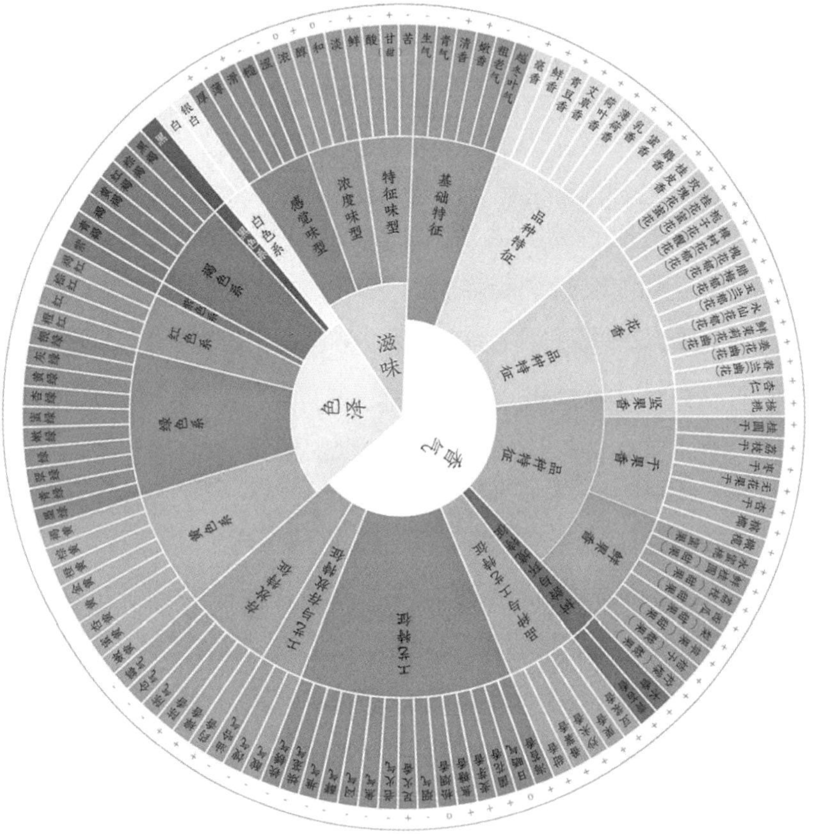

图103　茶叶风味轮

时至今日，茶艺与茶道似乎有相合的趋势了，它们的最高指向都是生命与宇宙感。茶艺本属于艺术范畴，茶道则属于宗教范畴，茶艺的最高境界是美，以调出一杯好茶并获得审美愉悦为主旨，任情而性；而茶道的最高境界是道，以圆满完成茶事，悟得为人处世的道理为追求，循规蹈矩。如果说古人佛家的“茶禅一味”，道家的“以茶养生”是在刻意的探寻茶道，那么今人的茶艺生活是否可以被视作处处皆道，大道无形呢？追求茶的纯真、香馥、味醇，水的清洌、甘美，以及器的精美优雅，使之相得益彰，再融以环境、气氛的清新宁静或温文雅致，那些既能体现中华民族传统风格的清泉丝竹、净几弦乐，又能凸显当代世界明快流畅的元素不可或缺，人们在这样一种充盈着东方情调和时尚文化气息的氛围中品饮芳馨美茶，馥郁芬芳的气韵犹如飘漫的春风那般环绕轻抚，看起来，茶艺是世俗之人追求欢娱、安逸、闲适、优美、雅致等等文化情调的饮茶方式，然后这“生活的艺术”难道不能被认为是“艺术的生活”，“道可道，非常道。名可名，非常名”，我们将艺和道融合，生活与修行渗透，不需刻意的形式，一切都达臻和谐与美妙的极致，让心灵与自然融会贯通，到达豁达空灵与超然自由的境界，甚至超越到与天地同感、让宇宙意识与永恒精神随自我的生命一同流动的状态中。

现代茶艺的韵，在传统茶艺的基础之上进行了传承和创新，既传承了“典雅、宁静”这样中国式古典美学的风格和“平和、谦逊”的中国美德，又赋予了轻快、豁达、包容的中国现代理念，贴切地展现出了新时代下人们“更鲜活、更开放、更智慧”的心境和状态。

二、现代茶文化

（一）茶俗：“客来敬茶”新解读

沏茶、敬茶的风俗礼仪自古就有，经过了历史的演变，从古代的蒸青绿茶到现在的六大茶类，随着口味和观念的变化，对“客来敬茶”这一茶俗也产生了新的解读。

1. 不同地区待客的茶类不同

到了江南，主人都会泡上香高味醇、清汤绿叶的“龙井茶”“碧螺春”或是细嫩的毛尖绿茶。若遇上春节，讲究的人家在还会在茶碗里放两颗青橄榄或金橘，青橄榄的形状两头尖似元宝，而金橘的颜色灿烂又带金字，所以美其名曰“元宝茶”，寓意是新年里“元宝进门，发财致富”。如果到了华北、东北，

主人会端上一杯鲜灵馥郁的“香片”，也就是我们说的“花茶”，北方地带更偏爱花茶可能有以下几个原因：一是茉莉花养眼，在风沙大的老北京就特别被推崇；二是福州茉莉花茶曾经作为皇家贡茶，在北方有一定名气和群众基础，这种习惯也就流传下来了；三是因为水质参差不齐，茉莉花茶能泡出香味来。如果到了华南，主人会送上一壶香郁味醇的名贵乌龙，华南地区从宋代开始就已经有大名鼎鼎的北苑贡茶，而现在又是乌龙茶的主要产地，家家户户都品饮工夫茶，可以用“比屋之饮”来形容。如果到了西藏，藏族兄弟会捧出美味的酥油茶，而到了蒙古包做客，主人会阖家出门躬身迎接，让出最好的铺位，献上香美的奶茶；而到了布朗族村寨做客，主人会用著名的土特产——清茶、花生和烤红薯来招待；另外，景颇族用古老的烤茶敬客；湖南广西毗邻地区的苗族或侗族山寨，会让客人尝尝打油茶。

总的来说，我国茶叶发展到当代，已经种类繁多，各有特色，六大茶类总计的话就有近千种，所以我们在“以茶待客”的时候，都会因地制宜，各显神通！值得注意的是，招待客人的时候，茶叶不一定要高级名贵，但必须纯净清洁，干燥清香，让人爽心怡神才好！

2. 根据不同的客人来选择茶品

如果是年轻人，身强力壮，什么茶都可以喝；如果是有喝茶嗜好的老茶客，或者是体力劳动者，一般喜欢口味浓厚一点，不妨多加一些茶量或者在茶叶中添加少量高级茶末，不光增加刺激性，还经久耐泡，客人会喝得十分过瘾；如果是脑力劳动者，或者没有嗜茶习惯的客人，可适当少放一些茶叶，泡上清香醇和的茶汤；如果客人是年轻女性，泡上一杯高山云雾茶还不如冲一杯毛尖，因为毛尖茶味淡雅，不像高山云雾茶滋味强烈；喜欢喝香气高一些的，可以挑新白茶、轻火功岩茶、绿茶等；喜欢喝汤水稠厚一些的，就可以选老白茶、老熟普、焙火较足的岩茶。总的来说，汉民族的饮茶方式多推崇清饮，不添加任何饮料或食品，保持茶的纯粹，体会茶的本色，重在品饮意境；而少数民族更习惯调饮，比如加上食糖、牛奶、薄荷、柠檬等，重在果腹实用。不过，无论是哪类客人，如果我们在泡茶前，能先请客人看看茶叶，介绍一下这种茶的产地、特点、来历，乃至有关的历史神话故事，客人喝起茶来肯定会更加有趣。

3. 不同的时节待客的茶饮不同

春季适宜花茶，因为它富含芳香油，理气开郁，比如玳玳花茶、玉兰花茶、茉莉花茶，特别是茉莉花茶还被称赞为有“春天的气味”；春季奉上当季绿茶也很好，因为香气清鲜，可以缓解春困。夏季适宜绿茶、白茶、轻发酵的乌龙和生普洱，因为绿茶清凉甘爽，白茶寒凉；铁观音、台湾文山包种和云南生普品性也微凉，在炎热的夏季饮上一口，都可以清热消暑。秋季适合中重发酵的乌龙茶，性味介于红绿茶之间，温润平和，生津养阴，比如武夷岩茶、凤凰单丛、台湾冻顶乌龙，其次黄茶和年岁较久的白茶也可以。冬季就适宜红茶和熟普，因为发酵程度最高，性味温热，护胃驱寒，在凛冽的冬日，主宾同饮，会让人感觉温暖宜人。

4. 招待客人的茶具也有不同考究

招待客人的茶具考究不同，比如名贵绿茶，选用玻璃杯，可以观赏杯中茶叶的形态，还有茶汤的诱人色泽；高级红绿花茶，选用瓷杯，保温性好，容易养住真味；乌龙茶，则用小壶小杯，既可以慢慢品啜幽香醇味，还可以欣赏典雅别致的工艺；而对于低档粗茶或茶末，如果粗枝大叶横在杯中，或是焦黑黄绿的茶末漂浮杯面，客人见了会觉得太煞风景，所以最好用茶壶，只闻茶香，只尝茶味，不见茶形，可收到满意的效果，这就是所谓“细茶粗吃，粗茶细吃”的道理。如果茶具做不到精致考究的要求，但一定要清洁干净，茶杯内外口沿不能有丝毫茶汁、茶垢；取茶不能用手抓，而是用铜、竹制成的小量器，舀茶入杯或壶中；奉茶时，无论茶杯和茶盏有没有柄，下面都要加茶托，双手捧至客人面前，而不能单手用五指抓住杯沿送茶，既不卫生也不文明。品茗时，若用茶杯，应右手拿杯把，左手启杯盖；如用玻璃杯，则用大拇指和中指、食指夹杯，无名指和小指托底；若用盖碗，则左手持杯，右手启盖，拨去茶汤上的茶叶，慢慢细啜。

5. 待客中的茶礼技巧

奉茶时一只手托住杯底，另一只手扶着茶杯侧边底部，手指要是触碰到杯口，既不卫生也不文明；同时用茶托奉茶之前，要注意把茶杯底部擦干，不能滴汤

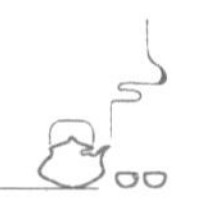

滴水，否则太不雅观。斟茶时要注意客人杯壶中的茶水残存量，如已喝去三分之一时，就要添加开水，随喝随添，使茶汤浓度前后一致，水温适宜；如果茶水过热，应放在茶几上稍凉后再饮，不要用嘴吹气降温。一般茶叶冲泡三次为宜，三次之后一般茶叶就会变淡，如果还想继续饮茶，最好重新冲泡，换一种别的茶叶，会让客人有新鲜感。

古代茶宴大多豪华隆重，茶道又有一套严格的礼仪和规则，所以更简单方便的茶话成为当今更流行的一种时髦的集会。在饮茶时，众人团团围坐，还可以适当佐以茶食，好茶配佳点，既可以达到调和口味的功效，还能增加集会的氛围。除了香茶，精美糕点和四时鲜花是必不可少的。糕点根据季节，一般是春天多一些花色艳彩，夏天味道清淡，秋天以素雅为主，冬天则可以味道较重。一般说来有“甜配绿，酸配红，瓜子配乌龙”的规律，也即是说各种甜膏、酥饼配绿茶；柠檬片、蜜饯配红茶；瓜子、花生、橄榄等咸食物配乌龙茶。鲜花也是同样，夏季以叶子嫩绿、花朵洁白的茉莉为宜，使人有清幽雅洁之感；如在冬季则以破绽吐香的蜡梅和生意盎然的水仙为宜，使人感到春天的气息；如果是婚礼茶话会，则以红艳的鲜花为宜，示意新婚夫妇幸福美满，但是喝茶与吃水果、喝冷饮最好不同时进行。另外还可以对茶叶进行适当的拼配，比如在一杯普通绿茶中，加上三五朵芽茶，就会大大提升这杯茶的口感，喝起来更让人神清气爽。

特别值得提出的是，客来敬茶在古时演化出的“斗茶”，在当代也得到传承与创新，全国各地产茶省区组织公认的评茶大师，对各地选送的加密茶叶，闻香品味、察言观色，进行审评，似乎是一场品茗比赛，但更多的是通过这样的交流活动，延续了人们在“斗茶”中增进感情，相互联结的诉求。

现代敬茶的习俗是在古人先辈们的经验基础之上得来的，所以更懂得讲究天时、地利、人和，能更全面周到。但饮茶终归是一件清雅静谧的事情，不管是谁都要慢饮细啜，边谈边饮，不能狂喝暴饮，手舞足蹈。

当代六大茶类各有千秋，加之中国民族内涵丰富，所以根据不同地区、不同客人以及不同的时节，我们对敬茶的品类和方式也有更多不同的选择。“客来敬茶”虽然只有一句话，但却包含了广泛的学问，不但要讲究茶叶的质量，还要讲究泡茶的艺术和待客礼仪。它在包含物质和精神的同时，更汇聚着内心的情感，体现出人们的修养、素质，有着中华民族传统的重情好客、亲近有礼的精神内涵。

（二）茶道：当代“茶圣”与他的伙伴们

如果把现代茶业界比作一个江湖，那执牛耳者非中国的第一个茶叶研究所莫属，这个被称为业内传奇的机构坐落在福建崇安的武夷山麓首，曾经云集了几十位为中华茶业复兴而奋斗的“大侠”们，尤其是“中国当代十大茶人”中的吴觉农、陈椽、庄晚芳、张天福、王泽农几位，更是这个“江湖”中的翘楚。

1938 年，张天福老先生创办了福建示范茶厂，庄晚芳任副局长，大力协助，当时陈椽任技师兼制茶厂主任，1941 年吴觉农又将其筹建成中国第一个国家级茶叶研究所，王泽农任茶叶研究所研究员兼化验组组长。他们的共同努力为战火中的茶业带来科技之光。

1. 当代“茶圣”吴觉农

吴觉农（1897—1989 年），浙江上虞人，原名荣堂。他说：“我的名字叫觉农，为什么叫觉农呢？我一生当中，最关心的是农民的生活和他们的生产，现在农村里还有很多茶农有很多困难，希望你们到农村去看看，去帮助他们解决困难，特别是帮助他们搞好种茶和制茶，让他们富裕起来，中国茶业的前途是很有希望的，茶叶生产发展了，中国茶文化也会兴旺起来。”这位农业经济学家、茶叶专家、社会活动家，不仅是能坐而论道的理论家，更是一位脚踏实地的实干家，是我国现代茶业复兴和发展的奠基人。1922 年，25 岁的吴觉农在日本留学期间，就发表了《茶树原产地考》，首次全面力证中国是茶树原产地。接下来他创造了中国茶业的数个“第一”。他参与成立祁门茶业改良场，第一个在农村组织茶农合作；他与人合著《中国茶业复兴计划》，是中国第一个茶业改革方案。他倡导制定了中国第一部《出口茶叶检验标准》，为中国茶叶出口贸易的发展发挥了重要作用。他还翻译、编撰了众多茶叶著述，创立了我国第一个高等学校茶叶系、中国第一个国家级茶叶研究所、中国第一家国营茶叶总公司、中国茶叶博物馆。吴觉农先生为我国当代茶学理论、科研育人、产销贸易等方面作出划时代的不可磨灭的贡献，所以，当代“茶圣”之名，他当之无愧。

2.“茶学界泰斗”张天福

张天福被誉为“茶学界泰斗”，是福建示范茶厂的创办人。

他生于上海，经历过“九一八”事变，参加过抗日宣传活动，在动荡不安的年代，就立志要学农报国。1938 年，由于日寇侵略，28 岁的张天福奉令将福安社口的福建省农业改进处茶叶改良场的人员、资料和仪器迁移到崇安县赤石镇，开始创办福建示范茶厂，这便是中国茶叶研究所的前身。1946 年，张天福任所长，成立农业部中央农业实验所崇安茶叶试验场，开创茶叶科学与教育相结合的先河，把它建成当时全国最大的茶叶生产、科研、推广、销售相结合的单位。

张天福推动制茶从手工走向机械，大大减轻了制茶工艺中的揉茶和杀青劳动强度；同时因为他长期从事茶叶工作，练就一身过硬的审评技术，是评茶的绝对权威，被誉为“福建茶皇”“乌龙茶王”。

张天福不仅精于茶道，还积极倡导中国茶礼，推崇通过“茶人之家”“茶艺馆”进行茶艺表演，从而发扬中华茶文化。由于他在制茶和评茶的卓越贡献，茶业界普遍把张天福称为“茶学界泰斗”。

3. 开创现代六大茶类分类法的陈椽

陈椽出生于福建惠安县崇武镇的一个小商人家庭。幼年时期，他父亲常常向他讲述郑成功、林则徐的故事，灌输爱国主义思想，鼓励他长大后要像这些民族英雄那样为国家干一番事业。1934 年，26 岁的陈椽先后在茶场、茶厂、茶叶检验和茶叶贸易机构工作，看到了茶叶在国民经济中的重要地位，也看到了当时中国茶叶科学的落后。于是下定决心献身茶业教育事业。在艰苦的抗日战争期间，他编著了我国第一部系统的高校茶学教材《茶作学讲义》，著有《制茶全书》、世界上第一部茶史专著《茶业通史》等。自 1940 年登上大学讲坛，陈椽一直到 80 多岁的高龄依然风雨无阻地坚持到教室给学生讲课，在黑板前一站就是两个钟头，同时为国家培养了大批茶学科技人才。正如他的学生们所说：“陈老师的一生是著书的一生，也是育人的一生。”

陈椽提出了著名的制茶变色学说，推翻了日本人古在油泽在 1890 年提出的微生物发酵说，证明制茶过程的变化主要是各类茶叶叶绿素破坏程度和黄烷醇类变化的程度，从而确立了现代六大茶类的分类方法。这一新的科学分类法不仅对我国的茶叶教育、科研及生产流通产生了重大影响，在国际上也引起了强烈反响，成为因茶业成果列入《世界农业科技名人录》的第一人。

4. 茶树栽培学科奠基人庄晚芳

庄晚芳是我国茶树栽培学科的奠基人之一，毕生从事茶学教育与科学研究。

他出生于福建惠安，幼年家境贫困，只能考取有生活补贴的师范学院，但后来结识了爱国华侨陈嘉庚先生，逐渐向往革命，立志于人民解放事业工作，毕生从事茶叶科研和高等茶学教育工作。

庄晚芳是我国茶树栽培学科的奠基人，编著了我国第一本系统论述茶树生物学特性的专著《茶树生物学》，这标志着我国茶树栽培开始从传统经验上升到现代科学水平。庄晚芳还高度重视研究祖国茶文化的发展和弘扬，著作《茶作学》《中国茶史散论》《饮茶漫话》等，撰写历史悠久的中国茶叶文化，融知识性和趣味性一体，被介绍到法国、日本、韩国等，对传播中华茶文化发挥积极作用，他和王泽农最早提出了“饮茶文化”和“茶叶文化”，具有原创性。1989 年，81 岁高龄的他经过数年深思熟虑，提出了“中国茶德”的设想，概括为“廉、美、和、敬”，把新时代的茶文化升华到新的境界，受到社会各界的关注和重视，他推崇妥用茶艺，作为茶人修养之道。

5. 茶叶生物化学创始人王泽农

王泽农，我国茶叶生物化学的创始人，和吴觉农共同筹创了我国高等学校第一个茶叶专业。

他出生于安徽省婺源县一个小学教师家庭，从小受到爱国主义和科学救国思想的熏陶。1933—1938 年王泽农在比利时攻读农业化学，从事科研实践，他认识到农业化学研究和植物化学、生物化学有着不可分割的联系，这为他回国后创建我国茶叶生物化学学科奠定了坚实的基础。在中国茶叶研究所生产实践，科学理论研究和人才培养中，王泽农始终贯穿了生物化学这条主线。为我国高等院校首先建立了茶叶生物化学学科体系，并且在 1957 年编译出版了我国第一部茶叶生物化学专著《关于茶叶生物化学的研究》，成为中国茶叶生物化学的创始人。

从事茶叶的生物化学教学与研究几十年，83岁的王泽农，通过全面总结茶的药理与保健功效，在《综述茶叶保健功能》的论文中列举了茶叶的23种功能，有些早已众所周知，而有些是最新成果，目前为止，这是关于茶叶最全的功效记载。同时他也积极研究茶文化，在90岁高龄时出版著作《王泽农选集》，积极推崇茶科学与茶文化互动相长。

在那段饱受创伤、战火纷飞的年代，中国茶业岌岌可危，茶文化也停滞不前。当代“茶圣”和他的伙伴们，满怀着拳拳赤子心，殷殷爱国情，在茶业这个“江湖”叱咤风云，大显神通。不仅大力进行茶业科学研究，撰文著书，而且身体力行，深入产地试验，推动茶产业发展。同时他们还言传身教，传播茶德、茶道，为我国近现代茶叶科学技术的发展、人才的培养以及中国茶文化的推广作出了不可磨灭的贡献，其事迹值得后人敬仰、传颂！

（三）茶疗：“六大茶类，各显神通”

茶疗自汉代至今，已有近两千年的历史，经过历代医家、养生家的应用和完善，已成为祖国医药学防病治病一大特色。因为科学的发展，现代茶疗的研究与应用又有了很多革新的特点，比如袋泡茶取代传统的饮服方法，块状或颗粒状的速溶茶，提取茶的有效成分制成的口服液或者片剂，等等。茶疗因为无毒副作用，也不会造成身体的痛苦，在现代也被人们所喜爱。在现代，不但古代茶方被充分应用，许多新茶方也在不断产生和推出，比如有防治肝炎的“绿茶丸”，治疗胃痛的“舒胃宝”，减轻糖尿病的“薄玉茶”，等等。而且，我国学者根据五百多种左右的相关资料（大部分是古代文献），将茶叶医疗效用的内容总结成了传统功效二十四项，分别是：解毒；少睡；安神；明目；清头目；止渴生津；清热；消暑；消食；醒酒；去肥腻；下气；利水；通便；治痢；去痰；祛风解表；坚齿；治心病；疗疮治瘘瘘；疗饥；益气力；延年益寿；其他。古代的茶疗的原料基本说的都是绿茶，而当代我们有了六大茶类——“红白黑黄青绿”茶，它们因为工艺差别大，发酵程度不同，所以也功效各异。

1. 红茶

立顿红茶在中国卖点是“温润”“欧式风情”，但他们却不知红茶的养生功效远大于此。红茶属于全发酵茶，著名的有正山小种、祁门功夫、滇红、英红，等等。这些红茶在发酵中，氧化掉大量茶多酚，故有人产生一种误解，认为红茶的保健功能必然大幅下降，恰恰相反，红茶发酵后产生的茶黄素也具有抗癌、抗突变，抗病毒等功能。更甚的是，最新研究成果发现，茶黄素在抗心血管疾病，抗凝、防止血小板黏附和聚集效果方面，有一定作用，因而还被称为“软黄金”。红茶的保健功能不但没有下降，还有所增加。

常常还有人说喝红茶养胃，那是因为红茶中的茶黄素能络合咖啡碱，在胃液这样的酸性环境中钝化它的活性，减小对胃的刺激，民间传统饮料“红茶菌发酵液”，有“胃宝”的美称。

2. 乌龙茶

乌龙茶是半发酵茶，既有红茶的甘醇，也有绿茶的鲜爽，同时兼具两者的养生功效，能抗衰老，预防心血管疾病，等等。同时，乌龙茶的减肥功效独特。喝茶减肥的功效自古有之，《本草拾遗》中记载，饮茶可以“去人脂，久食令人瘦”，不过那时指的是绿茶。

绿茶的减肥效果来源于多酚类化合物，而乌龙茶除了有这个原因，还因为富含咖啡因、皂苷类化合物以及独特的芳香物质可以帮助脂肪代谢。乌龙茶保健养身，芳香宜人，这才造就了官员陈彬藩成功将乌龙茶推销到日本，引得日本掀起“乌龙茶热”，使它成为日本妇女们的每日必备的茶饮料。

3. 黄茶

黄茶的茶多酚含量与绿茶最接近，所以具备绿茶的大部分功效，如抗氧化、抗辐射，等等。然而，黄茶因为独特的闷黄工序，提高了有机酸水平，有效平衡了茶叶中生物碱的兴奋作用，从而减少茶叶对人体睡眠的影响。湖南农业大学专门对黄茶的生化功能做了深入研究，发现黄茶的水提取物具有调节血脂水平的功效，对营养性慢性代谢性疾病的防治有一定效果，所以喝黄茶对预防糖尿病、调理胃肠道、帮助消化有一定作用。

传统十大名茶中有“金镶玉”美称的君山银针，以“鱼子泡”“环子脚”闻名的湖北远安鹿苑茶，有早在唐代列入贡茶的四川蒙顶黄芽，还有安徽的霍

山黄芽，浙江平阳黄汤等，都因为滋味更温润柔和，同时形成一些新的活性物质，构成它独特的生物学活性功效，被大家喜爱。

4. 黑茶

黑茶距今已有近千年的饮用历史，一直是我国边疆少数民族日常生活不可缺少的饮料。黑茶在“渥堆”过程中，会有大量微生物参与发酵过程，比如茯砖茶的冠突曲霉和普洱茶的黑曲霉等，这些微生物群落加上黑茶特有的茶褐素，在调理肠胃功能、调节肠道菌群、降脂减肥方面有一定作用，能帮助游牧民族消化肉类和乳类这些高脂食物。

另外，我国自古就有粗老茶叶降血糖功效的记载，因为越粗老的茶叶茶多糖含量最高，而黑茶多采摘粗老，加上渥堆工艺，导致茶多糖和水溶性果胶总量可以接近最大值，不仅口感醇厚温和，味甘气香，降血糖功效也不错。

5. 白茶

白茶属微发酵茶，是一种摘取后，只经过晒或小火直接干燥加工而成的茶，味温性凉，以其祛湿败毒的功效和清幽素雅的风格风靡海外。

白茶特殊的加工工艺，较好地保留了茶鲜叶的内含物质，加上它品质适宜，所以比其他茶类有着更好的药理作用和保健效果，比如在解毒、降火及退热、抗菌消炎等保健功效等方面，效果不错。

茶叶中的茶氨酸可以显著提高机体免疫力，还有保护神经的作用，可用于预防阿尔茨海默病等。喝茶会短暂兴奋神经，但长期喝茶却有安神的功效。因而，茶还被称为21世纪的“天然镇静剂”，白茶和绿茶中的氨基酸含量一般明显高于其他茶类。民谚形容白茶为“一年茶，三年药，七年宝”，老白茶因为采摘粗老，工艺独特，加上存放时间长，茶多糖的含量比其他所有茶类更多，也可用于预防糖尿病。

6. 绿茶

绿茶已经拥有传统二十四功效，那当今对其功效又有些什么样的新发现呢？绿茶自古有“长生不老仙药”之称，虽然是夸大其词，但现代医学也用数据佐证了其不错的保健药用，瑞典科学家比较了红茶、绿茶和21种蔬菜水果的抗氧化活性，结果表明2杯茶相当于225毫升红葡萄酒，1800毫升白葡萄酒，5只洋葱，4只苹果，525克黑醋或7杯橙汁。

科学家们发现茶叶中的茶多糖协同茶多酚、维生素和部分氨基酸综合作用，可以一定程度上提高人体的辐射敏理性。同时，2006年，美国食品和药物管理署（FDA）第一次批准中国原创复合成分的植物药（中草药）在美国上市：用儿茶素等绿茶成分提取混合物来治疗一些相应的疾病。

六大茶类的茶疗功效，一方面它们有共通之处是都可以养生防病；另一方面因为品类不同功效的侧重点也不同，绿茶更擅长抗癌抗衰老，红茶更益于防治心血管疾病，青茶适合减肥，白茶可用于预防糖尿病，黑茶可用于防“三高”，而黄茶有助于消化。所以喝茶的时候要因人而异，要选择适合自己健康状况的茶。

（四）茶传播：“茶事外交”与“茶和天下”

茶叶的对外贸易和以之为媒而对外建交早在我国西汉时期就已开始，再到后来的晋唐宋明清，中国以茶建交、以茶贸易、以茶传播文化，与世界各国进行了频繁紧密地来往，范围遍及东亚、东南亚、阿拉伯半岛、北非、西欧和美洲等，在大洋的彼岸，茶益人思的风尚也传播开来。九世纪初叶，我国的茶叶刚传入日本不久，嵯峨天皇的弟弟就写了一首诗，这位亲王就是后来继承皇位的淳和天皇，他写了一首题为《散怀》的诗：“绕竹环池绝世尘，孤村迥立傍林隈。红薇结实知春去，绿鲜生钱报夏来。幽径树边香茗沸，碧梧荫下澹琴谐。凤凰遥集消千虑，踯躅归途暮始回。”

“花神宠秋色，嫦娥矜月桂，月桂与秋色，难与茶比美。一为后中英，一为群芳最；物阜称东土，携来感勇士。助我清明思，湛然祛烦累；欣逢后诞辰，祝寿介以此。”这是英国诗人沃尔特在凯瑟琳皇后结婚一周年特地写给她的，这大概也是第一首英文茶诗了。这位凯瑟琳皇后原是葡萄牙公主，姿色出众，体态轻盈，特别喜欢喝中国红茶，当她嫁给英国查理二世的时候，就把琥珀色的红茶和中国茶具带到了英国，最终让英国成为最迷恋红茶的国家，所以凯瑟琳也被称为“饮茶皇后”。

后来，西欧诗人也相继发表茶诗，内容大多是对茶叶的尽情赞颂，如“茶叶色色，何舌能别？武夷与贡熙，婺绿与祁红；松萝工夫，白毫与小种；花薰芬馥，麻珠稠浓”。

从这些茶诗，可以看到世界人民都对“茶”这种奇妙的饮料喜爱备至。直至当代，从中华人民共和国成立以来，国家领导人和爱国人士们仍然一如既往地以中国茶为民族自豪，以中国茶开拓通往世界的道路！

中国佛教协会前会长、全国政协前副主席赵朴初，是伟大的爱国主义者，是中国共产党的亲密朋友，还是著名的书法家、诗人。他作为佛门领袖，深悟禅理，又精茶道。所以他以茶结缘，对中日邦交的友好进行，颇有助益。1983 年 3 月 20 日，赵朴初访问日本，拜访了京都清水寺 108 岁的长老大西良庆，因为中国和日本的茶人，都称 108 岁为“茶寿”，大西良庆以香茶待客并赠给赵老一木制茶盘作为茶寿留念，朴老深受感动，特献以汉俳三首回赠。主人赠以茶盘，赵老贺以茶诗，双方关系得以升华。1991.8 月，赵朴初再为“中日茶文化交流 800 周年纪念”题诗一幅，赵老以茶会友，以茶邦交，为中日友好关系不辞辛劳。在赵老的心中，全世界茶与茶文化的渊源都在中国，去日本进行友好邦交，也是对中国茶自豪和传播的一种方式。

茶作为中国传统待客之道和标志性文化符号，也被习近平总书记频频带到外交场合，造就了“茶叙外交”的佳话！

2014 年习近平总书记在比利时布鲁日欧洲学院发表演讲，他说：“正如中国人喜欢茶而比利时人喜爱啤酒一样，茶的含蓄内敛和酒的热烈奔放代表了品味生命、解读世界的两种不同方式。但是，茶和酒并不是不可兼容的，既可以酒逢知己千杯少，也可以品茶品味品人生。”在杭州西湖畔，习近平总书记和美国奥巴马总统品西湖龙井；在人民大会堂，与越南总书记阮富仲畅谈共通的茶文化；在开往瑞士的政府专列上，与洛伊特哈德主席夫妇品茶畅谈；在北京故宫博物院，与特朗普总统夫妇简短茶叙；在湖北武汉，同印度总理莫迪尝了产自湖北的利川红茶和恩施玉露，探讨东方文明复兴。习近平总书记说，中国是茶的故乡，从古代丝绸之路、茶马古道、茶船古道，到今天丝绸之路经济带、21 世纪海上丝绸之路，茶穿越历史、跨越国界，深受世界各国人民喜爱。从文化到外交，一杯茶，正是中国“和而不同”理念的彰显和展现，一杯茶的“和”

意，客人品得出，世界也体味得到。

正如中国共产党专门为全球政党大会制定的两幅主题海报所传达的意义。第一幅是《共饮一泓水》：在一盏青花瓷茶杯中盛着清茶，呈现世界地图，茶桌上以茶杯为圆心，扩散一圈涟漪，寓意着构建人类命运共同体，共建美好世界的主张。第二幅是《美美与共，和而不同》：中式、西式、阿拉伯式茶杯并陈，三种不同类型茶杯共同出现，象征着与会政党的广泛代表性，水面色泽清丽，呈现太极阴阳明暗区域，寓指中国主张和而不同，和谐相生，美美与共的传统理念。

图 104　共饮一泓水

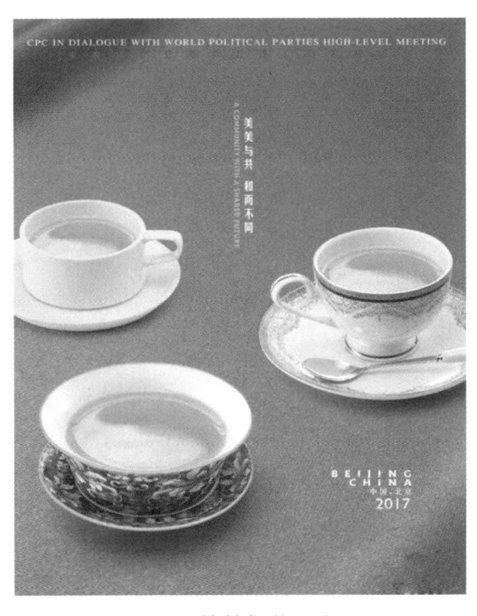

图 105　美美与共，和而不同

中国“以茶会天下嘉宾，以茶敬天下大同”的民族愿望，相信你们和我一样，对茶又多了一份喜爱和崇敬，因为茶是和平的传递，茶是包容的象征，它也将一如既往地影响世界的历史。

微视频分享：《现代创新茶艺》

现代创新茶艺

民族

茶艺与茶文化

民族茶艺与茶文化

导入：民族茶事背景

“千里不同风，百里不同俗”，我国是一个多民族的国家，由于所处地理环境和历史文化的不同，以及生活风俗的各异，使每个民族的饮茶风俗也各不相同。在生活中，逐渐形成了丰富各异的民族风情茶艺形式，即使是同一民族，在不同地域，饮茶习俗也各有千秋。比如藏族酥油茶、白族三道茶、土家族擂茶、苗族油茶、纳西族龙虎斗等，还有一些民族保留着极其古老的食茶风俗，如佤族、哈尼族的食生茶叶、基诺族的凉拌茶、德昂族的腌茶，等等。这些不同民族饮茶习俗的由来或多或少与祖辈流传下来的故事、歌谣、图腾传说有着密切的联系。

由于最早的“茶”是初民们赖以存活、维系生命的充饥食物，也是他们从生到死日日相伴的“亲人密友”，所以，不懂生育奥秘，充满着原始思维的图腾意识和感恩之情的初民们，便产生了将“茶”视作是“给予生命的母亲”的茶图腾意识，形成了崇拜“茶”的原始宗教。“图腾”一词为北美印第安阿尔昆琴部落的古老语言“totem”的中文翻译，意即“他的族类”，一般来说，图腾现象分为以下几类：将某种动植物或无生命物当作祖先，自己族群则为其后代；将某种动植物或无生命物视作亲属，自己族群亦为同类；将某种动植物或无生命物当作保护；将某种动植物或无生命物视作创世神。而茶图腾的信奉者们大多数是历史十分古老，而文化相对长期封闭独立、自成一体的族群。

说到以茶叶为图腾的古老民族，最为突出的当数德昂族了。他们原称“崩龙”，在古歌中唱道：“茶叶是崩龙的命脉，有崩龙的地方就有茶山；神奇的传说流到现在，崩龙人的身上还飘着茶叶的芳香。”德昂民族的“茶祖之歌”名为《达古达楞格莱标》，译成汉语意为“最早的祖先传说”，这是德昂先民

古崩龙人最古老的神话史诗，向后代昭示世界的起源、民族的来历以及生命的不易、创业的艰难和做人的道理，等等。据这首古歌唱道，在很古很古的时候，大地一片浑浊。天上美丽无比，到处都是茂盛的茶树。天和地为什么如此不一样？茶树在冥想，终于，一棵小茶树下定决心要到地上受尽苦难，只要大地永远长青。于是，一阵狂风吹得天昏地暗，撕碎了小茶树的身子，共 102 片茶叶下凡。这些茶叶变成了 51 个精悍小伙子和 51 个美丽姑娘。这 102 个下凡的茶叶兄弟姐妹们，历尽了几万年的艰辛才到达大地，和滔滔洪水展开生死搏斗，茶叶所到之处洪水处处退让。茶叶又与恶魔展开战斗，终于换来了一个崭新的美丽的新世界。后来这 51 对男女结成双，世代繁衍，人口兴旺。《达古达楞格莱标》是一部储存着古崩龙人远古记忆的神话史诗，贯穿着古崩龙人生命历程的悲壮以及茶叶精神的博大，充满着神秘瑰丽的原始意绪，反映出了崩龙人的朴实的宇宙观："茶叶"是人类的始祖，是茶树才有了这青山秀水以及人们的五谷丰登。德昂人除了"茶祖之歌"之外，还有一个远近闻名的习俗就是"种茶树"。德昂人无论定居到哪里，都要在居住地附近及竹楼周围种上茶树，自古以来一直如此。

至今，在云南许多古崩龙居住过的地方，都留下了不少高大的古茶树，所以德昂人又被当地人誉为"云南种茶的祖先"。

在德昂人聚居区云南德宏州，保存下来的荒野古茶林，相传都是德昂先人种植。早在 1950 年全州普查时，发现荒野古茶林中古茶树达 160 余万株，其中（盈江）莲山大寨背后有野生古茶树 30 余万株，竹山寨有 90 余万株，陇川瓦幕也有 2 万余株。盈江勐弄区的古茶林满山遍岭，树干直径多在 30 ~ 50 厘米；梁河勐宋有棵古茶树，按树龄算，当在明代以前种植；潞西香菜塘的古茶林里，有 60 余株古茶树直径都在 40 厘米以上，树龄达数百年以上。据考察，这些野生古茶树均属栽培型茶树。据考证颇详的《〈云南志〉校释》认为："永昌濮子蛮殆为哀牢之苗裔，亦即今崩龙族之先民也。"换言之，哀牢人就是古崩龙人也即古濮人。此外，关于古濮人即今德昂族、布朗族及佤族之先民的说法，已是学术界的共识，因而，更确切一点地说，云南大地上的古老茶树，大多是由古濮人，亦即今德昂族、布朗族、佤族的先民栽培。那么，古濮人也可称作是"最古老的茶农"了。

以茶为图腾祖先，能在各古老民族遗存文化中寻觅到，可以说是古老民族的共同信仰。比如世居于大巴山并分布在川鄂湘地区到土家族人，他们最崇拜的氏族首领“八部大王”就是以茶为图腾的，他们在祭祖仪式上所唱的《梯玛神歌》中说，“八部大王”的母亲是土家人最敬奉的原始女生育神，因为上山嚼了茶叶生下了八个兄弟，后保家卫国作战有功谥封为“八部大神”，这就是说土家族的氏族始祖是“茶叶之子”，母亲就是“茶母”也即“茶图腾祖先”。纳西族同样有着非常深厚的茶崇拜风气，美国罗克《中国纳西族的生活与文化》中记载，纳西人把盛放着茶叶、米、卵石、箭以及神梯、塔、桥等等竹篓子“苏都”视为家族保护神，挂在正堂的中柱（苏柱）上，每喝前都要献祭；另外在丧葬风俗“苏扫肯”（落气）是在人将断气之前，由直系亲属往死者嘴里放茶叶、米粒和银末，认为这样可以使死者的灵魂到达“神地”，这个所谓的“神地”就是茶图腾祖先的神地，是茶子茶孙最后的归宿。保存着堪称“原始茶文化活化石”的“凉拌生食茶”的基诺族称茶树为“孔明树”，称茶山为“孔明山”，尊诸葛亮为“茶祖”，是因为有传说诸葛亮率兵南征，在基诺山区种茶树治愈了部队因为瘴疠气盛的疾病，很显然，奉诸葛亮为“茶祖”与奉“陆羽”为“茶神”是类似性质的，都是对形象与说法均已模糊不清的茶图腾神的一种更新、替换。

民族茶艺作为传承文化的民俗事象，有其历史的传承性，又有其变异性，各兄弟民族的相互影响，不断融合，饮茶习俗也才能越来越具有民族性和地域性的特点。德昂人的茶祖之歌和美丽的传说故事让我们初探到了茶文化的古老源头，而其他民族的饮茶习俗便也由此开枝散叶。古老的布朗人、德昂人将新鲜采摘下来的生茶叶晒萎后放入小缸内，放一层茶芽撒一层盐，再用重盖压一下，然后这样不断重复，直至压满为止，再用泥巴封住口子，数日后取出来食用，吃的时候再拌上一些香料放在嘴里慢慢细嚼，就像嚼槟榔一般既有香味又很清凉，还有丝丝的回甘。古老的基诺族喜欢吃“凉拌茶”，把刚采下来的鲜嫩茶芽搓揉碎后放入大碗中，再拌上红辣椒粉、黄果叶及捣碎的蒜泥、盐巴等佐料，加上清凉的山泉水，调匀成清爽美味、风味独特的“茶菜汤”。桃花源土家族的擂茶是用生姜、生米、生茶叶为原料，擂碎后冲入清凉的山泉水调匀为浆制成，色泽呈黄白奶状，香糯可口，既能充饥，也宜解渴，也名“三生茶”。当

然，还有古老的佤族、哈尼族，至今还有食生茶叶的嗜好，直接边采茶叶边往嘴中塞茶芽，咀嚼得津津有味，几乎就是原始采集经济时代人类吃茶的翻版……无论是古老的煮茶还是甘甜芳香的清茶，都是由原始时代以花果树叶充饥发展而来的，因此先祖认为茶是让他们赖以存活维系生命的圣物，把“茶”视为“给予生命的母亲”而崇拜的图腾，代代相传，直至今日各族的子民们或者载歌载舞，或者吟诗作赋，用各种不同的形式表达着虔诚而热烈的情怀，因为茶已不仅仅是食物，它荷载着一个民族沉重而丰厚的文化与历史，抒发着民族精神魂魄和生命绽放的情感。

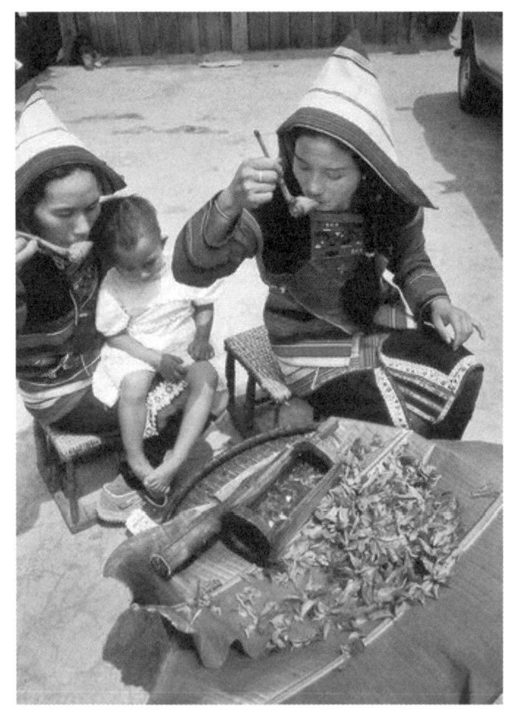

图 106　基诺族“凉拌茶”

启发:

我们可以从流传在各民族中的有关人类起源的神话传说和创世古歌中，探访到茶文化的古老源头，比如湘西区的《苗族古歌》，白族古歌《人类起源》，壮族古歌《德生造地》。“原始生食茶”以及茶与其他植物合煮成的“杂羹”和“菜粥”，直到今天也还依然保留在一些古老的民族中。对他们来说，茶是祖先们赖以存活、维系生命的充饥食物，也是族人们从生到死日日相伴的“亲人密友”，所以在各民族中充满着茶图腾意识，诸如“生命的母亲”“保护神”“创世神”，等等。你能在这些质朴而独特的茶艺中寻找到古老的茶图腾遗存吗？

一、白族“三道茶”

白族散居在我国西南地区，主要分布在云南省大理白族自治州，是一个十分好客的民族。白族人家，不论是在逢年过节、生辰寿诞、男婚女嫁等喜庆日子里，还是亲朋好友登门造访之际，主人都会以“一苦二甜三回味”的“三道茶”款待宾客。

说到云南大理白族人饮茶习俗，早在唐代《蛮书》中就有记载。白族的“三道茶”在白语为“绍道兆”，最早见载于明代徐霞客所著的《滇游日记》。徐霞客来大理时，在他的游记中这样描述它——“注茶为玩，初清茶、中盐茶、次蜜茶”。所谓“注茶为玩”，就是把饮茶作为一种品赏的艺术活动，也即是后人所称的茶道。

白族“三道茶”即“清苦之茶”“甜茶”和“回味茶”，寓意人生“一苦，二甜，三回味”，起源于唐朝。当时南诏国的白族人民就有了饮茶的习惯，尤其是每逢重大祭祀、作战凯旋、迎接国宾、南诏王出巡等各种盛典，都要举行“三道茶歌舞宴”。唐代天宝年间，西南节度使郑回奉命出使南诏国，南诏王就以盛大的“三道茶歌舞宴”为郑回接风。而且南诏王为了强健身体，延年益寿，每天清早都喝“三道茶”。“三道茶”在南诏中期，才开始从宫廷流传到民间的大户人家。南诏大理国一直是一方崇尚佛教的乐土。到后期佛教被奉为国教，寺庙众多，饮茶之风盛行，茶成为寺庙中日常饮用、佛事供奉、招待香客和游人的必备饮品。一时之间，民间争相效仿，使茶饮这一雅事在大理成为一种流行时尚。到了宋元时期，白族民间普遍风行“三道茶”，用来招待远道而来的

客人，“三道茶”的冲泡方式，也渐渐形成了一套程序。

图 107　白族“三道茶”

白族的“三道茶”当初只是长辈对晚辈求学、学艺、经商，以及新女婿上门时的一种礼俗。它的形成，还伴随着一个富有哲理的传说：

在很久以前，大理苍山脚下，住着一位手艺高超的老木匠。他带有一个徒弟，学了多年还不让出师。一天，他对徒弟说：“你作为一个木匠，会雕会刻，还只学到一半功夫。要是跟我上山，你能把大树锯倒，锯成板子，扛得回家，才算出师。”徒弟不服气，就跟着师父上山，找到一棵大麻栗树，立即锯了起来。但还未等将树锯成板子，徒弟已觉口干舌燥，只好恳求师父让他下山取水解渴，但师父不依。到傍晚时分，还未锯完板子，徒弟再也忍受不住了，只好随手抓了一把树叶，放进口里咀嚼，想用来解渴。师父看徒弟又皱眉头又咂舌的样子，笑着问徒弟：“味道如何？”徒弟只好实说：“好苦啊！”师父这时才语重心长地说：“你要学好手艺，不先吃点苦头怎行啊？”这样一直到日落西山，板子虽然锯好，但徒弟已筋疲力尽，累倒了。这时，师父从怀里取出一块红糖递给徒弟，郑重地说：“这叫先苦后甜！”徒弟吃了这块糖后，觉得口不渴了，精神也振作了。于是赶快起身，把板子扛回家。从此以后，师父就让徒弟出师了。分别时，师父舀了一碗茶，放上些蜂蜜和花椒叶，让徒弟喝下去后，问道：“此茶是苦是甜？”徒弟答曰：“甜、苦、麻、辣，什么味都有。”师父听了，哈哈大笑，说道：“这茶中情由，跟学手艺、做人的道理差不多，要先苦后甜，还得好好回味。”

自此开始，白族的“三道茶”就成了晚辈学艺、求学时的一套礼俗。之后，应用范围日益扩大，成了白族人民喜庆迎客，特别是在新女婿上门、子女成家立业时，长辈谆谆告诫晚辈的一种形式。

传说故事中“三道茶”寓意人生“一苦，二甜，三回味”的哲理，现已成为白族民间婚庆、节日、待客的茶礼。“三道茶”歌舞表演也成了大理旅游的保留节目。那么，“三道茶”是怎么制作的呢？

第一道茶，称之为“清苦之茶”，寓意做人的哲理：“要立业，先要吃苦。”制作时，先将水烧开。再由司茶者将一只小砂罐置于文火上烘烤。待罐烤热后，随即取适量茶叶放入罐内，并不停地转动砂罐，使茶叶受热均匀，待罐内茶叶"啪啪"作响，叶色转黄，发出焦糖香时，立即注入已经烧沸的开水。少顷，主人将沸腾的茶水倾入茶盅，再用双手举盅献给客人。由于这种茶经烘烤、煮沸而成，因此，看上去色如琥珀，闻起来焦香扑鼻，喝下去滋味苦涩，故而谓之苦茶，通常只有半杯，一饮而尽。

第二道茶，称之为“甜茶”，寓意生活的哲理：“人生在世，先苦后甜。”当客人喝完第一道茶后，主人重新用小砂罐置茶、烤茶、煮茶，与此同时，还得在茶盅内放入少许红糖、白糖、乳扇、核桃仁片等，待煮好的茶汤倾入八分满为止。

第三道茶，称之为“回味茶”，即在茶水中加入肉桂末少许、花椒数粒、生姜数片、蜂蜜数滴，客人接过茶杯要晃动摇匀，趁热喝下。其味甘甜，还有肉桂和花椒的气息，融合甜、苦、麻、辣各味，很有回味感。此道茶寓意人生和事业，告诫人们对前进的道路要经常反思与回味，有温故而知新的含义。

图 108　白族“三道茶”原料

白族“三道茶”茶艺要求严格，完整的流程要包括：宾主就座、主宾寒暄、品尝点心、赏茶观形、精心焙烤、佐料制作、备水烧煨、分道冲泡、进具温杯、分盅冲茶、按客奉献、主宾互敬、观其汤色、闻其香气、品其滋味、论茶述艺、祝福吉祥、拱手道谢。

其中，选用的茶为本地上好的感通山绿茶；选用的水为苍山雪水；选择的茶器主要有烤茶罐，以剑川黑陶为上品，建水紫陶为中，普通土陶为下；第一道茶用白瓷小茶盅，大理俗称“牛眼杯”；第二道茶用土陶茶盏，因为第二道茶食材较多，同时寓意甜蜜，故容量上是三道茶中最大的；第三道茶用白瓷钟口杯。

茶席布置类似白族民居大门三滴水样式，前排用两个几，左为第一道，右为第二道，后排用桌，置于正中。以扎染布作桌布，木托盘盛杯盏。

烹茶过程中需要遵守的准则：选上等好茶、道道皆烤、铜壶烧水、木炭生火、砂罐焙茗、专用佐料。

概而言之，“三道茶”有“三道”“六则”“十八序”。白族人民以茶待客，以“三道茶”敬献宾客，有严格的规矩。在白族茶礼中，始终贯穿“礼”“真”“美”三个字，充分体现了白族人民热情、文明、好客的特点。

纵观白族“三道茶”的传承发展，佛教活动的兴盛在其中起到了推动作用，而“一苦二甜三回味”的人生哲理亦暗合了佛家追求人格完善的境界。

白族“三道茶”是中国茶文化中不可分割的重要组成部分，具有鲜明民族文化和地域特色。在接待外宾、欢迎游客等方面，作为一种独特的文化表征而使得世界人民对其印象深刻，为白族文化的弘扬和发展作出了重要贡献。

2014 年 11 月，“白族‘三道茶’”经国务院批准列入第四批国家级非物质文化遗产代表性项目名录。

二、纳西“龙虎斗”

纳西族有 20 余万人，主要聚居在滇西北的丽江纳西族自治县以及宁蒗、永胜、维西、香格里拉、德钦等地。此外四川省盐源、木里等县也有少量分布。生活在云南省高山峡谷地区的纳西族，由于住地海拔多在两千米以上，气候干燥，茶叶早已成为他们必不可少的生活资料。

纳西族的东巴文是迄今为止唯一还在使用的象形文字。在东巴文 1400 多个单字中，就有两个与茶相关的字：“茶”与“喝茶”，“茶”字的象形是碗中装着树叶，树叶间的小点儿代表水液。从这个字的表达含义来看，所谓茶就是指用树叶煮烧出来的汤水。“喝茶”就是在茶旁加了一个正在饮茶的人。纳西人呼茶为“勒”，喝茶谓“勒特”，敬茶谓“勒护”，这是典型的南方农耕民族宾谓倒装句，可知其茶文化的根底源自农耕文化中。古老的文字反映出生活在云南玉龙雪山下丽江一带的纳西族人，有着悠久的茶文化，他们也是嗜茶爱茶的民族。

若对纳西族进行深入的考察，就可发现纳西人中还有着非常深厚的茶崇拜风气。据《云南民族学院学报》1992 年 1 期所节译的美国洛克《中国纳西族的生活与文化》一书中记载：

图 109　纳西族东巴文

每喝茶前纳西族人都要献祭。古代纳西族的房屋建造非常简单，正堂中央有三块做饭用的石头，不论谁喝茶，都要先倒一点茶水在三块石头上召唤“琼”，等于奉献于祖先和生命神“苏”。“苏”是一个泛乎空间的大保护神，是给予纳西人生命的神灵，是生杀予夺的神灵。“苏都”是一个盛放着茶叶、米、卵石、箭及神梯、塔、桥等的竹篓子，纳西人视为家族保护神，“苏”与“茶”古音相同，它的神格与茶图腾神类同，从中可以看出“苏”和“苏都”都是茶图腾神的衍变神灵。喝茶前献祭正是一种图腾崇拜的遗风。

纳西族中有很浓郁的茶图腾崇拜传统，除了喝茶献祭外，还包括纳西族丧葬风俗“苏扫肯”，意译为“落气”，是在人将断气之前，由直系亲属往死者嘴里放茶叶、米粒和银末，认为这样可以使死者的灵魂到达“神地”。这所谓的“神地”，就是茶图腾祖先的神地，是茶子茶孙们最后的归宿。

纳西族还有“以茶送归”的丧俗，一般在鸡鸣时举行，所以又称“鸡鸣祭”。在人死后的当天后半夜，由子女煨一罐酽茶供桌上，鸡叫头遍，请来的吹鼓手们就吹起了牛角，敲响了锣鼓，死者的子女就一面往脸盆里倒水拧毛巾，一面呼唤着亲人起来洗脸、喝茶，并将罐中的茶倒入茶盅，意请死者再喝一次早茶。纳西人嗜好喝早茶，尤其是老人，不喝早茶会感到难受。

那为什么茶对纳西族这么重要呢?

纳西族主要生活在云南省的高山峡谷地区，海拔高，多在两千米以上，气候干燥，主食杂粮，缺少蔬菜，茶叶早已成为他们必不可少的生活物资。

纳西族人除了流传着“油茶”“糖茶”“盐巴茶”的饮茶习俗之外，还流传着以茶治病的一种奇特的喝法——“龙虎斗”，纳西语是“阿吉勒烤”。

“龙虎斗”的制法是：先把一只拳头大小的小陶罐放在火塘边烤热，然后装入茶叶在火塘上继续烘烤，边烤边不停地抖动陶罐，以免把茶烤焦，待茶叶烤至焦黄发香时，向罐里冲入开水，顿时罐内茶水沸腾、泡沫四溢，待泡沫溢出后，再冲满开水，稍煮一会儿茶即熬成。

这时，在洗净的茶盅里斟上半杯高度白酒，将滚烫的浓茶倒进茶盅中，冷酒和热茶相遇，立即发出悦耳的响声，纳西族人把这种响声看作是吉祥的象征，响声越大，在场的人就越高兴。响声中茶香酒香四溢，可谓“香飘十里外，味醇一杯中”。

图 110　纳西族“龙虎斗”茶

这种“龙虎斗”茶不仅风味独特，而且是纳西族人治疗感冒的传统秘方。有些人还特地在酒盅里加上一个辣子，喝上一盅这样的“龙虎斗”，让人

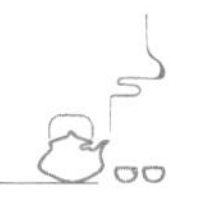

周身发汗，四体通泰，无比舒畅。

纳西族的“龙虎斗”，是一种药用茶，更是中国玉龙雪山深处纳西族人的古老茶饮。在我国，药茶疗疾源远流长，早在唐代就有“药疗百疾，茶治百病”之说。自古以来，民间就有上百种专治风寒的茶疗偏方。纳西族“龙虎斗”既是风寒茶疗的一味“猛药”，又体现了少数民族充满野性之美的古朴茶道。

三、藏家酥油茶

藏族朋友喝茶种类名目繁多，有喝清茶的，有喝奶茶的，但喝得最普遍的还是酥油茶。目前，西藏的年人均茶叶消费量达 15 千克左右，为全国各省、区之冠。

在民间还流传着一则与酥油茶有关的爱情传说故事：相传西藏地区有两个部落，辖部落土司的女儿美梅措与怒部落土司的儿子文顿巴相爱，但由于两个部落历史上结下了冤仇，辖部落的土司派人杀害了文顿巴，当为文顿巴举行火葬仪式时，美梅措跳进火海殉情。双方死后，美梅措变成茶树上的茶叶，文顿巴变成盐湖里的盐，每当藏族人打酥油茶时，茶和盐便再次相遇。听了这则由茶俗引发的传说故事，让我们都无比感慨。大家都知道，藏族居住在平均海拔 3500 米以上的高原上，干燥、酷寒，素不产茶，为何这里的人们养成了如此强烈的饮茶习惯呢？

图 111　藏族“酥油茶”

顾炎武《日知录》说:“秦人取蜀而后,始有茗饮之事。”巴蜀不仅是最早产茶、饮茶的地方，而且是最先把茶作为商品交易的地区。秦汉时期，西蜀的商人就与康藏高原东部的都夷、牦牛夷等有着商品交换关系，以蜀中之茶换取马、牦牛等。不过当时产茶不多，内地尚未形成普遍的饮茶习惯，高原上的藏族先民当然更无饮茶的习惯。

在敦煌千佛洞和新疆地区出土的一批吐蕃时期的历史文书、木简中，记载了吐蕃社会的经济生活情况，但在这些于 8 ~ 9 世纪的文献中，人们日常生活中的物资有青稞、小麦、酒、皮张、牲畜等，却不见有茶，这也说明至少在 9 世纪初以前，茶还没有进入藏族人民的日常生活中。9 世纪以前，唐蕃因争夺势力范围的冲突时有发生，争战连绵，在大多数时候双方的贸易关系不能正常开展，这就极大地制约了茶向藏族聚居区输入。晚唐以后，唐蕃双方进入了一个较稳定的和睦相处时期。官方和民间的商贸渠道都畅通无阻，这就为茶的大量输入创造了前所未有的良好条件。

另一方面，晚唐时期吐蕃的社会环境也为饮茶习俗的形成创造了条件。吐蕃的热巴巾赞普（815—838 年在位）开展了空前的尊佛运动，规定了七户养一僧的制度，西藏地区的僧人从此脱离生产劳动，专事修习，对于每日打坐诵经的僧人来说，茶的“破睡”和“涤烦疗渴”作用尤显得突出，藏族对僧人（喇嘛）十分崇敬，于是纷纷效仿他们的饮茶习惯。吐蕃最后一位赞普达玛（839—842 在位）在位时，大力灭佛，当时大量寺院被毁，大批还俗的僧人又将饮茶之习和烹茶之法带入人们的日常生活中。

酥油茶是藏族群众每日必备的饮品，作为主食与糌粑一起食用。一来藏族聚居区高寒缺氧，喝茶可以治高原反应和御寒。二来藏族食物是牛羊肉和糌粑等油、燥性之物，缺少蔬菜，而茶中富含茶褐素、茶多酚、维生素，具有清热、解毒、助消化等功能。酥油茶颜色与浓可可茶相似，喝一口茶，茶香很浓，奶香扑鼻，有一种特殊的回味。打酥油的茶筒多用铜质制成，盛酥油的茶具用银器制成，茶碗以木碗为多，但会用金、银、铜镶嵌而成，最考究的用金银加工而成，这些华丽而昂贵的茶具，常常被看作是传家之宝，不同品级的茶具是人们拥有财富的标志。

酥油茶制作方法是：

第一步，先将奶汁加热，然后倒入一种叫作“雪董”的大木桶里（高 4 尺、直径 1 尺左右），用力上下抽打。

第二步，来回数百次，搅得油水分离，上面浮起一层湖黄色的脂肪质，把它舀起来，灌进皮口袋，冷却了便成酥油。

第三步，制作酥油茶时，先将茶叶或砖茶用水久熬成浓汁。再把茶水倒入酥油茶桶。

第四步，接着放入酥油和食盐，用力将茶桶上下来回抽几十下，搅得油茶交融，然后倒进锅里加热，便成了喷香可口的酥油茶了。

藏族人常用酥油茶待客，他们在待客礼仪方面是非常讲究的。当客人坐到藏式方桌边时，主人便拿过一只木碗（或茶杯）放到客人面前。接着提起酥油茶壶，摇晃几下，给客人倒上满碗酥油茶。刚倒下的酥油茶，客人不马上喝，先和主人聊天。等主人再次提过酥油茶壶站到客人跟前时，客人便可以端起碗来，先在酥油碗里轻轻地吹一圈，将浮在茶上的油花吹开，然后呷上一口，并赞美道：“这酥油茶打得真好，油和茶分都分不开。”客人把碗放回桌上，主人再给添满。就这样，边喝边添，不一口喝完，热情的主人，总是要将客人的茶碗添满；假如你不想再喝，就不要动它；假如喝了一半，不想再喝了，主人把碗添满，你就摆着；客人准备告辞时，可以连着多喝几口，但不能喝干，碗里要留点漂油花的茶底。这样，才符合藏族的习惯和礼貌。

对于藏族来说，茶是“生命之源泉，天神所赐的甘露”，像空气、阳光、食粮一样，终生不能相离，饮茶如同吃饭一样重要，不分男女、老幼、僧俗、贵贱，“无人不饮，无时不饮”。由此而形成的藏族茶文化更是多姿多彩，绚丽璀璨，成为世界茶文化中的一朵奇葩。

四、土家族“擂茶”

土家族主要居住在川、黔、湘、鄂四省交界的武陵山区一带，这里到处古木参天，绿树成荫，有“芳草鲜美，落英缤纷”之誉，是我国的旅游胜地之一。由于当地生态环境适应种茶，所以历史上一直是我国优质茶和许多名茶的重要产地。山美、茶美，固能引人入胜，而土家族同胞喝擂茶的习俗，更令人叫绝不已。

“晋太元中，武陵人捕鱼为业，缘溪行，忘路之远近，忽逢桃花林……林尽水源，便得一山……复行数十步，豁然开朗，土地平旷，屋舍俨然，有良田、美池、桑竹之属……”这是千年以前陶渊明在《桃花源记》中所描述的神奇地方，也就是现在的湖南常德桃源县桃花源。在这样一个神奇地方，千百年来，还保留着一种古老的吃茶方法，就是土家族的“擂茶”，四川、重庆、湖北土家族也叫“打油茶”。

图 112　土家族“擂茶”

信步走在今天桃花源的小道上，穿竹林，越小溪，一路奇花异草，更有古木参天。进得山庄，远远就可望见一面白色镶边的大三角旗高高悬挂在树上，正中绣着一个大大的“擂”字，这就是古风犹存的“擂茶旗”。迎风猎猎，恰似古代的战旗一般，山静鸟鸣中，把人一下就拉回到远古时代。等走进山民家里，好客的土家族人就会热情地端出“擂茶”来迎客。

桃花源“擂茶”是用生姜、生米、生茶叶（鲜茶叶）三种生原料经混合研碎，加水后烹煮而成的汤，故又名“三生汤”，自古流传着许多与之相关的传说故事。

相传东汉建武年间，伏波将军马援率军南征武陵“五溪蛮”时，途中扎寨乌头村（今桃花源），时值盛夏，瘴气弥漫，瘟疫流行，马援和将士们纷纷病倒，在这危难之际，当地一老妪见马援军队纪律严明，秋毫无犯，十分感动，

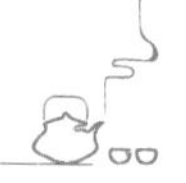

便自愿献出家传秘方“三生汤”来救治。她把生姜、生米、生茶叶放入陶擂钵中，倒入少量的泉水，用一根芳香的山楂木作擂棒，将茶米等捣成糊状，再倒入清凉的泉水调匀，其色黄白如乳，凉爽解渴，将士们服下后，病情迅速好转，无病的服用后，也觉得身轻体健。从此，“三生汤”便远近传开了。

也有说是相传三国时，张飞带兵进攻武陵壶头山，即现在的湖南省常德境内，正值炎夏酷暑，当地瘟疫蔓延，张飞部下数百将士病倒，连张飞本人也不能幸免。正在危难之际，村中一位草医郎中也献出类似的除瘟秘方，茶到病除，张飞说“三生有幸”，因此而得名“三生汤”。

桃花源地区还流传着更为古老的传说：

古时的一个夏天烈日炎炎，久旱无雨，桃花江边的村民十有八九浑身长满疱疮，流脓不止，最后溃烂而死。一天，一位银须老者路过此地，见路旁茶亭内有一壮汉昏死在地，满身流脓疮，便解开包裹，取出一个陶钵，抓了几把茶叶、花生仁，绿豆、芝麻放进去，用一根木杖擂碎，然后将清凉的桃花溪水倒入钵内，搅拌成乳白色液体。银须老者口中念念有词，并将液体一半洒病人全身，一半灌入腹中，不一会儿，奄奄一息的汉子就苏醒过来，疱疮也已好转，而老者却已不见，只留下陶钵、拐杖和茶叶等，拐杖上写着“太白金星”四字。于是人们也效仿着擂出洁白如奶的茶水来治疗，疱疮很快痊愈。从此，每当盛夏，这一带村民就都擂这种茶水喝，再也不长疮疱，还能防暑，大家叫它“擂茶”。

明代朱权著《臞仙神隐》具体记载了擂茶的制法：先将芽茶用汤浸软，加熟芝麻擂细，再加川椒末、盐酥油饼，入锅煎熟，再加生栗子片、松子仁、胡桃仁，和水煮即成；明代刘基写的《多能鄙事》一书也有类似记载，都比现在的做法复杂。随着时间的推移，与古代相比，现今的擂茶，在原料的选配上已发生了较大的变化。通常除茶叶外，再配上炒熟的花生、芝麻、米花等。另外，还要加些生姜、食盐、胡椒（粉）之类。将茶和多种食品，以及作料放在特制的陶制擂钵内，然后用硬木棍用力旋转，使各种食物互相混合，再取出倾入碗中，用沸水冲泡，用调匙轻轻搅动几下，擂茶就调成了。少数地方也有省去擂研，直接用沸水冲泡的，但冲茶的水必须是现沸现泡的。

比如湘西非物质文化遗产“土司擂茶·制作工艺”，将炒香的花生米、绿豆、黄豆、芝麻、绿茶合在一起，按比例倒进土擂钵中，擂成米粉，然后煮熬成糊状即可。喜咸者则加盐，喜甜者则放点糖，由君自取。土司擂茶是湘西溪州土司传承800年的待客茶道，起源于土家民族史诗《梯玛神歌》的茶父传说：

相传先祖阿妮久婚不孕，夜梦仙姑赐茶粉，说这是喜药。阿妮饮后怀胎三年，一胎生八子，喝虎奶长大，建八峒，也就是历史记载的八部大王。因有母无父，所以尊茶为父，生息繁衍湘西土家族。后人效仿此茶粉，擂制而成，擂茶遂成土司御用，密不外泄。1725年，末代土司彭肇槐因改土归流客居王村，留下了秘制之法，土司擂茶得以流传。

土家族“擂茶”幽香清纯，味道鲜美，而且还有清火明目、去湿发汗、和胃止热的多种好处，既是土家人吉庆喜日必不可少的上等茶点，也是他们隆重的待客方式，兼有“以茶代酒”和“以茶作点”的双重含义，良宵佳日、招待亲友，众乐陶陶，别有一番情趣。

五、苗乡“打油茶”

苗乡兄弟民族主要聚居在桂北、湖南交界地区和贵州黔东南地区，他们与汉族、壮族、回族、水族等民族世代相处，十分热情好客。住在这里的人们，虽然衣食住行等风俗习惯有别，但家家都喜欢打油茶，人人喝油茶，特别是喜庆节日，或亲朋贵客登门时，他们更是以打法讲究、佐料精选的油茶款待客人，在平日，一家人每天免不了要喝上几碗油茶汤，以驱邪祛湿，预防感冒，抖擞精神。

和其他少数民族一样，苗族也流传着一个关于茶的传说，那就是《云雾茶的故事》。故事流传在贵州贵定苗族地区：

> 相传很久以前苗山上本无茶林，有一个叫阿虎的苗族青年，骑着一匹白马，带着一包茶种，来到云雾山。阿虎见山上云雾缭绕，土地温湿，很适合种植茶树，便把茶籽种了下去。从此，云雾山上有了茶林，阿虎还经常骑着白马到苗家村寨教乡亲们种茶，苗家有了茶叶，调米换盐，日子一天天好起来。

一天，有个土官来到苗家山寨，好客的苗民取出云雾茶来敬献，土官见茶叶很粗大，便不高兴了："怎么拿这种粗茶相待？"阿虎恭敬地说："大人，这是最好的云雾茶，您品尝一下就知道了。"土官端起茶碗，揭开盖子，只见碗中冒出一股白气，先似伞般张开，后如白云状冉冉升腾，一朵未散，一朵又起，真是好看极了，而随着白气飘散，茶香四溢，沁人心脾，轻喝一口，顿觉满嘴芳香，周身舒畅。土官暗想：这样的仙茶若献给皇帝，定能加官晋爵。于是向阿虎要了一大包云雾茶进京献给了皇帝。皇帝一饮，果然妙不可言，就想长期独占，下旨令阿虎即刻到皇宫种茶。但是由于水土的原因，宫苑里种的茶树叶子制不出云雾仙茶来，皇帝大怒，以欺君之罪杀死了阿虎。此后，云雾山的茶每年都被拿去上贡。

这一则茶传说，反映出苗族人古老的茶文化。而古老的茶文化，苗族自治县的"苗乡油茶"更名副其实。

据《城步民间故事》记载，诸葛亮七擒孟获时，苗王孟获有八个老婆，最小的一个被乱兵所杀，其余七个逃进深山老林，因缺少粮食，在山中又饿死六人，余下一人爬进一间茅棚内，被当地"苗蛮"以油茶相救，得以保住性命。这天是农历三月初三。苗王孟获仅剩的这个老婆为感激"苗蛮"的救命之恩，回家以后便天天打油茶吃，并要孟获下令于每年三月初三举行油茶会，以示纪念。

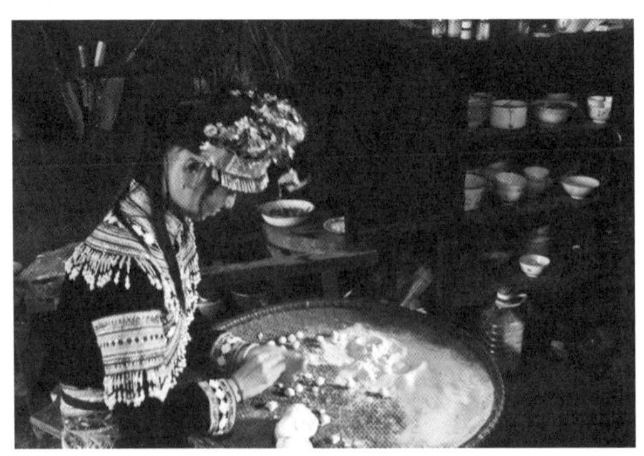

图 113　苗乡"打油茶"

这个故事虽然只是民间传说，但苗乡油茶的由来绝对不是空穴来风。

城步自古为南楚与百越相交之地，早在四千多年前的新石器时代，苗族先祖就繁衍生息于此。由于境内山高林密，河川密布，瘴气弥漫，蝇虫肆掠，疫病蔓延，苗民的生存受到极大挑战。在恶劣的生存环境中，苗族先民逐渐摸索到了茶叶具有祛除寒瘴、伤湿、疫病的独特功效。再加上城步苗疆地处崇山峻岭，可种植粮食的地方小，产量低，为解决温饱和抵御疾病，聪明的苗族先民在饮用的茶水中加入玉米、红薯、花生等杂粮以及板栗、百合、水米花等野花野果，最后再加入油盐、葱、蒜等辅料，既可充饥，又能御病，逐步发展演变为苗乡先民喜爱的油茶，还用于招待客人和节庆礼仪等重要场合。

苗族油茶的做法是先将油、食盐、生姜、茗茶倒入锅内用热油爆香，随即加水煮沸，用木槌将茶舂碎，再用文火煮，然后滤出渣滓，把茶水倒入放有玉米、黄豆、花生、米花、糯米饭的碗里，夏秋两季，可用豆角，冬季可用红薯丁等。最后再放葱花、蒜叶、胡椒粉和山胡椒为佐料。这样煮好的油茶汤又鲜、又香，油而不腻。

做油茶又被称为“打油茶”，“打油茶”用的茶叶，是在清明前后采摘的茶树嫩叶。茶叶采回后，先放在锅里蒸到叶色变黄，取出来把水沥干，再加入少许米汤搓揉后，用明火烤干，装在竹篓里，挂在火塘上方用烟熏着，使它保持干燥，并可以随时取下作为打油茶的原料。有时也直接采摘幼嫩的茶树鲜叶来使用。当地的人们还流传着几句赞美油茶的俗话：“香油芝麻加葱花，美酒蜜糖不如它，一天油茶喝三碗，养精蓄锐有劲头。”可见当地人对油茶的喜爱程度。

以油茶待客有一定的规矩，客人无论到了哪一家，只要请你喝油茶，你就不必客气，因为主人请你喝油茶，就是对你最大的尊敬，你若是不喝，就是对主人不恭了。而且一次至少要喝三碗，当地称作“三碗不见外”，还要边喝边赞美。当油茶喝足时，只要把主人发给的一根筷子架到碗上，就表示不必再斟了。

油茶中可以加入的配料非常丰富，除了几种基本原料外，打好的油茶中还可以加入各种茶肴、食品，变成多种不同口味的油茶，如糯米油茶、米花油茶、

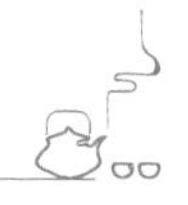

鱼子油茶，等等。或者也可将刚烧好的热油茶倒在美味的炸鸡块、炸虾子等香脆食物上一起享用。

与其说油茶是一种茶，倒不如说是一种汤、一道菜，这种独特的茶叶饮用方式作为一种传承了几千年的传统文化已经深深地根植在当地民众的心里，深入骨髓，流入血脉，成为一种文化基因和生活习俗，代代相传。

微视频分享：《白族“三道茶”演绎》

白族“三道茶”演绎

参考文献

[1] 陈宗懋，杨亚军 . 中国茶经 [M]. 上海：上海文化出版社，2010.

[2] 王建荣 . 陆羽茶经 [M]. 南京：江苏凤凰科学出版社，2019.

[3] 竺济法 . 名人茶事 [M]. 上海：上海文化出版社，1992.

[4] 庄晚芳，孔宪乐，唐力新，王加生 . 饮茶漫话 [M]. 北京：中国财政经济出版社，1981.

[5] 范增平 . 中华茶艺学 [M]. 北京：台海出版社，2000.

[6] 丁以寿，蔡荣章，黄友谊 . 中华茶艺 [M]. 合肥：安徽教育出版社，2008.

[7] 陈珲，吕国利 . 中华茶文化寻踪 [M]. 北京：中国城市出版社，2000.

[8] 刘修明 . 中国古代的饮茶与茶馆 [M]. 北京：商务印书馆，1995.

[9] 姚国坤，庄雪岚，白堃元，程启坤 . 茶的典故 [M]. 北京：农业出版社，1991.

[10] 劳动和社会保障部 . 茶艺师国家职业资格培训教程（基础知识）[M]. 北京：中国劳动社会保障出版社，2011.

[11] 劳动和社会保障部 . 茶艺师国家职业资格培训教程（初级、中级、高级）[M]. 北京：中国劳动社会保障出版社，2011.

[12] 劳动和社会保障部 . 茶艺师国家职业资格培训教程（技师、高级技师）[M]. 北京：中国劳动社会保障出版社，2011.

[13] 王厅，朱海燕 . “曼生壶”的艺术表现及其影响 [J]. 茶叶通讯，2014，41（2）.

[14] 张珂 . 唐代茶文化浅论 [J]. 农业考古，2014（5）.

[15] 何先成 . 再论唐代茶文化的形成——以唐代文化的“南朝化”为切入点 [J]. 农业考古，2014（5）.

[16] 吴建勤 . 由茶具的演变谈中国 [J]. 农业考古，2013（5）.

[17] 蒋芳芳 . 浅谈紫砂茶具的品茗优势茶文化和价值 [J]. 佛山陶瓷，2014（3）.

[18] 柴晓敏 . 茶文化和陶瓷艺术相互影响之关系研究 [J]. 福建茶叶，2017（12）.

[19] 李喆 . 日本茶文化与中国茶文化的比较研究 [J]. 福建茶叶，2014（3）.

[20] 蒋芳芳 . 浅谈紫砂茶具的品茗优势和价值 [J]. 佛山陶瓷，2017（12）.

[21] 付杰 . 汉晋时期茶事三题 [J]. 农业考古，2019（5）.

[22] 陶德臣 . 论汉晋南北朝时期茶从西南向江淮的传播 [J]. 中国茶叶，2013（11）.

[23] 冯霞 . 浅析唐代茶道对当前茶艺的影响 [J]. 食品安全导刊，2020（30）.

[24] 郭峥嵘 . 从唐代茶诗看茶艺的审美情趣 [J]. 福建茶叶，2016（1）.

[25] 毛华松，李丝倩，汤思琦 . 宋代茶艺园林空间及其流变研究 [J]. 新建筑，020（1）.

[26] 刘佳 . 从文学作品看宋代茶艺发展 [J]. 信阳农业高等专科学校学报，2012（1）.

[27] 陈刚俊 . 宋代茶宴述论 [J]. 农业考古，2016（5）.

[28] 常俊玲 .《茶疏》与明代茶事美学 [J]. 南京师范大学文学院学报，2018（4）.

[29] 刘双 . 明代茶艺中的饮茶环境 [J]. 信阳师范学院学报，2011（2）.

[30] 杨金梦 . 由《红楼梦》和《儒林外史》看清代茶文化的繁荣与特色 [J]. 名作欣赏，2016（36）.

[31] 马东 . 从《清稗类钞》看清代茶文化发展的广度和深度 [J]. 农业考古，2014（2）.

[32] 蔡颖华 . 论古代茶艺与茶文化 [J]. 福建广播大学学报，2015（4）.

[33] 何崚，陈伊妮，肖海茵 . 从“药食物同源”论饮茶之起源 [J]. 中国中医基础医学杂志，2019（8）.

[34] 郭丹英 . 茶铛 [J]. 农业考古，2012（2）.

[35] 邵凌霞，刘馨秋，房婉萍 . 蔡襄《茶录》的特点及其呈现的宋代茶文化生活特征 [J]. 农业考古，2022（2）.

[36] 余悦 . 中国宋代茶文化与《大观茶论》——在日本京都演讲提纲 [J]. 农业考古，2012（2）.

[37] 陶德臣 . 战国至南北朝时期茶叶经济的发展 [J]. 北方工业大学学报，2022（1）.

[38] 柯昌文 . 杜育《荈赋》“荈”之产地探解 [J]. 华夏文化论坛，2017（2）.

[39] 尧水根 . 中国制茶方法的衍变及其与“食药饮”关系的探讨 [J]. 农业考古，2013（5）.

[40] 陈文华 . 论中国茶道的形成历史及其主要特征与儒、释、道的关系 [J]. 农业考古，2002（2）.

[41] 陈文华 . 论中国的茶艺及其在中国茶文化史上的地位——兼谈中日茶文化的不同发展方向 [J]. 中国农史，2005（3）.

[42] 关剑平 . 茶器与茶的精神 [J]. 茶博览，2022（5）.

[43] 刘双 . 明代茶艺初探 [D]. 上海：华东师范大学，2008（5）.

[44] 蔡定益 . 明代茶书研究 [D]. 合肥：安徽大学，2016.

[45] 陈文华 . 浅谈唐代茶艺和茶道 [J]. 农业考古，2012（5）.

[46] 孙军辉 . 唐人饮茶习俗的兴盛与唐代上层消费群体 [J]. 求索，2007（2）.

[47] 王立霞 . 论唐代饮茶风习的兴盛及其对后代影响 [J]. 农业考古，2011（5）.

[48] 刘蓉 . 从明代茶书看明人烹茶用水 [J]. 福建茶业，2016（4）.

[49] 伍星 . 夹山茶禅文化的传播与意义 [D]. 长沙：湖南农业大学，2020.

[50] 蔡定益 . 论明代茶书中的煮水器和茶壶 [J]. 农业通报，2020（1）.

[51] 程幸，王亚红，程进 . 宋代青白瓷茶具与社会文化风尚 [J]. 农业考古，2013（5）.

[52] 虞文霞 . 从《大观茶论》看宋徽宗的茶文化情结及宋人茶道 [J]. 农业考古，2005（2）.

[53] 沈冬梅 . 宋代的茶饮技艺 [J]. 中国史研究，1999（4）.

[54] 朱千慧 . 论《老残游记》与清代茶文化 [J]. 知识文库，2018（9）.

[55] 闫文亭，周跃斌 .《红楼梦》与中国清代茶文化 [J]. 茶叶通讯，2014（2）.

[56] 马东 . 从《清稗类钞》看清代茶文化发展的广度和深度 [J]. 农业考古，2014（2）.